普通高等教育教学改革系列规划教材

电气控制与 PLC 及应用
（三菱 FX 系列）

主　编　刘祖其　刘　海　康桂花

副主编　徐春霞　叶晓燕

参　编　张龙音　梅　莉　贺代芳　魏晨华

电子工业出版社

Publishing House of Electronics Industry

北京 · BEIJING

内 容 简 介

本书从教学需要和工程实际出发，介绍了继电-接触器控制系统和 PLC 控制系统的工作原理、设计方法和工程应用。主要内容有常用低压电器、电子电器与智能电器、基本电气控制电路、电气控制系统的设计、PLC 基础知识、三菱 FX 系列 PLC、三菱 FX_{2N} 系列 PLC 的基本指令及编程、三菱 FX_{2N} 功能指令及应用、PLC 的工程应用及案例、编程训练共 10 章。

本书在保证传统知识点的基础上，增加了现代电气控制技术的新技术、新知识。

本书可作为普通高等学校和高等职业学校教学用书，适合作为电气工程及其自动化、工业自动化、电气自动化、电子信息工程及相近专业的教材，也可作为相关工程技术人员的参考书。

未经许可，不得以任何方式复制或抄袭本书之部分或全部内容。

版权所有，侵权必究。

图书在版编目（CIP）数据

电气控制与 PLC 及应用：三菱 FX 系列 / 刘祖其，刘海，康桂花主编. —北京：电子工业出版社，2016.8
ISBN 978-7-121-29105-0

Ⅰ. ①电… Ⅱ. ①刘… ②刘… ③康… Ⅲ. ①电气控制－高等学校－教材②plc 技术－高等学校－教材
Ⅳ.①TM571.2②TM571.6

中国版本图书馆 CIP 数据核字（2016）第 136456 号

策划编辑：王艳萍
责任编辑：王艳萍
印　　刷：北京盛通印刷股份有限公司
装　　订：北京盛通印刷股份有限公司
出版发行：电子工业出版社
　　　　　北京市海淀区万寿路 173 信箱　邮编　100036
开　　本：787×1 092　1/16　印张：18.5　字数：473.6 千字
版　　次：2016 年 8 月第 1 版
印　　次：2019 年 9 月第 2 次印刷
定　　价：39.80 元

前　　言

本书从教学需要和工程实际出发，介绍了继电—接触器控制系统和 PLC 控制系统的工作原理、设计方法和工程应用。主要内容有常用低压电器、电子电器与智能电器、基本的电气控制电路、电气控制系统的设计、PLC 基础知识、三菱 FX 系列 PLC、三菱 FX_{2N} 系列 PLC 的基本指令及编程、三菱 FX_{2N} 功能指令及应用、PLC 的工程应用及案例、编程训练共 10 章。

本书在保证传统知识点的基础上，增加了现代电气控制技术的新技术、新知识，新编了电子电器与现代智能电器及应用，PLC 在发电、供配电、新能源的应用，PLC 的工程应用及案例，详细介绍了 FX_{2N} 功能指令及应用，可根据专业或课时要求选修。

本书由四川城市职业学院刘祖其教授、中国五矿集团刘海博士、成都东软学院康桂花副教授为主编，克拉玛依职业技术学院徐春霞副教授、叶晓燕副教授为副主编，张龙音、梅莉、贺代芳、魏晨华参编。

本书可作为普通高等学校和高等职业学校教学用书，适合作为电气工程及其自动化、工业自动化、电气自动化、电子信息工程及相近专业的教材，有"*"符号的内容高职学生可选学或不学。本书也可作为相关工程技术人员的参考书。

本书配有免费的电子教学课件及习题答案，请有需要的教师登录华信教育资源网（www.hxedu.com.cn）免费注册后进行下载，如有问题请在网站留言或与电子工业出版社联系（E-mail：hxedu@phei.com.cn）。

由于编者水平有限，书中难免会有错误和不妥之处，恳请广大读者批评指正。

编　者

目　录

第1章　常用低压电器

电器是工业、农业、科学现代化技术发展的重要元件，是组成电气成套设备的基础配套元件。生产过程的自动化控制离不开电力系统和电力拖动控制系统，它们之间的密切联系和相互配合已不能光靠机械的装置去完成，而必须更多地借助于电器。随着电子技术、自动控制技术和计算机应用技术的迅速发展，一些电气元件可能被电子电路所取代，但电气元件本身也在不断地发展，因此电气元件不会完全被取代，尤其是正在发展的智能电器在电气控制系统中将具有相当重要的地位。本章主要介绍常用的电磁式电器。

1.1　低压电器概述

根据外界特定信号自动或手动地接通或断开电路，实现对电路或非电对象控制的电工设备称做电器。电器对电能的生产、输送及分配与应用起着控制、检测、调节和保护的作用。

本书讲到电器和电气，要注意两者的区别。

电器：实物词，指有形器物，"开"和"关"是电器最基本、最典型的功能。电器是一种能控制电的工具。

电器按工作电压高低分高压电器和低压电器，按动作方式分自动切换电器和非自动切换电器；按执行功能分触头电器和无触头电器。

① 低压电器通常是指工作在交流电压 1200V 或直流电压 1500V 及以下的电路中，起通断、保护、控制或调节作用的电器产品，如接触器、继电器等。

低压电器是电力拖动自动控制系统的基本组成元件，电气技术人员必须熟练掌握低压电器的结构、原理，并能正确选用和维护。

② 工作在交流电压 1200V 或直流电压 1500V 以上的电路中的电器产品称做高压电器，如高压断路器、高压隔离开关、高压熔断器等。

电气：电气主要指电能传输及使用的途径：一是有直接的电的联系，每个电压等级内的所有设备通过导线、断路器或者隔离开关等，有直接的电的联系。二是没有电的直接的联系，而是通过气隙内的磁场进行能量交换（传输），如变压器的各绕组之间，就是通过气隙联系的，电机定转子之间也都是通过气隙来联系的。

1.1.1　低压电器的分类

1. 按用途分类

（1）控制电器：用于控制电动机的启动、制动、调速等动作，如开关电器、信号控制电器、接触器、继电器、电磁启动器、控制器等。

（2）主令电器：用于自动控制系统中发送控制指令的电器，如主令开关、行程开关、按钮、万能转换开关等。

（3）保护电器：用于保护电动机和生产机械，使其安全运行，如熔断器、电流继电器、热继电器、避雷器等。

（4）配电电器：用于电能的输送和分配，如低压隔离器、断路器、刀开关等。

（5）执行电器：用于完成某种动作或传动功能，如电磁离合器、电磁铁等。

2. 按工作原理分类

（1）电磁式电器：依据电磁感应原理工作的电器，如直流接触器、交流接触器及各种电磁式继电器等。

（2）非电量控制电器：靠外力或某种非电物理量的变化而动作的电器，如刀开关、行程开关、按钮、速度继电器、压力继电器、温度继电器等。

3. 按执行机能分类

（1）有触头电器：利用触头的接触和分离来通断电路的电器，如接触器、电磁阀、电磁离合器、刀开关、继电器等。

（2）无触头电器：利用电子电路发出检测信号，达到执行指令并控制电路目的的电器，如电子接近开关、电感式开关、电子式时间继电器等。

1.1.2　常用低压电器介绍

常用的低压电器包括以下几种。

（1）接触器：交流接触器、直流接触器。

（2）继电器。

① 电磁式继电器：包括电压继电器、电流继电器、中间继电器。

② 时间继电器：包括直流电磁式继电器、空气阻尼式继电器、电动式继电器、电子式继电器。

③ 其他继电器：包括热继电器、干簧继电器、速度继电器、温度继电器、压力继电器。

（3）熔断器：瓷插式熔断器、螺旋式熔断器、有填料封闭管式熔断器、无填料密闭管式熔断器、快速熔断器、自复式熔断器。

（4）开关电器。

① 断路器：包括框架式断路器、塑料外壳式断路器、快速直流限流式断路器、漏电保护器。

② 刀开关。

（5）行程开关：直动式行程开关、滚动式行程开关、微动式行程开关。

（6）其他电器：按钮、指示灯等。

1.1.3　常用低压电器的基本结构

从结构上看，低压电器一般都具有感测与执行两个基本组成部分。感测部分大都是电磁机构，执行部分一般是触头。常用传统低压电器外形如图 1-1 所示。

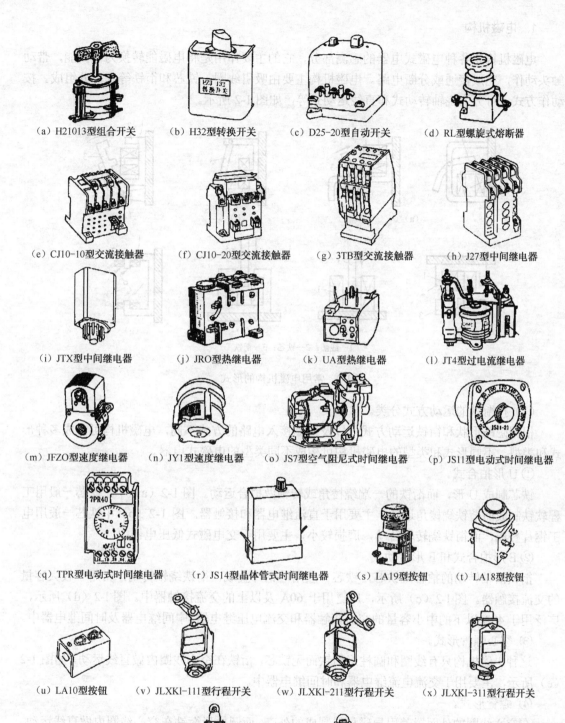

（a）H21013型组合开关　　（b）H32型转换开关　　（c）D25-20型自动开关　　（d）RL型螺旋式熔断器

（e）CJ10-10型交流接触器　　（f）CJ10-20型交流接触器　　（g）3TB型交流接触器　　（h）J27型中间继电器

（i）JTX型中间继电器　　（j）JRO型热继电器　　（k）UA型热继电器　　（l）JT4型过电流继电器

（m）JFZO型速度继电器　　（n）JY1型速度继电器　　（o）JS7型空气阻尼式时间继电器　　（p）JS11型电动式时间继电器

（q）TPR型电动式时间继电器　　（r）JS14型晶体管式时间继电器　　（s）LA19型按钮　　（t）LA18型按钮

（u）LA10型按钮　　（v）JLXKl-111型行程开关　　（w）JLXKl-211型行程开关　　（x）JLXKl-311型行程开关

（y）JLK1-411型行程开关　　（z）X2-N型行程开关

图 1-1　常用传统低压电器外形

1. 电磁机构

电磁机构是各种电磁式电器的感测部分，它的主要作用是将电磁能转换为机械能，带动触头动作，完成接通或分断电路。电磁机构主要由吸引线圈、铁芯和衔铁等几部分组成。按动作方式，可分为绕轴转动式和直线运动式等，如图 1-2 所示。

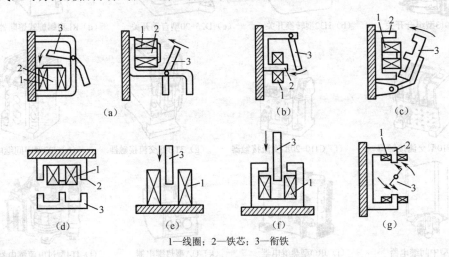

1—线圈；2—铁芯；3—衔铁

图 1-2 常用电磁机构的形式

（1）按衔铁的运动方式分类。

根据磁路形状和衔铁运动方式，以及线圈接入电路的方式不同，电磁机构可分成多种形式和类型。不同形式和类型的电磁机构可构成不同类型的电磁式电器。

① U 形拍合式。

铁芯制成 U 形，而衔铁的一端绕棱角或转轴做拍合运动。图 1-2（a）中，铁芯一般用工程软铁制成而衔铁绕棱角运动，主要用于直流继电器和接触器。图 1-2（b）中铁芯一般用电工钢片叠成，而衔铁绕转轴转动，磨损较小，主要用于交电磁式低压电器中。

② E 形拍合式和 E 形直动式。

衔铁沿轴转动的拍合式铁芯，铁芯一般用硅钢片叠成，衔铁绕轴转动，常用于较大容量的交流接触器。图 1-2（c）所示，广泛用于 60A 及以上的交流接触器中。图 1-2（d）所示，广泛用于 40A 以下的中小容量的交流接触器和交流电压继电器、中间继电器及时间继电器中。

③ 空心螺管形式。

这种电磁机构只有线圈和圆柱形衔铁而无铁芯，衔铁在空心线圈内做直线运动，如图 1-2（e）所示，主要用于交流电流继电器和时间继电器中。

④ 螺管形式。

在空心线圈的外面罩着用导磁材料制成的外壳，而圆柱形衔铁在空心线圈内做直线运动，如图 1-2（f）所示，用于交流电流继电器中。

⑤ C 形式。

铁芯用电工钢片叠成 C 形，两个可串联或并联的线圈分别绕在铁芯开口处的铁芯柱上，衔铁为 Z 形转子，如图 1-2（g）所示，用于供电系统的电流继电器中。

（2）按通电的种类，可分为交流电磁线圈和直流电磁线圈两种。

（3）按线圈的连接方式，可分为并联和串联两种。当线圈做成并联于电源工作的线圈时，称为电压线圈，匝数多，线径细；当线圈做成串联于电路工作的线圈时，称为电流线圈，匝数少，线径粗。

2. 电磁机构的工作原理

电磁机构的工作情况常用吸力特性和反力特性来表征。

电磁机构使衔铁吸合的力与气隙的关系曲线称为吸力特性，电磁机构的吸力特性随励磁电流种类（交流或直流）、线圈的连接方式（串联或并联）的不同而有所差异。

电磁机构使衔铁释放的力与气隙的关系曲线称为反力特性。电磁机构反力特性阻力的大小与作用弹簧、摩擦阻力及衔铁重量有关。

下面分析吸力特性、反力特性和两者的配合关系。

（1）电磁机构的吸力特性

当电磁铁线圈通电以后，铁芯吸引衔铁带动触头动作，从而接通或分断电路的力称为电磁吸力，电磁吸力是影响电磁式电器可靠工作的重要参数，电磁机构的吸力 F 可近似地按下式计算，即

$$F=B^2S/2\mu_0=B^2S10^7/8\pi \tag{1-1}$$

式中　$\mu_0=0.4\pi\times10^{-6}$ H/m（空气导磁系数）；

　　　F——电磁吸力（N）；

　　　B——气隙中磁感应强度（T）；

　　　S——磁铁截面积（m^2）。

磁感应强度 B 与气隙宽度及外加电压大小有关。对于直流电磁铁，外加电压恒定，电磁吸力的大小只与气隙有关。对于交流电磁铁，由于外加正弦交流电压在气隙宽度一定时，其气隙磁感应强度也按正弦规律变化，即 $B=B_m\sin cvt$，所以吸力公式为

$$F=10^7SB_m^2\sin\omega t/8\pi$$

电磁吸力也按正弦规律变化，最小值为零，最大值为

$$F_m=10^7SB_m^2/8\pi$$

电磁机构的吸力特性反映的是电磁吸力与气隙的关系，励磁电流的种类不同其吸力特性也不一样，即交、直流电磁机构的电磁吸力特性不同。

① 交流电磁机构的吸力特性。

对于具有电压线圈的交流电磁机构，设外加电压不变，交流吸引线圈的阻抗主要取决于线圈的电抗，忽略电阻和电阻压降，当端面积 S 为常数时，吸力 F 与磁通密度的二次方 B^2 成正比，也可以认为 F 与磁通的二次方 Φ^2 成正比，即

$$F\propto\Phi^2 \tag{1-2}$$

交流电磁机构激励线圈的阻抗主要取决于线圈的电抗，即

$$U\approx E=4.44fN\Phi \tag{1-3}$$

$$\Phi=\frac{U}{4.44fN} \tag{1-4}$$

式中　U——线圈电压（V）；

　　　E——线圈感应电动势（V）；

f——线圈外加电压的频率（Hz）；

  Φ——气隙磁通（Wb）；

  N——线圈匝数。

  当频率 f、匝数 N、外加电压 U 都为常数时，由式（1-4）知磁通 Φ 也为常数，由式（1-2）可知电磁吸力 F 为常数，这是因为交流励磁时，电压、磁通都随时间做周期性变化，其电磁吸力也做周期性变化，此处 F 为常数是指电磁吸力的幅值不变。由于线圈外加电压 U 与气隙 δ 的变化无关，所以其吸力 F 也与气隙 δ 的大小无关。实际上，考虑到漏磁通的影响，吸力 F 随气隙 δ 的减小略有增加。

  虽然交流电磁机构的气隙磁通 Φ 近似不变，但气隙磁阻随气隙长度 δ 而变化。

  磁路定律为

$$\Phi = \frac{IN}{R_{\mathrm{m}}} = \frac{IN}{\delta / \mu_0 S} = \frac{(IN)(\mu_0 S)}{\delta} \tag{1-5}$$

式中 N——线圈匝数；

   R_{m}——磁阻（Ω）；

   δ——气隙长度（mm）；

   S——吸力处端面积（m^2）；

   $\mu_0 = 0.4\pi \times 10^{-6}\,\mathrm{H/m}$（空气导磁系数）。

  由图 1-3 所示，交流电磁机构在吸合过程中，随着气隙的减小，磁阻也减小，线圈电感增大，电流逐渐减小。如果衔铁卡住不能吸合或者频繁动作，很可能因过电流而使交流激励线圈严重发热，甚至烧毁。对 U 形交流电磁机构，衔铁未动作时，电流可达吸合后额定电流的 5～6 倍，对 E 形电磁机构更是高达 10～15 倍。因此，在可靠性要求高或操作频繁的场合，一般不要采用交流电磁机构。

  ② 直流电磁机构的吸力特性。

  对于具有电压线圈的直流电磁机构，因外加电压和线圈电阻不变，流过线圈的电流为常数，与磁路的气隙大小无关。根据磁路定律，F 与气隙 δ 的关系为

$$F = \frac{1}{2} IN \mu_0 S \frac{1}{\delta^2} \tag{1-6}$$

  由式（1-6）可见，吸力 F 与气隙 δ 成反比，故吸力特性为二次曲线形状，如图 1-4 所示。它表明衔铁闭合前后吸力变化很大。

  直流电磁机构由直流电流励磁。稳态时，磁路对电路无影响，可认为励磁电流不受气隙变化的影响，即磁动势 NI 不受气隙变化的影响，可以表达为

$$F \propto \Phi^2 \propto \left(\frac{1}{\delta}\right)^2 \tag{1-7}$$

即直流电磁机构的吸力 F 与气隙 δ 的二次方成反比。从吸力特性图 1-4 不难看出，衔铁闭合前后吸力变化很大，气隙越小，吸力越大。衔铁闭合前后激励线圈的电流不变，且吸合后电磁吸力大，工作可靠性高。因此，直流电磁机构适用于动作频繁的场合。

  需要注意的是，当直流电磁机构的励磁线圈断电时，磁动势由 NI 急速变化接近于 0，电磁机构的磁通也发生相应的急速变化，在励磁线圈中将会感生很大的反电动势，该反电动势可达线圈额定电压的 10～20 倍，容易因过电压而损坏线圈。为减小反电动势，一般在激励线圈上并联一个放电电阻 R，R 值一般取线圈电阻的 6～8 倍，在线圈断电时，该电阻与线圈形

成一个放电电路，使原先储存于磁场中的能量转换成热能而消耗在电阻上，不致产生过电压。为使正常工作时放电电路不工作，要在电阻支路上串联一个二极管。

③ 剩磁的吸力特性。

由于铁磁物质有剩磁，它使电磁机构的激励线圈失电后仍有一定的磁性吸力存在，剩磁的吸力会随气隙 δ 的增大而减小。

由以上分析可以看出，交流电磁机构的吸力与气隙的大小无关。直流电磁机构的吸力与气隙的平方成反比，交流电磁机构吸力特性比直流电磁机构的吸力特性要陡。

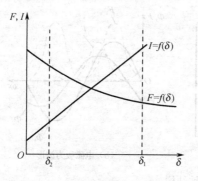

图1-3 交流电磁机构吸力特性

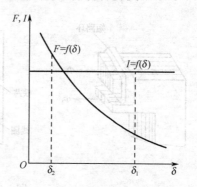

图1-4 直流电磁机构的吸力特性

（2）吸力特性与反力特性的配合

电磁机构欲使衔铁吸合，则在整个吸合过程中吸力应大于反力，但也不能过大，否则将会影响电器的机械寿命。如果反映在特性图上，就是要保证吸力特性在反力特性的上方。当切断电磁机构的激励电流以释放衔铁时，其反力必须大于剩磁吸力，才能保证衔铁可靠释放。吸力特性、反力特性与剩磁吸力特性之间的配合：电磁机构的反力特性必须介于电磁吸力特性和剩磁吸力特性之间，如图1-5所示。

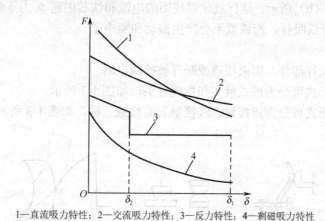

1—直流吸力特性；2—交流吸力特性；3—反力特性；4—剩磁吸力特性

图1-5 吸力特性和反力特性

在实际使用中，一般通过调整反力弹簧或触头初压力以改变反力特性，使之与吸力特性有良好的配合。

（3）工作原理

电磁机构的工作原理：当线圈通入电流后，将产生磁场，磁通经过铁芯，在衔铁和工作气隙间形成闭合回路，产生电磁吸力，将衔铁吸向铁芯。同时衔铁还要受到复位弹簧的反作用力，只有当电磁吸力大于弹簧的反作用力时，衔铁才能可靠地被铁芯吸住。电磁机构又常称为电磁铁。

电磁铁可分为交流电磁铁和直流电磁铁。交流电磁铁为减少交变磁场在铁芯中产生的涡流与磁滞损耗，一般采用硅钢片叠压后铆成，线圈有骨架，且成短粗形，以增加散热面积，如图 1-6（a）所示。而直流电磁铁线圈通入直流电，产生恒定磁通，铁芯中没有磁滞损耗与涡流损耗，只有线圈本身的铜损，所以铁芯用电工纯铁或铸钢制成，线圈无骨架，且成细长形。

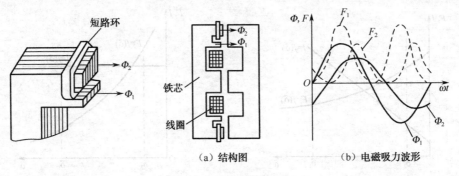

图 1-6　交流电磁铁结构

由于交流电磁铁的铁芯的磁通是交变的，当线圈中通以交变电流时，在铁芯中产生的磁通 Φ_1 也是交变的，对衔铁的吸力时大时小。当磁通过零时，电磁吸力也为零，吸合后的衔铁在复位弹簧的反力作用下将被拉开，磁通过零后电磁吸力又增大，当吸力大于反力时，衔铁又被吸合。这样造成衔铁产生振动，同时还产生噪声，甚至使铁芯松散。如果在交流接触器铁芯端面上都安装一个铜制的短路环后，如图 1-6（a）所示，交变磁通 Φ_1 的一部分穿过短路环，在环中产生感应电流，产生磁通，与环中的磁通合成为磁通 Φ_2。Φ_1 与 Φ_2 相位不同，即不同时为零，如图 1-6（b）所示。这样就使得线圈的电流和铁芯磁通 Φ_1 为零时，环中产生的磁通不为零，仍然将衔铁吸住，衔铁就不会产生振动和噪声了。

（4）触头系统

触头是电器的执行部件，用来接通或断开被控制电路。

触头按其结构形式可分为桥式触头和指式触头，如图 1-7 所示。

触头按其接触形式可分为点接触、线接触和面接触三种，如图 1-8 所示。

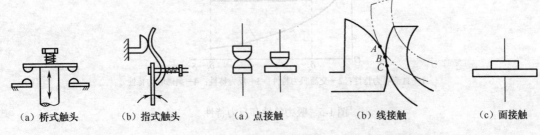

（a）桥式触头　　（b）指式触头　　（a）点接触　　（b）线接触　　（c）面接触

图 1-7　触头的结构形式　　　　　　图 1-8　触头的接触形式

桥式触头有点接触和面接触两种，点接触适用于小电流电路，面接触适用于大电流电路。指式触头为线接触，在接通和分断电路时产生滚动摩擦，以利于去除触头表面的氧化膜，这种触头形式适用于大电流电路且操作频繁的场合。

为了增强触头接触时的导电性能，在触头上装了触头弹簧，增加了动、静触头间的接触压力，减小接触电阻并消除接触时产生的振动。

根据用途的不同，触头按其原始状态可分为常开触头和常闭触头两类。电器元件在没有通电或不受外力作用的常态下处于断开状态的触头称为常开触头，反之则称为常闭触头。

（5）灭弧装置

当触头分断大电流电路瞬间，会在动、静触头间产生大量的带电粒子，形成炽热的电子流，产生强烈的电弧。电弧会烧伤触头，并使电路的切断时间延长，妨碍电路的正常分断，严重时甚至会引起其他事故。为保证电器安全可靠工作，必须采用灭弧装置使电弧迅速熄灭。

对用于 10A 以下的小容量交流电器，灭弧比较简便，不需专门的灭弧装置；对容量较大的交流电器一般要采用灭弧栅灭弧；对于直流电器可采用磁吹灭弧装置；对交直流电器可采用纵缝灭弧。实际应用中，上述灭弧装置有时是综合应用的。

1.2　接　触　器

接触器是电力拖动和自动控制系统中用来自动接通或断开大电流电路的一种低压控制电器，主要控制对象是电动机，能实现远距离控制，并具有欠（零）电压保护。

接触器种类很多，按其主触头所控制主电路电流的种类，可分为交流接触器和直流接触器两种。

1.2.1　交流接触器

交流接触器主要用于控制笼型和绕线转子电动机的启动、运行、中断及笼型电动机的反接制动、反向运行、点动，也可用于控制其他电力负载，如电焊机等。接触器不仅能实现远距离的自动控制，控制容量大，操作频率高，而且还具有低电压释放保护、使用寿命长、工作可靠性高等优点，是最重要和最常用的低压控制电器之一。对于 100A 及以上的交流接触器，必须采用一种交流接触器无声节电装置。

交流接触器工作原理：线圈通以交流电→线圈电流建立磁场→静铁芯产生电磁吸力→吸合衔铁→带动触头动作→常闭触头断开，常开触头闭合；线圈断电→电磁力消失→反作用弹簧使衔铁释放→各触头复位。

交流接触器由电磁系统、触头系统、灭弧装置、反作用弹簧、缓冲弹簧、触头压力弹簧、传动机构等部分组成。其结构如图 1-9 所示，工作原理示意图如图 1-10 所示，接触器的图形符号和文字符号如图 1-11 所示。

1. 电磁系统

交流接触器的电磁系统采用交流电磁机构，由线圈、衔铁、静铁芯部分组成。当线圈通电后，衔铁在电磁吸力的作用下，克服复位弹簧的反力与铁芯吸合，带动触头动作，从而接通或断开相应电路。当线圈断电后，动作过程与上述相反。

2. 触头系统

接触器的触头可分为主触头和辅助触头两种。主触头用来控制通断电流较大的主电路，由三对常开触头组成；辅助触头用来控制通断小电流的控制电路，由常开触头和常闭触头成对组成。其中辅助触头无灭弧装置，容量较小，不能用于主电路。

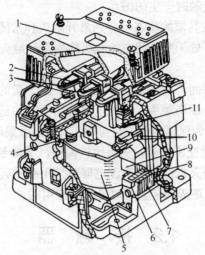

1—灭弧罩；2—压力弹簧片；3—主触头；4—反作用弹簧；5—线圈；6—短路环；7—静触头；8—弹簧；

9—动铁芯；10—辅助常开触头；11—辅助常闭触头

图 1-9　CJ10-20 型交流接触器的外形结构图

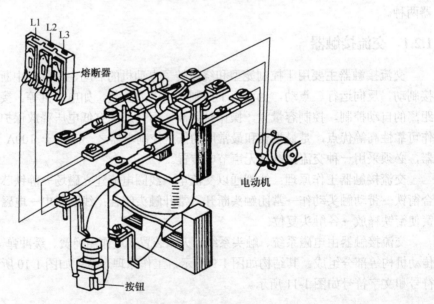

图 1-10　交流接触器的工作原理示意图

（a）线圈　　　（b）主触头　　　（c）辅助常开触头　　　（d）辅助常闭触头

图 1-11　接触器的图形符号和文字符号

$$\text{交流接触器的组成}\begin{cases}\text{电磁系统：线圈、动铁芯（衔铁）、静铁芯}\\\text{触头系统：主触头、辅助触头}\\\text{灭弧装置}\\\text{其他部件：反作用弹簧、缓冲弹簧、触头压力弹簧、传动机构等}\end{cases}$$

3. 灭弧装置

接触器灭弧装置用于通断大电流电路，通常采用电动力灭弧、金属栅片灭弧和纵缝灭弧。

（1）电动力灭弧。当触头断开瞬间，在断口中要产生电弧，根据右手螺旋定则，将产生如图 1-12（a）、（b）所示的磁场，这时电弧可以看做一载流导体，再根据电动力左手定则，对电弧产生电动力，将电弧拉断，从而起到灭弧作用。

（2）栅片灭弧如图 1-12（c）所示，当电器的触头分开瞬间，所产生的电弧在电动力的作用下被拉入一组静止的金属片内。电弧进入栅片（互相绝缘的金属片）后迅速被分割成数段，并被冷却以达到灭弧目的。

（3）纵缝灭弧如图 1-12（d）所示，磁场产生的电动力将电弧强制拉入用耐弧材料制成的狭缝中，加快电弧冷却，以达到灭弧目的。

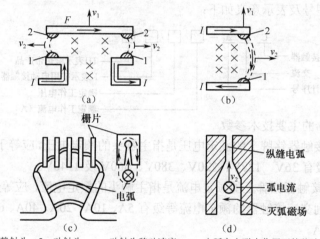

1—静触头；2—动触头；v_1—动触头移动速度；v_2—电弧在电磁力作用下的移动速度

图 1-12　灭弧装置

1.2.2　直流接触器

直流接触器主要用来远距离接通和分断电压至 440V、电流至 630A 的直流电路，以及频繁地控制直流电动机的启动、反转与制动等。

直流接触器的结构和工作原理与交流接触器基本相同，采用的是直流电磁机构。直流接触的线圈通以直流电，铁芯中不会产生涡流和磁滞损耗，不会发热。为了保证动铁芯的可靠释放，常在磁路中夹有非磁性垫片，以减小剩磁的影响。

直流接触器的主触头在断开直流电路时，如电流过大，会产生强烈的电弧，直流接触器灭弧较困难，一般都采用灭弧能力较强的磁吹式灭弧装置。磁吹灭弧示意图如图 1-13 所示。

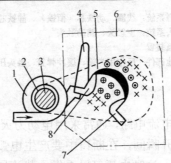

1—磁吹线圈；2—绝缘套；3—铁芯；4—引弧角；5—导磁夹板；6—灭弧罩；7—动触头；8—静触头

图 1-13   磁吹灭弧示意图

1.2.3   接触器的型号和主要技术参数

1）交流接触器的型号与主要技术参数

（1）交流接触器的型号及表示意义

交流接触器的型号及表示意义如下：

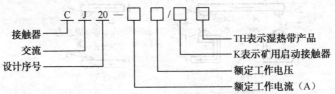

（2）交流接触器的主要技术参数

① 额定电压。接触器铭牌上的额定电压是指主触头的额定电压，应等于负载的额定电压。通常交流电压的等级有 36V、127V、220V、380V、660V 及 1140V。

② 额定电流。接触器铭牌上的额定电流是指主触头的额定电流，应等于或稍大于负载的额定电流。CJ20 系列交流接触器的额定电流等级有 5A、10A、20A、40A、60A、100A、150A、250A、400A 和 600A。

③ 吸引线圈的额定电压。交流电压的等级有 36V、110V、127V、220V 和 380V。

④ 触头数目。不同类型的接触器触头数目有所不同。交流接触器的主触头只有三对（常开触头），辅助触头四对（两对常开触头，两对常闭触头），也有六对辅助触头（三对常开，三对常闭），可根据控制要求选择触头数目。

⑤ 操作频率。每小时的操作次数，一般为 300 次/h、600 次/h 和 1200 次/h。

CJ20 系列交流接触器的技术参数见表 1-1。

表 1-1   CJ20 系列交流接触器的技术参数

型 号	频率 /Hz	辅助触头额定 电流/A	吸引线圈电压/V （AC）	主触头额定 电流/A	额定电 压/V	可控制电动机最大功率 /kW
CJ20-10			36、127、	10	380/220	4/2.2
CJ20-16				16	380/220	7.5/4.5
CJ20-25	50	5	220、380	25	380/220	11/5.5
CJ20-40				40	380/220	22/11

续表

型　　号	频率/Hz	辅助触头额定电流/A	吸引线圈电压/V（AC）	主触头额定电流/A	额定电压/V	可控制电动机最大功率/kW
CJ20-63				63	380/220	30/18
CJ20-100				100	380/220	50/28
CJ20-160			36、127、	160	380/220	85/48
CJ20-250				250	380/220	132/80
CJ20-250/06	50	5		250	660	190
CJ20-400			220、380	400	380/220	220/115
CJ20-630				630	380/220	300/175
CJ20-630/06				630	600	350

2）直流接触器的型号与主要技术参数

（1）直流接触器的型号

国内常用的直流接触器有 C218、C221、C222 等系列。直流接触器的型号及表示意义如下：

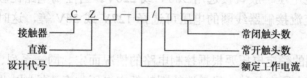

接触器
直流
设计代号
常闭触头数
常开触头数
额定工作电流

（2）直流接触器的主要技术参数

① 额定电压。接触器铭牌上的额定电压是指主触头的额定电压，应等于负载的额定电压。通常直流接触器的额定电压等级有 24V、48V、110V、220V、440V 和 660V。

② 额定电流。接触器铭牌上的额定电流是指主触头的额定电流，应等于或稍大于负载的额定电流。C218 系列直流接触器的额定电流等级有 40A、80A、160A、315A、630A 和 1000A。

③ 吸引线圈的额定电压。直流线圈的额定电压等级有 24V、48V、110V 和 220V。

1.2.4　常用接触器的选用

为了保证系统正常工作，要根据控制电路的要求正确选择接触器，使接触器的技术参数满足条件。

1）常用接触器介绍

目前常用的交流接触器有 C320、CJ24、C326、CJ28、CJ29、CJT1、CJ40 和 CJX1、CJX2、CJX3、CJX4、CJX5、CJX8 系列，以及 NC2、NC6、CDC、CK1、CK2、EB、HC_1、HUC1、CKJ5、CKJ9 等系列。

目前常用的直流接触器有 CZO、CZ21、CZ22、CZ18 等系列。

2）接触器的选用

（1）接触器类型的选择。一般，接触器的类型应根据电路中负载电流的种类来选择。交流负载应选用交流接触器，直流负载应选用直流接触器。

根据使用类别选用相应系列产品，若电动机承担一般任务，可选 AC-3 类接触器（笼型感应电动机的启动、运转中分断，允许接通 8～10 倍的额定电流和分断 6～8 倍的额定电流）；若承担重要任务可选用 AC-4 类接触器（笼型感应电动机的启动、反接制动或反向运转、点动，允许接通 10～12 倍的额定电流和分断 8～10 倍的额定电流）。如选用 AC-3 类用于重要任务时，应降低容量使用。直流接触器的选择类别与交流接触器类似。

　　（2）接触器主触头额定电压的选择。被选用的接触器主触头的额定电压应大于或等于负载的额定电压。

　　（3）接触器主触头额定电流的选择。对于电动机负载，接触器主触头的额定电流按下式计算：

$$I_N = P_N \times 10^3 / \sqrt{3}\, U_N \cos\Phi \cdot \eta$$

式中　P_N——电动机功率（kW）；

　　　U_N——电动机额定线电压（V）；

　　　$\cos\Phi$——电动机功率因数，0.85～0.9；

　　　η——电动机的效率，0.8～0.9。

　　（4）接触器吸引线圈电压的选择。当控制电路比较简单，所用接触器数量较少时，交流接触器线圈的额定电压一般直接选用 380V 或 220V。当控制电路比较复杂，使用的电器又比较多时，一般交流接触器线圈的电压可选择 127V 或 36V 等，这时需要附加一个控制变压器。

　　直流接触器线圈的额定电压要根据控制电路的情况而定。同一系列、同一容量等级的接触器，其线圈的额定电压有几种，尽量选线圈的额定电压与直流控制电路的电压一致的直流接触器。

1.3 继 电 器

　　继电器和接触器都用于自动接通或断开电路，但它们有很多不同之处。继电器主要用于控制与保护电路或做信号转换用，可对各种电量或非电量的变化做出反应，而接触器只在一定的电压信号下动作；继电器用来控制小电流电路，而接触器则用来控制大电流电路，继电器触头容量不大于 5A。

　　继电器的种类很多，用途广泛，常用的分类方法有：

　　① 按用途可分为控制继电器和保护继电器。

　　② 按反映的参数可分为电压继电器、电流继电器、中间继电器、时间继电器和速度继电器等。

　　③ 按动作原理可分为电磁式继电器、电动式继电器、感应式继电器、电子式继电器和热继电器等。

1.3.1 电磁式电流、电压、中间继电器

　　电磁式继电器是电气控制设备中用得最多的一种继电器。电磁式继电器的结构和工作原理与接触器相似，也是由电磁系统、触头系统和释放弹簧等组成的。图 1-14 为电磁式继电器的图形、文字符号。

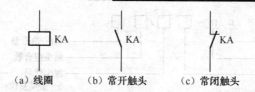

（a）线圈　　　（b）常开触头　　　（c）常闭触头

图 1-14　电磁式继电器的图形、文字符号

电磁式继电器又分为电磁式电流继电器、电磁式电压继电器和中间继电器三种。

1. 电流继电器

电流继电器反映的是电流信号。线圈匝数少而线径粗、阻抗小、分压小，不影响电路正常工作。常用的有欠电流继电器和过电流继电器两种。使用时，电流继电器的线圈应串联在被保护的设备中。图 1-15 为 JT4 系列电流继电器外形、结构示意图。

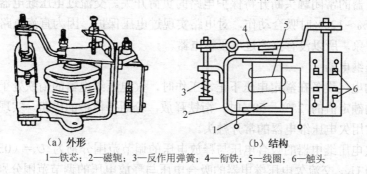

（a）外形　　　　　　　　　　（b）结构

1—铁芯；2—磁轭；3—反作用弹簧；4—衔铁；5—线圈；6—触头

图 1-15　JT4 系列电流继电器外形、结构示意图

（1）过电流继电器

过电流继电器在电路中用做过电流保护。正常工作时，线圈中流有额定电流，此时衔铁为释放状态；当电路中交流电流超过额定电流的 110%～400%，直流电流超过额定电流的 70%～300%时，衔铁产生吸合动作，从而带动触头动作，分断待保护电路。所以电路中常用过电流继电器的常闭触头。通常，交流过电流继电器的吸合电流调整范围为 $I_X=（1.1～4）I_N$，直流过电流继电器的吸合电流调整范围为 $I_X=（0.7～3.5）I_N$。

（2）欠电流继电器

欠电流继电器在电路中做欠电流保护。正常工作时，线圈电流为待保护电路电流，衔铁处于吸合状态；当电路的电流低于负载额定电流，达到衔铁的释放电流时，衔铁释放，同时带动触头动作，分断电路。欠电流继电器吸合电流为额定电流的 30%～65%，释放电流降到额定电流的 10%～20%，当电流降到额定电流的 20%左右的数值时，欠电流继电器才起欠电流保护作用。

在直流电路中，负载电流的降低或消失往往会导致严重的后果，如直流电动机的励磁回路断线将会产生"飞车"现象。所以，欠电流继电器在这些控制电路中是不可缺少的。直流欠电流继电器的吸合电流与释放电流调整范围分别为 $I_X=（0.3～0.65）I_N$ 和 $I_F=（0.1～0.2）I_N$。

选用电流继电器时，首先注意线圈电流的种类和额定电流与负载电路一致。要根据控制电路的要求选触头的类型（是常开还是常闭）和数量。

电流继电器的型号及表示意义如下：

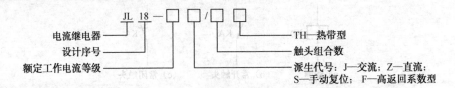

2. 电压继电器

电压继电器线圈匝数多而线径细，使用时电压继电器的线圈与负载并联。电压继电器反映的是电压信号，常用的有过电压、欠电压和零电压继电器。

（1）过电压继电器

在电路中用于过电压保护。过电压继电器线圈在额定电压时，衔铁不产生吸合动作，只有当线圈的电压高于其额定电压一定值时衔铁才产生吸合动作，所以称为过电压继电器。常利用过电压继电器的常闭触头断开待保护电路的负荷开关。交流过电压继电器在电路电压为额定电压的 105%～120%时吸合动作，对电路实现过电压保护。因为直流电路不会产生波动较大的过电压现象，所以没有直流过电压继电器。

（2）欠电压继电器

当电路中的电气设备在额定电压下正常工作时，欠电压继电器的衔铁处于吸合状态。当电路电压减小到额定值的 25%～50%时，衔铁释放，分断待保护的电路，实现欠电压保护。在控制电路中常用欠电压继电器的常开触头。

一般直流欠电压继电器的吸合电压与释放电压的调节范围分别为 $U_x=（0.3～0.5）U_N$ 和 $U_F=（0.07～0.2）U_N$。交流欠电压继电器的吸合电压与释放电压的调节范围分别为 $U_x=（0.6～0.85）U_N$ 和 $U_F=（0.1～0.35）U_N$。

选用电压继电器时，首先要注意线圈种类和电压等级应与控制电路一致，要按控制电路的要求选触头的类型（是常开还是常闭）和数量。

（3）零电压继电器

在电路电压降到额定值的 7%～25%时继电器释放，对电路实现零电压保护。

如图 1-16 所示为电流、电压继电器的图形符号和文字符号。

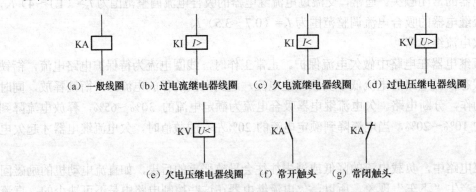

图 1-16　电流、电压继电器的图形符号和文字符号

直流电磁式通用继电器常用的有 JT3、JT9、JT10、JT18 等系列。JT 等系列型号及表示意义如下：

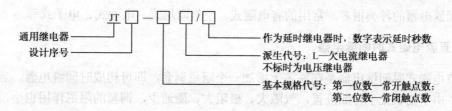

3. 中间继电器

中间继电器实质上是一种电压继电器，它的特点是触头数量较多，触头容量较大（额定电流为2A/5A/10A）。当一个输入信号需变成多个输出信号或信号容量需放大时，可采用中间继电器来扩大信号的数量和容量。图1-17所示为中间继电器的图形、文字符号。

图 1-17　中间继电器的图形、文字符号

中间继电器的型号及表示意义如下：

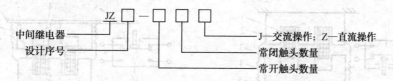

中间继电器类型有 JZ 系列电磁式继电器、HH/JQX 系列小型继电器、JGF-F 系列固态继电器等。常用的中间继电器有 JZ7 系列，以 JZ7-62 为例，JZ 为中间继电器的代号，7 为设计序号，有 6 对常开触头，2 对常闭触头。表 1-2 列出了 JZ7 系列中间继电器的主要技术参数。

表 1-2　JZ7 系列中间继电器技术参数

型　　号	触头额定电压 /V	触头额定电流 /A	触头对数		吸引线圈电压/V 50Hz	额定操作频率/ （次/h）
			常开	常闭		
JZ7-44			4	4		1200
JZ7-62	500	5	6	2	12、36、127、220、380	
JZ7-80			8	0		

1.3.2　时间继电器

时间继电器是一种接收信号后，经过一定的延时才能输出信号，实现触头延时接通或断开的继电器。

时间继电器有两种延时方式：

① 通电延时方式。接收输入信号后延迟一定的时间，输出信号才发生变化。当输入信号消失后，输出瞬时复原。

② 断电延时方式。接收输入信号时，瞬时产生相应的输出信号。当输入信号消失后，延迟一定的时间，输出才复原。

时间继电器的种类很多，常用的有电磁式、空气阻尼式、电动式、电子式等。

1. 直流电磁式时间继电器

直流电磁式时间继电器是在铁芯上增加一个阻尼铜套，即可构成时间继电器。当继电器吸合时，由于衔铁处于释放位置，气隙大、磁阻大、磁通少，铜套的阻尼作用也小，延缓了磁通变化的速度，以达到延时的目的。当继电器断电时，磁通量的变化大，铜套的阻尼作用也大，使衔铁延时释放，并达到延时的目的。

直流电磁式时间继电器运行可靠，寿命长，允许通电次数多，结构简单，但仅适用于直流电路，延时时间较短。一般通电延时仅为 0.1～0.5s，而断电延时可达 0.2～10s。因此，直流电磁式时间继电器主要用于断电延时。

2. 空气阻尼式时间继电器

空气阻尼式时间继电器是利用空气阻尼作用而获得延时的，延时方式有通电延时和断电延时两种类型。它由电磁机构、延时机构和触头组成。空气阻尼式时间继电器的电磁机构有交流、直流两种。

JS7-A 系列时间继电器的结构示意图如图 1-18 所示，它主要由电磁系统、延时机构和工作触头三部分组成。其工作原理如下。

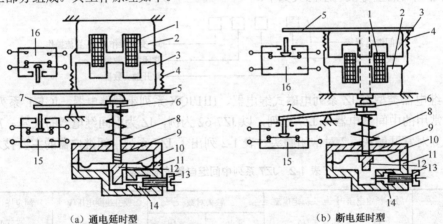

（a）通电延时型　　　　　　　　　　　　（b）断电延时型

1—线圈；2—铁芯；3—衔铁；4—复位弹簧；5—推板；6—活塞杆；7—杠杆；8—塔形弹簧；9—弱弹簧；

10—橡皮膜；11—空气室腔；12—活塞；13—调节螺杆；14—进气孔；15、16—微动开关

图 1-18　JS7-A 系列时间继电器结构示意图

通电延时型时间继电器如图 1-18（a）所示。当线圈 1 得电后，铁芯 2 将衔铁 3 吸合，活塞杆 6 在塔形弹簧 8 的作用下，带动活塞 12 及橡皮膜 10 向上移动，但由于橡皮膜下方气室空气稀薄，形成负压，此时的活塞杆 6 不能迅速上移。当空气由进气孔 14 进入时，活塞杆 6 才逐渐上移。移到最上端时，杠杆 7 才使微动开关 15 动作，使其触头动作，起到通电延时作用。延时时间即为自电磁铁吸引线圈通电时刻起到微动开关动作时为止的这段时间。延时时间的长短可以通过调节螺杆 13 调节进气孔气隙大小来改变。

如果将电磁机构翻转 180° 安装，可得到图 1-18（b）所示的断电延时型时间继电器。它的工作原理与通电延时型相似。当线圈 1 断电时，衔铁 3 在复位弹簧 4 的作用下将活塞 12 推向下端。当活塞往下推时，橡皮膜 10 下方气室内的空气都通过橡皮膜 10、弱弹簧 9 和活塞

12 肩部所形成的单向阀，经上气室缝隙排出，此时延时微动开关 15 迅速复位，不延时的微动开关 16 同时迅速复位。

图 1-19 所示为空气阻尼式时间继电器的外形结构图。这类时间继电器的延时时间有 0.4～60s 和 0.4～180s 两种规格，特点是结构简单、价格低廉、延时范围较宽、工作可靠、寿命长等，主要用于机床交流控制电路中。

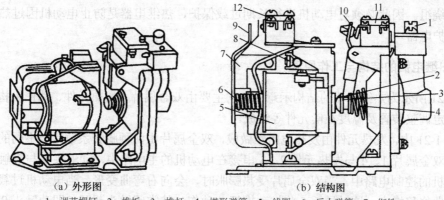

（a）外形图　　　　　　　　　　　　　　（b）结构图

1—调节螺钉；2—推板；3—推杆；4—塔形弹簧；5—线圈；6—反力弹簧；7—衔铁；

8—铁芯；9—弹簧片；10—杠杆；11—延时触头；12—瞬动触头

图 1-19　空气阻尼式时间继电器的外形结构图

*3. 电动式时间继电器

该类继电器由微型同步电动机、减速齿轮机构、电磁离合系统、差动轮系统、复位游丝、触头系统、脱扣机构及执行机构组成。电动式时间继电器延时时间长（可达数十小时），延时范围宽、延时直观、延时精度高，但结构复杂，体积较大，成本高，延时值不受电源电压波动及环境温度变化影响，延时误差易受电源频率的影响。电动式时间继电器如图 1-20 所示。

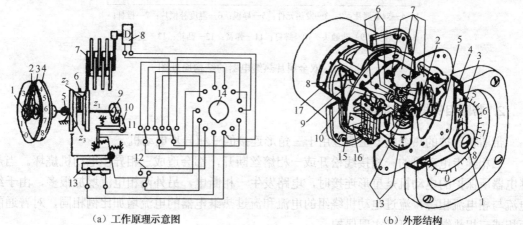

（a）工作原理示意图　　　　　　　　　　　　（b）外形结构

1—延时长短整定处；2—指针定位；3—指针；4—刻度盘；5—复位游丝；6—差动轮系；7—减速轮系；8—同步电动机；9—凸轮；

10—脱扣机构；11—延时触头；12—不延时触头；13—离合电磁铁；14—凸轮；15—动触头；16—静触头；17—接线插脚

图 1-20　电动式时间继电器

1.3.3 热继电器

热继电器是利用电流的热效应原理工作的保护电器，广泛用于电动机的长期过载保护。

电动机在运行过程中，难免会遇到过载较长、频繁启动、断相运行、欠电压运行等情况，这样有可能造成电动机的电流超过其额定值。当超过的量不大时，熔断器不会熔断，但时间长了会引起电动机过热，加速电动机绝缘的老化，缩短电动机的使用寿命，严重时甚至会烧毁电动机绕组。因此必须对电动机进行长期过载保护，热继电器是防止电动机因过热而烧毁的一种保护电器。

1. 热继电器的结构与工作原理

图 1-21 所示为热继电器的结构示意图。它主要由双金属片、发热元件、动作机构、触头系统、整定调整装置及温度补偿元件等组成。

在图 1-21 中，发热元件由发热电阻丝做成，双金属片由两种膨胀系数完全不同的金属碾压而成，双金属片 1、4 与发热元件 2、3 串接在电动机的主电路中，动触头 9 与静触头 8 串接于电动机的控制电路中。当双金属片受热膨胀时，会向右弯曲变形。当电动机过载时，双金属片弯曲位移增大，这时导板 5 将推动推杆 7 动作，使常闭触头断开，即动触头 9 向上移动离开静触头 8，从而切断电动机控制电路以起保护作用。在电动机正常运行时，发热元件产生的热量虽能使双金属片弯曲，但不会使热继电器的触头动作。

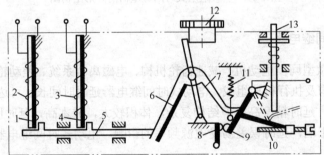

1、4—双金属片；2、3—发热元件；5—导板；6—温度补偿片；7—推杆；
8—静触头；9—动触头；10—螺钉；11—弹簧；12—凸轮；13—复位按钮

图 1-21　双金属片热继电器的结构原理图

2. 带断相保护的热继电器

带断相保护的热继电器主要应用于三角形连接的三相异步电动机。

三相异步电动机的一相接线松开或一相熔丝断开，都会造成三相异步电动机烧坏。当热继电器所保护的电动机是星形连接时，电路发生一相断电，另外两相电流增加很多，由于线电流与相电流相等，流过电动机绕组的电流和流过热继电器的电流增加比例相同，对普通的两相或三相热继电器可以实现保护。

当电动机是三角形连接时，相电流与线电流不等，流过电动机绕组的电流和流过热继电器的电流增加比例相差很多，又因发热元件是串接在电动机的电源进线中的，所以当故障线电流达到额定电流时，在电动机绕组内部，电流较大的那一相绕组的故障电流将超过额定相电流很多。因此，当采用三角形连接时，最好用带断相保护的热继电器。带断相保护的热继电器与普通热继电器相比多了一个差动机构，如图 1-22 所示。

当某相断路时，该相右侧发热元件温度由原正常热状态下降，使双金属片由弯曲状态伸直，推动导板右移。同时由于其他两相电流较大，推动导板向左移，杠杆动作，从而使继电器起到断相保护作用。

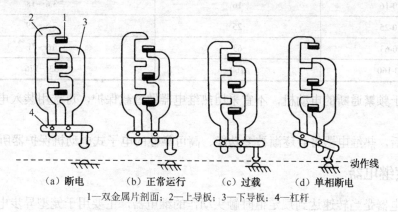

（a）断电　　（b）正常运行　　（c）过载　　（d）单相断电

1—双金属片剖面；2—上导板；3—下导板；4—杠杆

图 1-22　带断相保护的热继电器结构图

3．热继电器的主要技术参数

热继电器的型号及表示意义如下：

热继电器的选择应该根据电动机的额定电流来确定其型号及热元件的额定电流等级。热继电器的整定电流要等于或稍大于电动机的额定电流。热继电器不能作为短路保护使用。

常用的热继电器有 JR10、JR16、JR20、JRS1、JR21、JR28、JR36 等。图 1-23 为热继电器的外形结构图，图 1-24 为热继电器的图形及文字符号。

表 1-3 为 JR20 系列热继电器的主要技术参数。

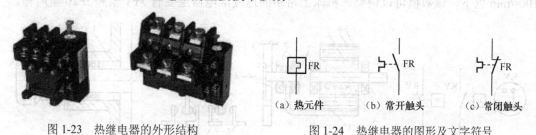

图 1-23　热继电器的外形结构　　　　图 1-24　热继电器的图形及文字符号

4．注意事项

（1）电动机的启动时间较长（>6s），启动时应将热元件从电路中切除或短接，待启动结束后再将热元件接入电路，以免误动作。

21

表 1-3 JR20 系列热继电器的主要技术参数

型　号	额定电流/A	设定电流调节范围/A
JR20-10	10	0.1～11.6
JR20-16	16	3.6～18
JR20-25	25	7.8～29
JR20-63	63	16～71
JR20-160	160	33～176

（2）对于频繁通断的电动机，不宜采用热继电器做过载保护，可选用装入电动机内部的温度保护器。

（3）今后，热继电器将会逐渐被多功能、高可靠性的电子式电动机保护器所取代。

1.3.4 速度继电器

速度继电器是当转速达到规定值时触头动作的继电器，主要用于笼型异步电动机反接制动控制电路中，当反接制动的转速下降到接近零时能自动及时切断电源，因此也称做反接制动继电器。

速度继电器主要由转子、定子和触头三部分组成。转子是一个圆柱形的永久磁铁，定子的结构与笼型异步电动机相似，主要由永久磁铁制成的转子、绕组和硅钢片叠成的定子组成，并装有笼型绕组，是一个笼型空心圆环。

速度继电器的符号、动作原理如图 1-25 所示。速度继电器的转轴与电动机的轴相连，而定子空套在转子上。当电动机转动时，速度继电器的转子随之转动，在空间产生旋转磁场，切割定子绕组，并感应出电流。此电流又在磁场作用下产生转矩，使定子随转子转动方向旋转，和定子装在一起的摆锤推动触头动作，使常闭触头断开，常开触头闭合。当电动机转速下降到接近零时，定子产生的转矩减小，触头复位。

速度继电器又称为反接制动继电器。它的主要作用是与接触器配合，实现对电动机的制动。机床上常用的速度继电器主要有 JY1 型和 JF20 型两种。JY1 系列能以 3600r/min 的转速可靠工作；在 JF20 系列中，JF20-1 型适用于转速为 300～1000r/min 的情况，JF20-2 型适用于转速为 1000～3600r/min 的情况。一般速度继电器的动作转速为 120r/min，触头的复位转速在 100r/min 以下，该数值可以调整。机床上常用的速度继电器主要有 JY1 型和 JF20 型两种。

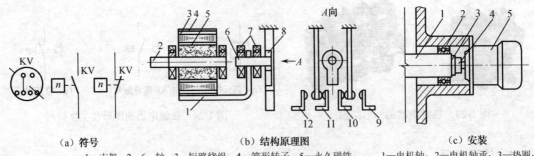

（a）符号　　　　　　　　　（b）结构原理图　　　　　　　　　（c）安装

1—支架；2、6—轴；3—短路绕组；4—笼形转子；5—永久磁铁；　　　1—电机轴；2—电机轴承；3—垫圈；

7—轴承；8—顶块；9、12—动合触头；10、11—动断触头　　　　4—联轴器；5—速度继电器

图 1-25 速度继电器

速度继电器的型号及表示意义如下：

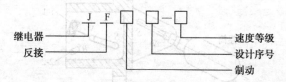

*1.3.5　其他继电器

1. 压力继电器

压力继电器主要用于机械设备的液压或气压控制系统中，它能根据压力源压力的变化情况决定触头的断开或闭合，为机械设备提供某种保护或控制。

压力继电器的结构如图 1-26（a）所示，它主要由缓冲器、橡皮薄膜、顶杆、压缩弹簧、调节螺母和微动开关等组成。微动开关和顶端的距离通常要大于 0.2mm，压力继电器装在油路（或水路、气路）的分支管路中。当管路压力超过整定值时，通过缓冲器和橡皮薄膜顶起顶杆，推动微动开关动作，使触头动作；当管路中的压力低于整定值时，顶杆会脱离微动开关，微动开关的触头复位。

压力继电器的调整很方便，只要放松或拧紧螺母即可改变控制压力。压力继电器在电路图中的符号如图 1-26（b）所示。常用的压力继电器有 YJ 系列、YT-126 系列和 TE52 系列。

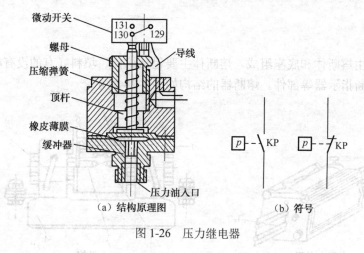

图 1-26　压力继电器

2. 液位继电器

如锅炉和水柜等需根据液位的高低变化来控制水泵电动机的启停，这种控制可用液位继电器完成。

图 1-27 液位继电器的结构决定了被控液位的高低。浮筒置于被控水柜内，浮筒的一端有一根磁钢，水箱外壁装有一对触头，动触头的另一端也有一根磁钢，它与浮筒一端的磁钢相对应。当锅炉或水柜内的水位降低到规定值时，浮筒下落使磁钢端绕支点 A 上翘。由于磁钢同性相斥的作用，使动触头的磁钢端被斥下落，通过支点 B 使触头 1-1 接通，2-2 断开。反之，水位升高到上限位置时，浮筒上浮使触头 2-2 接通，1-1 断开。可见，液位继电器的安装位置决定了被控液位的高低。

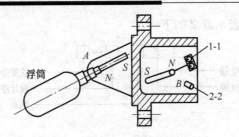

图 1-27　液位继电器的结构示意图

1.4 熔 断 器

熔断器是一种简单而有效的保护电器，在低压配电电路中主要用做短路保护和严重过载时的保护。它的优点是结构简单、体积小、工作可靠、价格低廉、重量轻等，广泛应用在强电、弱电系统。熔断器主要由熔体和安装熔体的绝缘管或绝缘座组成。当熔断器串入电路时，负载电流流过熔体。当电路正常工作时，发热温度低于熔化温度，故长期不熔断。当电路发生过载或短路故障时，电流大于熔体允许的正常发热电流，使熔体温度急剧上升，超过其熔点，熔体被瞬时熔断而分断电路，起到了保护电路和设备的作用。

1.4.1　熔断器的结构和工作原理

1. 结构

熔断器一般由熔断体和底座组成。熔断体主要包括熔体、填料（有的没有填料）、熔管、触刀、盖板、熔断指示器等部件。熔断器的结构如图 1-28 所示。

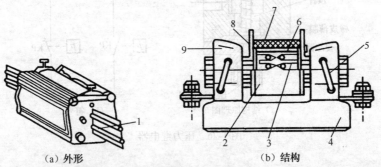

（a）外形　　　　　　　　　（b）结构

1—刀形触头；2—熔管；3—熔体；4—熔座；5—开口弹簧圈；6—指示器熔丝；7—石英砂填料；8—熔断指示器；9—夹座

图 1-28　RTO 系列有填料封闭管式熔断器

熔体是熔断器的主要组成部分，常做成丝状、片状或栅状。熔体的材料通常有两种，一种由铅、铅锡合金或锌等低熔点材料制成，多用于小电流电路；另一种由银、铜等较高熔点的金属制成，多用于大电流电路。熔管是熔体的保护外壳，用耐热绝缘材料制成，在熔体熔断时兼有灭弧作用。熔座是熔断器的底座，作用是固定熔管和外接引线。

2. 工作原理

熔断器利用金属导体作为熔体串联在被保护的电路中，当电路发生过载或短路故障，通过熔断器的电流超过某一规定值时，以其自身产生的热量使熔体熔断，从而自动分断电路，起到保护作用。

熔断器对过载反应是很不灵敏的，当电气设备发生轻度过载时，熔断器将持续很长时间才熔断，有时甚至不熔断。因此，除在照明电路中外，熔断器一般不宜用做过载保护，而主要用做短路保护。

每个熔体都有一个额定电流值 I_N，熔体允许长期通过额定电流而不熔断。如图 1-29 所示表示熔断时间 t 与通过熔体的电流 I 的关系，即熔断器的安秒特性，熔体的熔断时间随着电流的增加而缩短。熔断器的熔断电流与熔断时间的关系见表 1-4。

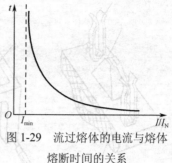

图 1-29　流过熔体的电流与熔体熔断时间的关系

表 1-4　熔断器的熔断电流与熔断时间关系

熔断电流	$1.25I_N$	$1.6I_N$	$2I_N$	$2.5I_N$	$3.0I_N$	$4.02I_N$
熔断时间	∞	1h	40s	8s	4.5s	2.5s

熔断器只能做短路保护使用，不能做电动机的过载保护。这是因为交流电动机的启动电流很大，一般为电动机额定电流的 5～7 倍。

1.4.2　常用的低压熔断器

熔断器按结构形式分为半封闭插入式、无填料封闭管式、有填料封闭管式和自复式。

1. 熔断器的技术参数

（1）额定电压：从灭弧的角度出发，规定熔断器所在电路工作电压的极限，是保证熔断器能长期工作的电压。

（2）额定电流：熔断器长期工作所允许的电流。熔断器的额定电流应大于或等于所装熔体的额定电流。

（3）极限分断电流：熔断器在额定电压下所能断开的最大短路电流。它取决于熔断器的灭弧能力，而与熔体的额定电流大小无关。一般有填料的熔断器分断能力较高，可大至数十千安到数百千安。

2. 几种常用的熔断器

（1）RCIA 系列瓷插入式熔断器。这是一种最常见的、结构简单、更换方便、价格低廉的熔断器，用于额定电流 200A 以下的低压电路末端或分支电路中，作为短路保护和过载保护之用，如图 1-30 所示。

（2）RL1 系列螺旋式熔断器。螺旋式熔断器属于有填料封闭管式，熔体的上端盖有一熔断信号指示器，熔体熔断后，带色标的指示头弹出，可透过瓷帽上的玻璃孔观察到，常用于机床电气控制设备中，其外形、结构如图 1-31 所示，实物如图 1-32 所示。

（3）RM10 系列无填料密闭管式熔断器。无填料密闭管式熔断器常用于低压电力网或成套配电设备中，其外形、结构如图 1-33 所示。

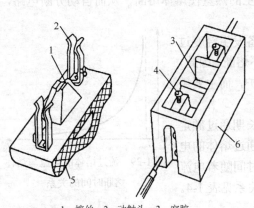

1—熔丝；2—动触头；3—空腔；
4—静触头；5—瓷盖；6—瓷体

图 1-30　RCIA 系列瓷插入式熔断器

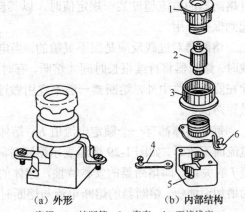

（a）外形　　　　（b）内部结构

1—瓷帽；2—熔断管；3—瓷套；4—下接线座；
5—瓷座；6—上接线座

图 1-31　RL1 系列螺旋式熔断器

图 1-32　螺旋式熔断器实物图

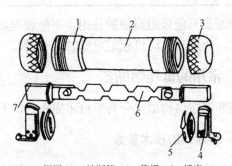

1—铜圈；2—熔断管；3—管帽；4—插座；
5—特殊垫圈；6—熔体；7—熔片

图 1-33　RM10 系列无填料密闭管式熔断器

*1.4.3　熔断器的选择

熔断器用于不同性质的电气电路负载，熔体额定电流的选用方法必须根据电气电路负载的实际情况来确定。

（1）熔断器类型选择要根据电气电路的要求、使用场合和安装条件来确定。例如，用于保护照明电路和电动机的熔断器，一般考虑它们的过载保护，这时希望熔断器的熔化系数适当小些，所以容量较小的照明线路和电动机宜采用熔体为铅锌合金的 RCIA 系列熔断器。用于车间低压供电线路的保护熔断器，一般考虑短路时分断能力，当短路电流较大时，宜采用具有较高分断能力的 RL6 系列熔断器。

常见的熔断器包括：RCIA 系列瓷插式熔断器；RL6/RL7/RL96/RLS2/RLIBT 系列螺旋式熔断器；RT14/ RT18 系列塑壳式熔断器；NT（RT16）有填料管式刀形触头熔断器；NGT（RS）系列半导体器件保护用熔断器。

（2）熔断器额定电压的选择：额定电压要大于或等于电路的工作电压。

（3）熔断器额定电流的选择：额定电流必须大于或等于所装熔体的额定电流。

（4）熔体额定电流的选择。

① 用于保护照明或电热设备的熔断器，因为负载电流比较稳定，所以熔体的额定电流需等于或稍大于负载的额定电流，即

$$I_{re} \geqslant I_e$$

② 用于保护单台长期工作电动机的熔断器，考虑电动机启动时不应熔断，即

$$I_{re} \geqslant （1.5{\sim}2.5）I_e$$

轻载启动或启动时间比较短时，系数可取近 1.5，带重载启动或启动时间比较长时，系数可取近 2.5。

③ 用于保护频繁启动电动机的熔断器，考虑频繁启动时发热熔断器也不应熔断，即

$$I_{re} \geqslant （3{\sim}3.5）I_e$$

④ 用于保护多台电动机的熔断器，在出现尖峰电流时也不应熔断。通常将其中容量最大的一台电动机启动，而其余电动机正常运行时出现的电流作为其尖峰电流，为此，熔体的额定电流应满足下述关系，即

$$I_{re} \geqslant （1.5{\sim}2.5）I_{emax} + \sum I_e$$

式中　I_{re}——熔体的额定电流；

　　　I_e——电动机的额定电流；

　　　I_{emax}——多台电动机中容量最大的一台电动机额定电流；

　　　$\sum I_e$——其余电动机额定电流之和。

⑤ 为防止发生越级熔断，上、下级（即供电干线、支线）熔断器间应有良好的协调配合，为此应使上一级（供电干线）熔断器的熔体额定电流比下一级（供电支线）大 1~2 个级差。

（5）熔断器额定电压的选择。

熔断器额定电压应等于或大于所在电路的额定电压。

1.5　主令电器

主令电器主要用来切换控制电路，是一种机械操作的控制电器，在自动控制系统中用于发布控制指令，使继电器和接触器动作，从而改变拖动装置的工作状态（如电动机的启动、停车、变速等），以获得远距离控制。

主令电器应用广泛，种类繁多，常用的主令电器有控制按钮、行程开关、接近开关、主令控制器、万能转换开关等。

1.5.1　按钮

控制按钮是发出控制指令和信号的电器开关，结构简单，应用广泛，在低压控制电路中用于手动对电磁启动器、接触器、继电器及其他电气线路发出控制信号，接通或断开小电流的控制电路，从而控制电动机或其他电气设备的运行。

按钮有不同的分类，一般的分类方法如下。

1. 分类

（1）按结构形式分类

① 旋钮式：用手动旋钮进行操作。

② 指示灯式：在透明的按钮内装入信号灯，用做信号显示。

③ 紧急式：装有突出的蘑菇形钮帽，以便于紧急操作。

④ 钥匙式：为了安全起见，需用钥匙插入方可旋转操作。

（2）按触头形式分类

① 常开按钮。在没有外力作用时，触头是断开的；有外力作用时，触头闭合，但外力消失后，在复位弹簧作用下自动恢复原来的断开状态。

② 常闭按钮。在没有外力作用时（手未按下），触头是闭合的；有外力作用时，触头断开，当外力消失后，在复位弹簧作用下自动恢复原来的闭合状态。

③ 复合按钮。既有常开按钮又有常闭按钮的按钮组称为复合按钮。按下复合按钮时，所有的触头都改变原来的状态，即常开触头闭合，常闭触头断开。

2. 控制按钮的选用

为了表明各个按钮的作用，避免误操作，通常将钮帽做成不同的颜色以示区别，其颜色有红、绿、黑、黄、蓝、白等。一般启动按钮的按钮帽采用绿色，停止按钮的按钮帽采用红色，点动按钮的按钮帽采用黑色。

典型产品：

AC 380V（50 Hz/60 Hz）或 DC 220V/5A 的产品：LA18/LA19/LA20 系列、LA25 系列、KS 系列按钮。

AC 660 V（50 Hz/60 Hz）或 DC 440V/10A 的产品：LAY3/CDY5（LAY5）/CDY7（LAY7）/LAY9 系列按钮。

特殊产品：LA81 系列隔爆型按钮、COB 系列防雨按钮。

在机床电气设备中，常用的按钮有 LA10、LA18、LA19、LA20、LA25 系列。按钮的外形、结构如图 1-34 所示，其中，图 1-34（a）为 LA10 系列，图 1-34（b）为 LA18 系列按钮，图 1-34（c）为 LA19 系列按钮。按钮的图形符号和文字符号如图 1-35 所示。

(a) LA10系列按钮实物图　　(b) LA18系列按钮　　(c) LA19系列按钮　　(d) 结构

1—接线柱；2—按钮帽；3—复位弹簧；4—常开触头；5—常闭触头

图 1-34　按钮外形及结构

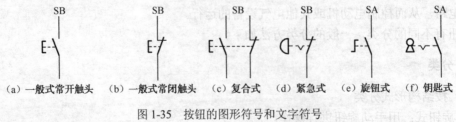

(a) 一般式常开触头　　(b) 一般式常闭触头　　(c) 复合式　　(d) 紧急式　　(e) 旋钮式　　(f) 钥匙式

图 1-35　按钮的图形符号和文字符号

按钮开关的型号及表示意义如下：

其中，结构形式代号含义：K—开启式；S—防水式；J—紧急式；X—旋钮式；H—保护式；F—防腐式；Y—钥匙式；D—带灯式及普通式、组合式等。

按钮的额定电压≤-660V 或-440V，额定电流≤10A，为圆形头或方形头。

1.5.2 行程开关

行程开关也称为位置开关或限位开关，是利用运动部件的行程位置实现控制的电器元件。它的结构、工作原理与按钮相同，特点是不靠手按，而是利用生产机械某些运动部件的碰撞使触头动作，发出控制指令。一般有自动复位和非自动复位两种，常用于自动往返的生产机械的运动方向、行程大小和位置保护。它是将机械位移转变为电信号来控制机械运动的。

行程开关的种类很多，按结构不同可分为直动式、滚轮式、微动式；按复位方式可分为自动复位和非自动复位；按触头性质可分为有触头式和无触头式。

行程开关外形、结构如图 1-36～图 1-39 所示，常用的位置开关有 LX10、LX21、JLXK1 等系列。

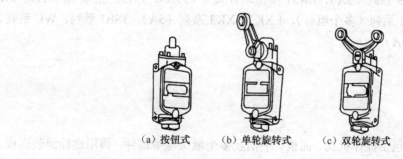

（a）按钮式　　（b）单轮旋转式　　（c）双轮旋转式

图 1-36　JLXK1 系列行程开关

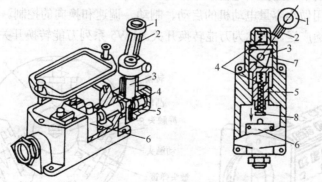

1—滚轮；2—杠杆；3—转轴；4—复位弹簧；5—撞块；6—微动开关；7—凸轮；8—调节螺钉

图 1-37　LXK1-111 型行程开关的结构和动作原理图

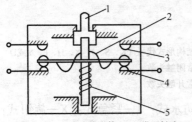

1—推杆；2—弯形片状弹簧；3—常开触头；

4—常闭触头；5—恢复弹簧

图 1-38　微动式行程开关

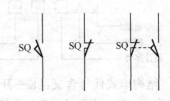

图 1-39　行程开关的图形符号和文字符号

行程开关的型号及表示意义如下：

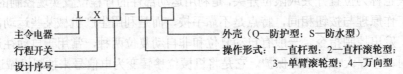

行程开关的典型产品：JKXK1 系列（1 常开 1 常闭 / 5A）、X2 系列（1 常开 1 常闭 / 5A）、LX3 系列（1 常开 1 常闭 / 5A）、LX5 系列（1 常开 1 常闭 / 3A）、LX12 -2 系列（2 常开 2 常闭/4A）、LX19/LX19A 系列（1 常开 1 常闭 / 5A）、LX21 系列双轮（5A）、LX22 系列（20A）、LX25 系列（5A）、LX29 系列（5A）、LX31 型微动开关（0.79A）、LX32 系列（0.79A）、JW 型微动开关（3A）、JW2 系列（多个组合）、LXK2/LXK3 系列（5A）、3SE3 系列、WL 系列、ME 系列、HL 系列（10A）。

*1.5.3　其他开关

1. 万能转换开关

万能转换开关一般包括操作机构、面板、手柄及多个触头座等部件，再用螺栓组装而成。

万能转换开关是一种能对电路进行多种转换的多挡式主令电器。它是由多组相同结构的触头组件叠装而成的多回路控制电器，主要用于各种配电装置的远距离控制和电气测量仪表的转换开关，还可用做小容量电动机的启动、制动、调速和换向的控制。由于触头挡数多，换接的电路多，用途广泛，故称为万能转换开关。LW5 系列万能转换开关加图 1-40 所示。

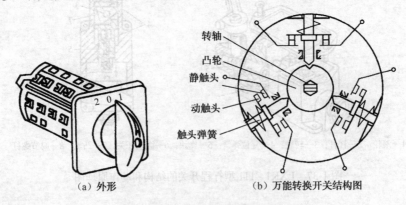

（a）外形　　　　　　（b）万能转换开关结构图

图 1-40　LW5 系列万能转换开关

2. 光电开关

光电开关一般由投光器和受光器组成。它是一种把光照强弱的变化转换为电信号的传感元件，利用物质对光束的遮蔽、吸收或反射等作用，对物体的位置、形状、标志、符号等进行检测。

光电开关能非接触、无损伤地检测各种固体、液体、透明体、烟雾等。它具有体积小、功能多、寿命长、功耗低、精度高、响应速度快、检测距离远和抗光、电、磁干扰性能好等优点，广泛应用于各种生产设备中做物体检测、液位检测、行程控制、产品计数、速度监测、产品精度检测、尺寸控制、宽度鉴别、色斑与标记识别、人体接近开关和防盗警戒等，已成为自动控制系统和自动化生产线中的重要器件。

3. 主令控制器

主令控制器一般由触头、凸轮、定位机构、转轴、面板及其支承件等部分组成。根据每块凸轮块的形状特点，可使触头按一定的顺序闭合与断开。这样只要安装一层层不同形状的凸轮块即可实现对控制回路顺序地接通与断开。主令控制器是用来较为频繁地切换复杂回路控制电路的主令电器。它操作比较轻便，每小时通电次数较多，触头为双断点桥式结构，尤其适用于按顺序操作的多个控制回路。主令控制器有两种类型，一种是凸轮调整式主令控制器，它的凸轮片上开有孔和槽，凸轮片的位置可根据给定的触头分合表进行调整；另一种是凸轮非调整式主令控制器，凸轮不可调。

主令控制器的工作原理如图 1-41 所示。图中，1 和 7 是固定于方轴上的凸轮块；2 是接线柱，由它连向被操作的回路；静触头 3 由动触头 4 来实现接通与断开；动触头 4 固定在绕轴 6 转动的支杆 5 上。当操作者用手柄转动凸轮块 7 的方轴可使凸轮块到达推压小轮 8，带动支杆 5 向外张开时，使操作回路断电，在其他情况下（凸轮块离开推压轮）触头是闭合的。根据每块凸轮块的形状不同，触头会按一定的顺序闭合或断开。

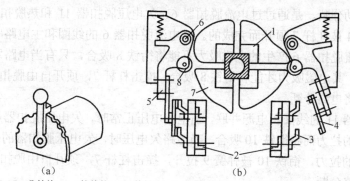

1、7—凸轮块；2—接线柱；3—静触头；4—动触头；5—支杆；6—转动轴；8—小轮

图 1-41　主令控制器的工作原理

1.6　低压断路器

低压断路器又称为自动空气开关或自动空气断路器，主要用于低压动力电路中。它相当于刀开关、熔断器、热继电器和欠电压继电器的组合，当电路发生过载、短路或失电压等故

障时，能自动跳闸，切断故障电路。它是一种自动切断电路故障的保护电器。因此，低压断路器是低压配电网中应用广泛的一种重要的保护电器。

1.6.1 低压断路器的结构和工作原理

低压断路器主要由触头系统、操作机构和保护装置（各种脱扣器）三部分组成。图 1-42 是断路器的工作原理图。图中主触头 2 有三对，串联在三相主电路中。断路器的主触头是靠手动操作或电动合闸的，用手扳动按钮为接通位置，这时主触头 2 由锁键 3 保持在闭合状态，主触头闭合后，自由脱扣机构 4 将主触头锁在接通位置上。锁键 3 由自由脱扣机构 4 支持着。要使开关断开，扳动按钮到断开位置，自由脱扣机构 4 被杠杆 7 顶开，自由脱扣机构 4 可绕轴 5 向上转动，主触头 2 就被弹簧 1 拉开。

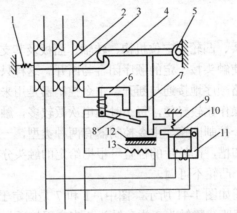

1、9—弹簧；2—主触头；3—锁键；4—自由脱扣机构；5—轴；6—过电流脱扣器；

7—杠杆；8、10—衔铁；11—欠电压脱扣器；12—双金属片；13—热脱扣器

图 1-42 断路器工作原理

断路器的自动分断，是通过过电流脱扣器 6、欠电压脱扣器 11 和热脱扣器 13 的作用，使自由脱扣机构 4 被杠杆 7 顶开而完成的。过电流脱扣器 6 的线圈和主电路串联，当电路工作正常时，过电流脱扣器 6 产生的电磁吸力不能将衔铁 8 吸合，只有当电路发生短路或产生很大的过电流时，其电磁吸力才能将衔铁 8 吸合，撞击杠杆 7，顶开自由脱扣机构 4，使主触头 2 断开，从而将电路分断。

欠电压脱扣器 11 的线圈和电源并联，当电路电压正常时，欠电压脱扣器产生的电磁吸力能够克服弹簧 9 的拉力而将衔铁 10 吸合，当电路欠电压时，欠电压脱扣器的衔铁释放，电磁吸力小于弹簧 9 的拉力，衔铁 10 被弹簧 9 拉开，撞击杠杆 7，顶开自由脱扣机构 4，使主触头 2 断开，将电路分断。

当电路发生短路或严重过载时，过载电流通过热脱扣器 13 的发热元件使双金属片 12 受热弯曲，推动杠杆 7 顶开自由脱扣机构 4，断开主触头 2，从而起到短路或严重过载保护的作用。断路器在使用上最大的好处是脱扣器可以重复使用，不需要更换。

低压断路器的外形结构、图形及文字符号如图 1-43 所示。

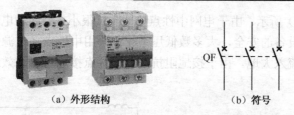

（a）外形结构　　　　　　　（b）符号

图 1-43　低压断路器的外形结构、图形及文字符号

低压断路器的型号及表示意义如下：

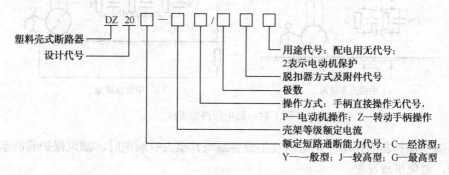

1.6.2　低压断路器的选用

断路器的类型主要有万能式（框架式）、塑料外壳式、直流快速式、限流式等。

断路器的主要技术参数有额定电压、额定电流、极数、脱扣器类型及其整定电流范围、分断能力、动作时间等。

选用的技术原则：

（1）万能式断路器主要用于配电网络的保护。

（2）塑料外壳式断路器主要用于配电网络的保护和电动机、照明电路及电热器等控制开关。

（3）直流快速断路器主要用于半导体整流元件和整流装置的保护。

（4）限流断路器主要用于短路电流相当大的电路中。

① 断路器的额定工作电压应大于或等于电路或设备的额定工作电压。对于配电电路来说，应注意区别是电源端保护还是负载保护，电源端电压比负载端电压高出约 5%左右。

② 断路器主电路额定工作电流大于或等于负载工作电流。

③ 断路器的额定通断能力大于或等于电路最大短路电流。

④ 断路器的欠电压脱扣器的额定电压等于主电路的额定电压。

⑤ 断路器的过电流脱扣器的额定电流大于或等于电路的最大负载电流。

⑥ 断路器类型的选择应根据电路的额定电流及保护的要求来选用。

1.6.3　漏电保护器

400V 以下的低压电网有中性点接地和中性点不接地两种系统。如果电源变压器低压侧的中性点不接地，触电回路的构成如图 1-44（a）所示。电动机因绝缘损坏而使一相碰壳，电机外壳接地松动（或者根本没有接地），当人触及电机外壳时，触电电流就经过大地和线路的对地分布电容构成回路。当线路很长时，线路对地分布电容增加，通过分布电容构成的回路电流也增大，人体就有触电危险。对中性点接地的三相系统，人体触及电动机机壳时，触电回路的构成如图1-44（b）所示，由于电网中性点接地阻抗很小，因此触电电压几乎等于电源的相电压。为了人身和设备的安全，大多数低压系统都采用中性点（电源变压器低压侧）接地的方式，使故障电流流入大地。由于接地阻抗小，中性点接地可以有效地抑制低压电网中的故障电压。

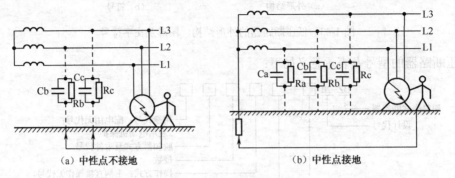

图 1-44　触电回路的形成

低压漏电保护器的作用：当电网发生设备漏电甚至人身触电时，漏电保护器能迅速自动切断电源，避免事故发生。

漏电保护器可根据检测信号的不同分为电压型和电流型。电压型存在可靠性差等缺点，已被淘汰，目前主要使用电流型漏电保护器。下面介绍电流型漏电保护器。

电流型漏电保护器主要由检测漏电流大小的零序电流互感器，将检测到的漏电流与一个设定基准值相比较、能判断是否动作的漏电脱扣器，受漏电脱扣器控制的能通断被保护电路的开关装置三个主要部件组成。

电流型漏电保护器按其结构不同又分为电磁式和电子式两种。

（1）电磁式漏电保护器的特点：把漏电电流直接经过漏电脱扣器来控制开关装置。它主要由电磁式漏电脱扣器、实验回路、开关装置和零序电流互感器组成。

（2）电子式漏电保护器的特点：漏电电流要经过放大电路放大以后，漏电脱扣器才能工作，去控制开关装置。它主要由电子漏电脱扣器、实验电路、开关装置、零序电流互感器组成。

漏电保护器的工作过程：当电网正常运行时，无论三相负载是否平衡，经过零序电流互感器主电路的三相电流的相量和等于零，因此在二次绕组中不会产生感应电动势，漏电保护器也不会工作。只有当电网中发生漏电或触电事故时，三相电流的相量和不再等于零，因为有漏电或触电电流通过人体和大地而返回变压器的中性点，从而使互感器二次绕组产生感应电压加到漏电脱扣器上。当漏电电流达到额定值时，漏电脱扣器就会动作，推动开关装置的锁扣，使开关打开，切断主电路。

1.7　低 压 开 关

1.7.1　常用刀开关

刀开关主要有开启式开关熔断组（胶壳开关）和封闭式开关熔断器组（铁壳开关）两种，开关内都装有熔断器，兼有短路保护功能。刀开关安装时，手柄向上，不得倒装或平装。

1. 胶壳开关

胶壳开关俗称闸刀开关，是结构最简单、应用最广泛的一种手动电器，如图 1-45 所示。它主要用于电路的电源开关和容量小于 7.5kW 的异步电动机，是非频繁启动的操作开关。胶壳开关由操作手柄、熔丝、刀片、刀座和底座组成，按极数可分为单极、双极与三极开关，如图 1-46 所示。

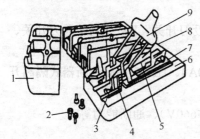

1—胶盖；2—胶盖紧固螺钉；3—进线座；
4—静触头；5—熔体；6—瓷底；7—出线座；
8—动触头；9—瓷柄

图 1-45　HK 系列刀开关结构

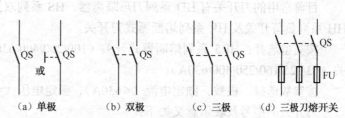

(a) 单极　　(b) 双极　　(c) 三极　　(d) 三极刀熔开关

图 1-46　刀开关的图形符号和文字符号

2. 铁壳开关

铁壳开关也称为封闭式负荷开关，它主要由钢板外壳、触刀、操作机构、熔丝等组成，如图 1-47 所示。

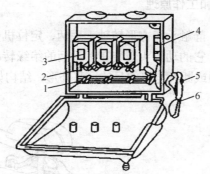

1—U 形开关；2—静夹座；3—熔断器；4—弹簧；5—转轴；6—操作手柄

图 1-47　HH 系列铁壳开关的结构示意图

铁壳开关的操作机构具有两个特点：一是设置了联锁装置，保证了开关在合闸状态下开关盖不能开启，而开启时不能合闸，以保证操作安全；二是采用储能分合闸方式，在手柄转轴与底座之间装有速动弹簧，能使开关快速接通与断开，与手柄操作速度无关，这样有利于迅速灭弧。

3. 刀开关的主要技术参数

刀开关的主要技术参数有额定电压、额定电流、通断能力、热稳定电流、动稳定电流等。
（1）额定电压：在规定条件下，刀开关长期工作所能承受的最大电压。

（2）额定电流：在规定条件下，刀开关在合闸位置允许长期通过的最大工作电流。

（3）通断能力：在规定条件下，刀开关在额定电压时能接通和分断电路的最大电流值。

（4）刀开关电寿命：在规定条件下，刀开关不经维修或更换零件的额定负载操作循环次数。

（5）动稳定电流：当电路发生短路故障时，刀开关并不因短路电流产生的电动力作用而发生变形、损坏等现象，这一短路电流峰值为动稳定电流。

4. 刀开关的常用型号及电气符号

目前常用的刀开关有 HD 系列刀形隔离器、HS 系列双投刀开关、HK 系列胶盖刀开关、HH 系列负荷开关及 HR 系列熔断器式刀开关。

按类型选择：HR5 系列熔断器式开关（100/200/400/630A）、HH15 系列熔断器式隔离开关（63/125/160/250/400/630A）。

按参数选择：极数、额定电流（≤630A）、额定电压（≤660V）、通断能力等。

刀开关的型号及表示意义如下：

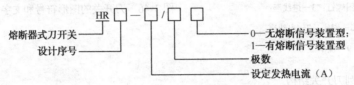

1.7.2 组合开关

组合开关实际上是一种转换开关，在机床电气设备中用做电源引入开关，可实现多组触头组合，用于三相异步电动机非频繁正、反转。

1. 组合开关的结构组成和工作原理

组合开关由多对动触头、静触头和方形转轴、手柄、定位机构和外壳组成。其动、静触头分别叠装在多层绝缘壳内。它的动触头套装在有手柄的绝缘转动轴上，转动手柄就可改变触片的通断位置，以达到接通或断开电路的目的。其外形、结构如图 1-48 所示，其图形、文字符号如图 1-49 所示。

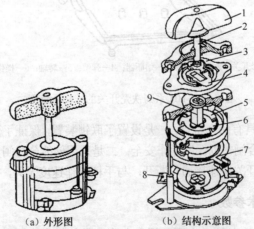

（a）外形图　　　（b）结构示意图

1—手柄；2—转轴；3—弹簧；4—凸轮；5—绝缘垫板；6—动触头；7—静触头；8—接线柱；9—绝缘方轴

图 1-48　组合开关的外形与结构示意图

2. 组合开关的主要技术参数

组合开关的主要技术参数为额定电流、额定电压、极数等。

3. 组合开关的选用

组合开关一般有单极、双极和三极三种。

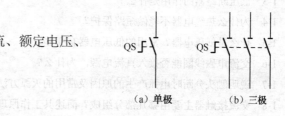

图 1-49 组合开关的图形、文字符号

参数选择：位数（2～4）、极数（1～4）、额定电流（≤100A）、额定电压（≤380V）、通断能力等。

类型选择：H25 系列普通型组合开关（10/20/40/60A）、HH10 系列组合开关（10/25/60/100A）。常用的组合开关有 H25、HZ10、H215 等系列。

组合开关的型号及表示意义如下：

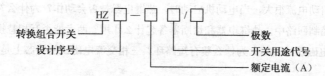

 本章小结

低压电器的种类很多，本章主要介绍了常用接触器、各种继电器、熔断器、主令电器、低压开关、低压断路器的基本知识、用途、基本构造、工作原理及主要技术数据、典型产品型号与图形、文字符号等。

低压电器是组成控制电路的基本元件。每一种低压电器都有一定的使用范围，要根据使用条件正确选用。各类电器元件的技术参数是选用的主要依据，其详细内容可以在产品样本及电工手册中查阅。

保护电器（如低压断路器、热继电器、电流继电器、电压继电器）及某些控制电器（如时间继电器、温度继电器、压力继电器、速度继电器）的使用，除了要根据保护要求和控制要求正确选用电器的类型外，还要根据被保护、被控制电路的具体条件，进行必要地调整，要根据被控制或被保护电路的具体要求，在一定范围内进行调整，应在掌握其工作原理的基础上掌握调整方法。如电磁式继电器，可以通过调节空气隙（释放时的最大空气隙及吸合时的剩余空气隙）和反作用弹簧来实现。

智能电器融合了传统电器学科、现代传感器技术、微机控制技术、现代电子技术、电力电子技术、数字通信及其网络技术等多个学科。智能电器是电能传输与控制的主要设备，电器元件和开关设备必定改变传统的设计和控制模式，有着广阔的发展前景。

为不断优化和改进控制电路，要及时了解电器的发展情况，及时优先选用新型电器元件。

 习题与思考题

1-1 电器与电气有什么区别？

1-2 按钮开关的作用是什么？

1-3 低压断路器的作用是什么？

1-4 为什么热继电器不能做短路保护？

1-5 什么是低压电器？常用的低压电器有哪些？

1-6 交流电磁线圈能否接入直流电源，为什么？

1-7 说明触头分断时电弧产生的原因及常用的灭弧方法。

1-8 交流接触器主要由哪几部分组成？简述其工作原理。

1-9 低压断路器具有哪些脱扣机构？试分别说明其功能。

1-10 电流继电器与电压继电器在结构上的主要区别是什么？

1-11 熔断器为什么一般不能做过载保护？熔断器的作用是什么？

1-12 交流接触器在动作时，常开和常闭触头的动作顺序是怎样的？

1-13 低压断路器可以起到哪些保护作用？说明其工作原理。

1-14 按钮和行程开关的作用分别是什么？如何确定按钮的结构形式？

1-15 电动机的启动电流很大，当电动机启动时，热继电器是否会动作？为什么？

1-16 在电动机控制回路中，热继电器和熔断器各起什么作用？两者能否互相替换？为什么？

1-17 单相交流电磁铁的铁芯上为什么装有短路环？三相交流电磁铁的铁芯上是否也要装短路环？为什么？

1-18 电动机的启动电流很大，在电动机启动时，能否按电动机的额定电流调整热继电器的动作电流？为什么？

1-19 交流接触器线圈断电后，动铁芯不能立即释放，从而使电动机不能及时停止，分析其原因。应如何处理？

1-20 比较电磁式时间继电器、空气阻尼式时间继电器、电动式时间继电器和电子式时间继电器的优、缺点及其应用场合。

1-21 在电动机主回路已经装有断路器，电动机主回路是否可以不装熔断器？分析断路器与刀开关控制、保护方式的不同特点。

第2章　电子电器与智能电器

电子电器是指全部或部分由电子器件构成的电器。随着半导体技术的迅速发展，特别是微电子技术、通信技术、传感技术、计算机技术和网络技术的迅速发展，电子电器在自动化技术中起着越来越重要的作用。利用集成电路或电子元件构成的低压电气元件称为电子式低压电器。

智能电器是以微处理器为核心，除具有传统电器的切换、控制、保护、检测、变换和调节功能外，还具有显示、故障诊断、记忆、运算与处理、通信、能自适应电网等功能的电子装置。

本章主要介绍电子式低压电器和智能型低压电器。

2.1　电 子 电 器

电子电器具有软启动和综合保护电动机启停控制，电动机的短路、断相、漏电保护继电器、自动转换器、半导体脱扣器及各种晶闸管开关等功能，在自动化检测与控制技术中应用日益广阔。

2.1.1　电子电器的特点

电子器件主要包括电子式电器与混合式电器两种。

电子式电器在功能上与有触头电器相对应，输出形式可以是无触头的电平转换，也可以是有触头的触头通断，可与电子电路构成无触头系统，也可以与有触头电器构成继电接触系统。

混合式电器集两者的优点，是有触头与无触头相结合的电器。形式有采用触头电器为出口元件的电子式电器，如晶闸管时间继电器等；采用电子式控制或保护信号发生机构的有触头电器，如半导体脱扣器的断路器；采用电子控制信号使某些同步接触器的触头在电流过零的时候断开，实现电路的无弧通断，使电路具有选相延时功能；还有在接触器的每个主触头上并联一个双向晶闸管，当开关接通时使晶闸管的导通先于触头闭合，分断时晶闸管的阻断后于触头断开，实现有触头电器的无弧通断。

（1）优点

① 开关速度高。以大功率开关来说，晶闸管的开通时间不大于 $10\mu s$，关断时间不大于 $30\mu s$。对于小功率的晶闸管开关，这个时间为数毫秒至数微秒，而触头电器的动作时间为数毫秒至数十毫秒。

② 操作频率高。晶闸管的操作频率可达 100 次/min 以上。

③ 寿命长。只要在规定的电压和电流的极限以内，半导体开关的寿命很长。

④ 可在有机械振动、多粉尘、有危害性气体等恶劣的环境条件下工作。

⑤ 控制功率小。信号源几乎不消耗电功率，还能提供如电动机的软启动、调速功能。

（2）缺点

① 体积大。由于晶闸管的正向压降可达 1～2V，导通后的功耗及发热也大，需要较大的散热面积，这样其体积比同等容量的有触头电器大几倍。

② 过载能力差。当用于控制电动机时，需采用启动电流来选择元件的容量。

③ 电路较复杂。电路设计时要考虑电子器件的温度特性、工作可靠性和抗干扰能力。

④ 价格较高。每个交流接触器就需要配 3 只双向晶闸管，加上触发电路及散热器等，其总价格比同等容量的有触头电器高出几倍以上。

⑤ 存在漏电流。晶闸管关断之后有数毫安的漏电流存在，不能实现理想的电隔离。

2.1.2 电子电器的组成

一般模拟电子电器都具有如图 2-1 所示的组成。

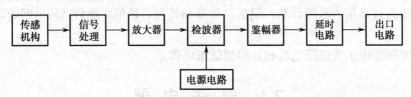

图 2-1 电子电器的组成方框图

（1）传感机构

传感机构是指传感器或变换元器件，用于电—电和非电—电的变换。把被监控的各种电量或非电量变换为适用于电子线路的电压、电流信号或电路参数（R、L、C）。如变换器把被测电流的变化转换为电压的变化，光敏电阻把光强度的变化转换为电阻的变化等。

（2）信号处理

信号处理电路是将无源传感器上随输入非电量的变化而变化的电路参数转换为电压或电流信号。

（3）放大器

放大器将微弱信号加以放大，一般都要经过二级及以上放大，提高电路的灵敏度、精度和工作可靠性。

（4）检波器或解调器

检波器或解调器是一个具有平滑滤波的整流电路，将放大器输出的调幅信号经检波器或解调器解调成直流信号后，再送入鉴幅器进行鉴幅。

（5）鉴幅器

鉴幅器是一个比较器，用来判别输入信号是否已经达到或超过给定值，有抗干扰作用。

（6）延时电路

延时电路用于当输入信号达到或超过预先给定的动作值时延缓其动作时间。

（7）出口电路

出口电路是相互隔离或不隔离的转换输出，提供所需的输出电平和功率，输出形式可以选用无触头（晶体管或晶闸管）或有触头（小型继电器）两种。

（8）电源电路

电源电路给电子电器提供工作电源，用交流 220V 经整流、滤波、稳压成设定值送入电路，也可设计成开关电源。

2.1.3　电子式时间继电器

电子式时间继电器按其构成分为晶体管时间继电器和数字式时间继电器，按输出形式分为有触头型和无触头型。

1. 晶体管时间继电器

图 2-2 为 JS20 型晶体管时间继电器安装接线图，其中 1、2 接电源，3、4 和 6、7 为常开触头，3、5 和 6、8 为常闭触头。

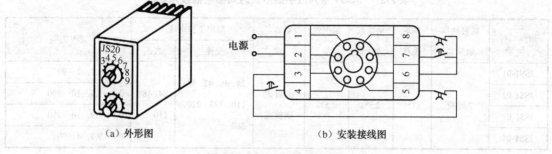

（a）外形图　　　　　　　　　　　（b）安装接线图

图 2-2　JS20 型时间继电器

时间继电器的型号及表示意义如下：

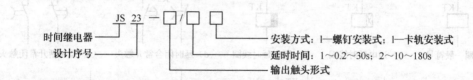

目前常用的晶体管时间继电器有 JS20 系列、JS14 系列、JSS 系列等。表 2-1 是 JS20 系列晶体管时间继电器主要技术数据。

表 2-1　JS20 系列晶体管时间继电器技术数据

产品名称	额定工作电压（V）		延时等级（s）
	交流	直流	
通电延时继电器	36、110、127、220、380	24、48、110	1、5、10、30、60、120、180、240、300、600、900、1800、3600
瞬动延时继电器	36、110、127、220		1、5、10、30、60、120、180、240、300、600
断电延时继电器	36、110、127、220、380		1、5、10、30、60、120、180

2. 数字式时间继电器

（1）数字式时间继电器优点

数字式时间继电器采用设置定时时间和定时方式的时钟芯片，与晶体管式时间继电器相比，其延时范围成倍增加，定时精度很高，适用于需要精确延时的场合。数字式时间继电器有通电延时、断电延时、定时吸合、循环延时等形式，延时范围宽。数字式时间继电器通常配备显示器件，具有调整方便、工作状态直观、指示清晰准确等优点。

（2）可调式数字式时间继电器

数字式时间继电器可以进行"延时吸合"、"延时释放"、"延时循环"三种工作方式的相互转换。延时吸合是指该继电器在开机预置后，继电器不吸合，只有当达到预先设定好的时间后，继电器才吸合。延时释放则与延时吸合相反，在开机预置时设定继电器吸合，当达到预先设定时间后，继电器才释放。延时吸合和延时释放两种工作状态的操作为一次性的，当继电器完成一次工作过程后，电路的控制部分进入稳定状态。延时循环工作状态则是只要开机，电路就会按照预先设定好的开、停时间间隔自动循环，不会停顿，直到切断电源开关或切换工作状态为止。

表 2-2 是 JSS1 系列数字显示式时间继电器主要技术参数。

表 2-2　JSS1 系列数字显示式时间继电器技术参数

| 型　　号 | 延时动作触头数 | 重复误差 | 电源波动误差 | 温度误差 | 安装方式 | 额定工作电压/V | | 延时范围 |
						交流	直流	
JSS1-01								0.1～9.9，1～99
JSS1-02	2 转换	±1%	2.5%	2.5%	装置式面板式	24、36、42、48、110、127、220、380	24、48、110	0.1～9.9，10～990
JSS1-03								0.1～9.9，10～990
JSS1-04								0.1～9.9，1～99

时间继电器的图形及文字符号与电磁式一样，如图 2-3 所示。

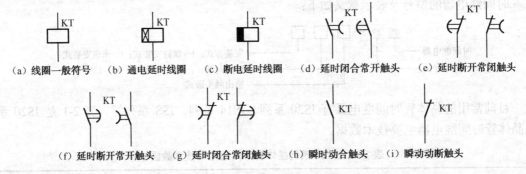

（a）线圈一般符号　（b）通电延时线圈　（c）断电延时线圈　（d）延时闭合常开触头　（e）延时断开常闭触头

（f）延时断开常开触头　（g）延时闭合常闭触头　（h）瞬时动合触头　（i）瞬动动断触头

图 2-3　时间继电器的图形及文字符号

（3）时间继电器的选用原则

每一种时间继电器都有其各自的特点，要根据控制要求合理选择。方法如下：

① 根据控制电路对延时触头的要求选择延时方式，即断电延时型或通电延时型。

② 根据延时精度和延时范围要求选择合适的时间继电器。

③ 根据工作条件选择时间继电器的类型。如电源电压波动大的场合可选择空气阻尼式或电动式时间继电器；电源频率不稳定的场合不宜选用电动式时间继电器；环境温度变化大的场合不宜选用空气阻尼式和电子式时间继电器。

*2.1.4　固态继电器

固态继电器全部由固态半导体元件组装而成，是一种四端有源的新型无触头通断开关器件，也称无触头通断电子开关，因为可实现电磁继电器的功能，故称"固态继电器"。由于它的无触头工作特性，与电磁继电器相比，它具有体积小、重量轻、工作可靠、寿命长、对外界干扰小、能与逻辑电路兼容、抗干扰能力强、开关速度快、使用方便等一系列优点。固态继电器的应用还在电磁继电器难以胜任的领域得到了充分扩展，如计算机和 PLC 的输入/输出接口、计算机外围和终端设备、机械控制、中间继电器、电磁阀、电动机等的驱动装置、调压装置、调速装置等。另外，在一些要求耐振、耐潮、耐腐蚀、防爆的特殊装置和恶劣的工作环境具有无可比拟的优越性，从而使其在许多领域的电控及计算机控制方面得到广泛应用。

固态继电器可分为直流型固态继电器和交流型固态继电器两种。直流型一般以功率晶体管作为开关元件，交流型以双向晶闸管作为开关元件，分别用来接通或关断交流或直流负载电源。按输入与输出间的隔离可分为光电隔离固态继电器和磁隔离固态继电器。按控制触发信号形式分为有过零型、非过零型，有源触发型和无源触发型。其原理框图和电路符号如图2-4 所示。其中，两个端子为输入控制端，另外两端为输出受控端，中间采用光电耦合或变压器耦合，以实现输入与输出间的电气隔离。工作时，只要在输入端加上一定的控制信号，就可以控制输出两端之间的"通"和"断"，实现开关功能。

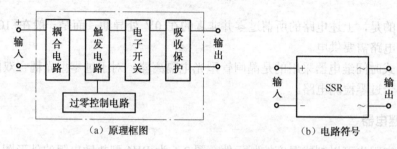

(a) 原理框图　　　　　　　　　　(b) 电路符号

图 2-4　固态继电器

固态继电器的优点包括以下几点：

(1) 寿命长、可靠性高。没有机械接触部件，由固体器件完成触头功能。

(2) 灵敏度高、控制功率小、电磁兼容性好。输入电压的范围较宽，驱动功率低，可与大多数逻辑集成电路兼容，无须加缓冲器或驱动器。

(3) 转换速度快。切换在几毫秒至几微秒内完成。

(4) 电磁干扰小。固态继电器没有"线圈"、触头燃弧等，无电磁干扰。

使用固态继电器应注意以下几点：

(1) 固态继电器选用应根据负载类型（阻性、感性）来确定，且需要采取有效的过电压吸收保护。

(2) 输出端应该采用 RC 浪涌吸收电路或加非线性压敏电阻吸收瞬变电压。

(3) 过电流保护采用专门半导体器件的熔断器或用动作时间小于 10ms 的断路器。

(4) 直流固态继电器工作时尽量与负载靠近，其输出引线应满足负荷电流的需要。

1. 过零电压继电器

过零电压检测继电器工作原理如图 2-5 所示，OPTO 为光电隔离器，它把输入、输出两部分从电气上隔离，VT1 为放大器，SCR1 和 BR 用来获得使双向晶闸管 SCR2 开启用的双向触发脉冲。R0 和 R6 为限流电阻，R6 也为 SCR1 的负载，R3 和 R7 为分流电阻，分别用来保护 SCR1 和 SCR2，R8 和 C 用来组成浪涌吸收电路，BR 为双向整流桥。

当输入端加上信号时，OPTO 导通，VT1 截止，SCR1 导通，在 SCR2 的控制极上将会得到从 R6→BR→-SCR1→-BR→R7 以及反方向的脉冲，使 SCR2 导通，负载接通。

R4、R5 和 VT2 组成过零电压检测电路，只要适当选择分压电阻 R4 和 R5，使得在 SCR1 端电压超过零电压时，VT2 饱和导通，反之则 VT2 截止。VT1 和 VT2 组成门电路，即输入信号在交流电压为零附近方能使 SCR1 导通，接通负载，实现过零触发。图中的 1、2 端接控制信号，3、4 端接负载和交流电源。

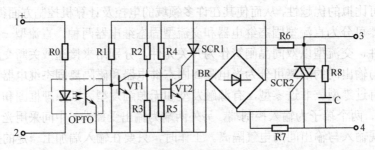

图 2-5   过零型继电器电原理图

值得注意的是，上述电路的所谓过零并非真的在 0V 处导通，而是一般在 ±10～±25V 区域，因为开关电路需要供电。

有些电子式时间继电器采用的是晶闸管型光电隔离器，对于过零型光耦合双向晶闸管驱动，其内部还带过零检测电路。

2. 温度继电器

利用热敏电阻也可以制成温度控制元件。图 2-6 为 JW4 型热敏电阻的外形图，它由复合钛酸盐的 N 型半导体制成，外接两根引线。

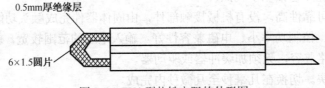

0.5mm 厚绝缘层

6×1.5 圆片

图 2-6   JW4 型热敏电阻的外形图

JW4 型热敏电阻的阻值大小随感应到的温度变化而变化，其变化过程为一非线性过程。在常温下，温度低于 65℃时，热敏电阻的阻值约为 60～80Ω，数值较小。当温度升高时，其阻值也随着增大，在 90℃时，热敏电阻的阻值约为 150Ω。当温度上升到动作温度时，热敏电阻的阻值急剧增大，达到数千欧至数十千欧。由于阻值突变点温度较为固定，且温度范围小，因此可以利用这一特性对电气设备进行温度控制。

在实际应用中，将 JW4 型热敏电阻串接到接触器、电磁铁的线圈回路中，当热敏电阻动作时，线圈电流减少，接触器释放，电磁铁复位，从而达到控制电路的目的。JW4 型热敏电阻的动作温度主要有 95℃、105℃、115℃、135℃四个等级。如果需要，可以在 60～180℃范围内进行调整。

JW4 型热敏电阻的特点是体积小、灵敏度高、使用简单方便、动作可靠，但由于返回温度比动作温度低 10～20℃，故返回时间较长，且价格较高，因此限制了它的应用。

采用电子线路构成的温度继电器称为电子式温度继电器。电子式温度继电器种类很多，但大致可分为数字式和模拟式两种。电子式温度继电器动作准确，造型小巧，显示直观，感温头容易放到需要保护的地方，缺点是抗电冲击和机械冲击能力不足。

温度继电器用于电动机的热保护。电动机过载时，热继电器的发热元件可间接反映出绕组温升的高低，起到过载保护的作用。然而，热继电器不能检测电网电压升高、铁损增加引起的铁芯发热，或者环境温度过高及通风不良等引起的绕组发热。为此，出现了按温度原则动作的热保护继电器，这就是温度继电器。

温度继电器目前有两种类型，一种是双金属片式温度继电器，另一种是热敏电阻式温度继电器。双金属片式温度继电器的工作原理与热继电器类似，由于体积大，放置位置不可能充分接近绕组以致发生动作滞后的现象。更不宜用来保护高压电动机，因为过强的绝缘层会加剧动作。热敏电阻式温度继电器的主体为电子电路，作为温度检测元件的热敏电阻装在电动机机壳内。图 2-7 为某正温度系数热敏电阻式温度继电器的电路。正温度系数热敏电阻具有明显的开关特性，电阻温度系数大、体积小、灵敏度高，也在其他温度控制装置中得到广泛的应用。

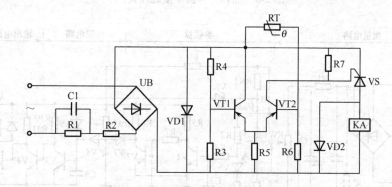

图 2-7　热敏电阻式温度继电器电路图

3. 无触头行程开关

图 2-8 是晶体管停振型接近开关的电路图，采用电容三点式振荡器，感辨头 L 有两根引出线。在 C2 取出的反馈信号可加到晶体管 V1 的基极和发射极两端，V2、V3 组成的射极耦合触发器不仅用做鉴幅，同时也起放大作用，V2 的基射结还可兼做检波器。为减轻振荡器的负担，电容 C3 选 510pF 左右，电阻 R4 选 10kΩ左右。振荡器输出的正半周电压使 C3 充电，负半周 C3 经 R4 放电，选择较大的 R4 可减小放电电流，但 R4 过大会使 V2 基极信号过小而在正半周内不足以饱和导通。检波电容 C4 接在 V2 的集电极上可减轻振荡器的负担。由于 R5、C4 的充电时间常数远大于 C4 通过半波导通向 V2 和 V7 的放电时间常数，所以当振荡器振荡时，V2 的集电极电位基本上与发射极电位相等，并使 V3 可靠截止。当接近感辨头 L 使振荡器停振时，V3 导通，继电器 KA 通电吸合发出接近信号，同时 V3 的导通因 C4 充电约有数百微秒的延迟。C4 的另一作用是当电路接通电源时，振荡器虽不能立即起振，但由于 C4 上的电压不能突变，使 V3 不会出现瞬间的误导通。常用的接近开关有 LJ5、LXJ6、LXJ18 系列。

4. 过载保护继电器

过载保护继电器由测量电路、鉴幅器、时限电路及输出电路等组成，如图 2-9 所示。通常过流保护包括短路保护和过载保护两部分。本电路的短路和过载共用一个测量电路而用不同门限电压的鉴幅器进行鉴幅，然后由二极管 V9、V8 组成或门电路控制同一个输出电路。

（1）测量电路

I-U 变换器及检波采用了电流互感器、桥式整流器和Ⅱ型滤波电路，如果要求继电器具有较高的返回速度，可与电容器 C1 并联一个放电电阻 R。

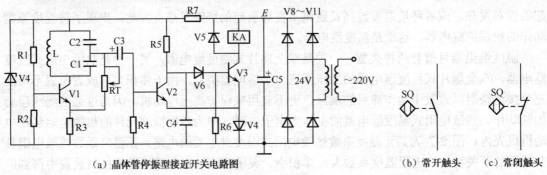

（a）晶体管停振型接近开关电路图　　　　（b）常开触头　　（c）常闭触头

图 2-8　晶体管停振型接近开关

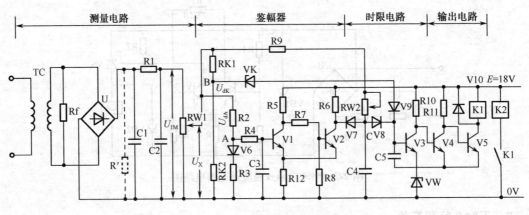

图 2-9　过载保护继电器

（2）鉴幅器

过载部分所用的鉴幅器由 R2、R3、V6 组成的分压比较电路和 V1、V2 组成的射极耦合触发器构成。门限电压 U_{dA} 约为 1.8V，电动机正常工作时，A 点电位小于门限电压，V1 截止，V2 导通，并将电容 C4 短接，时限电路不工作。当电动机出现过载时，测量电路的输出电压 U_X 升高，A 点电压 U_{AX} 达到门限电压 U_{dA} 时，射极耦合触发器翻转为 V1 导通、V2 截止，二极管 V7 截止，电容器 C4 开始充电，C 点电位上升，经历某一时限后升至门限电压 U_{dc}，V3 变为导通，V4 截止，V5 导通，带动继电器 K1 动作，经 K2 发出信号。

（3）时限电路

时限电路由时间设定电位器 RW2、充电电容 C4、晶体管 V3 及稳压管 VW 等元件构成。

为满足长延时（120s）的需要，在 V3 的射极加一稳压管 VW，并选用较大的电阻（RW1+RW2+R9）和电容 C4 以延长动作时间。由于供给 V3 的基流较小，不能直接驱动继电器 K1，因此在 V3 之后增加两级反相器 V4、V5，并进一步改善开关特性。

（4）短路保护

短路保护环节所用的鉴幅器由 RK1、RK2 组成的分压比较电路和稳压管 VW、VK、二极管 V9、晶体管 V3 构成，其门限电压为

$$U_{dK}=U_{VK}+U_{V9}+U_{be3}+U_{VW}$$

当电动机正常或过载运行时，因分压值 U_{BX} 小于门限电压 U_{dK}，短路保护环节无反应。当电动机出现短路故障时，电流超过短路环节的整定值，使 $U_{BX} \geq U_{dK}$，继电器 K1 瞬时发出跳闸信号。

5. 漏电保护继电器

当电动机绕组的绝缘破坏，其导线将通过铁芯和机壳接地。如果电网的中性点接地，则产生较大的接地短路电流。此时在系统中将产生小的零序电压和零序电流。因漏电继电器漏电信号的检测需要高的灵敏度，采用高灵敏度的零序电流互感器——电抗互感器组作为 *I-U* 变换器，用放大器将信号放大。

6. 断相保护继电器

断相运行是造成电动机烧损的常见事故原因。断相时负载的大小、绕组的接线形式所引起的绕组相电流与线电流变化有较大差异，当满载发生断相时，线电流至少有一相超过额定电流，为额定电流的 1.5~1.732 倍。这时采用三相测量电路的过流保护能做出正确的反应。但如果电动机在轻载运行时发生断相故障，如负载在 50%左右，则往往出现非故障相的线电流小于对称性过载保护电流动作值，但三角形接法的绕组电流却已超过其电流的额定值，当发生断相时这种情况就较为严重。此时以过电流为原则的保护将不能有效地检测电动机的断相故障，而必须采用断相保护继电器。

断相保护继电器由检测电路、鉴幅器、延时电路和输出电路构成，断相保护需要设置延时环节，是为了防止继电器在电动机启动或正常运行过程中可能出现短时的三相不平衡状态引起误动作。

以线电流为零为原则的断相保护电路如图 2-10 所示，当电动机出现断相故障时，故障相电流为零，因此可以按电流为零的原则来取得断相运行的信号。该电路每相均有单独的变换器和检波器，各相信号经晶体管反相器或二极管或门电路送到输出电路。三相中任一相带电流为零时，输出继电器 K 均能延时动作，电阻 R12 可降低晶体管 V4 的漏电流，同时也为延时电路 C4 提供放电回路。要使电路成为电动机综合保护的一部分，则磁路应是不饱和的。

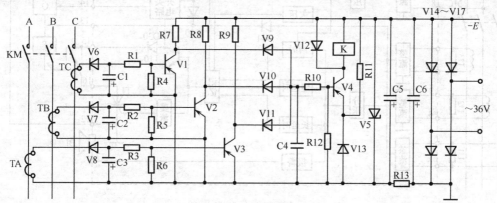

图 2-10 以线电流为零为原则的断相保护电路

7. 电子式脱扣器

断路器的电子式脱扣器有 DT1 系列（由分立式元件组成）、DT3 、DT5 系列（由集成电路元件组成，见图 2-11、图 2-12）。

DT3 系列电子式脱扣器除了具有 DT1 系列的过载长延时保护、短路短延时保护、短路瞬时保护、欠电压保护和瞬时动作实验按钮外，还具有故障显示和记忆、断路器过载报警等功能。工作原理方框图如图 2-11 所示。

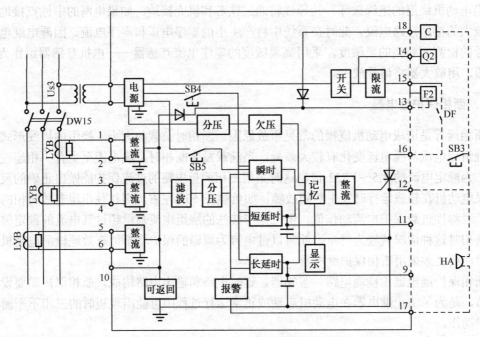

图 2-11　DT3 脱扣器工作原理方框图

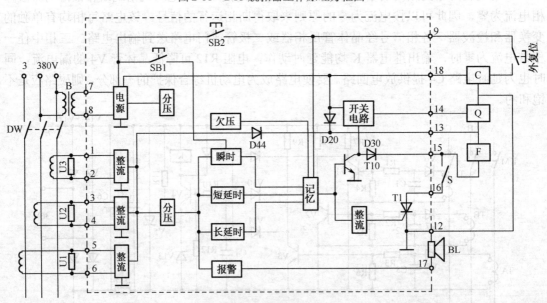

图 2-12　DT5 脱扣器工作原理方框图

DT5 系列电子式脱扣器主要用于低压万能式空气断路器和矿用隔爆型馈电开关，具有长延时、短延时、瞬时、欠压分段保护和故障显示及记忆功能。即使进线端失电（脱口器失去控制电源），仍可顺利完成脱扣功能，故障记忆时间达 2 小时；有预报警输出，做断路器低过载报警。

DT5 系列电子式脱扣器工作原理：控制电路由运算放大器、CMOS 数字电路组成。功耗低、工作可靠性高、抗干扰性能好、动作阈值电压准确稳定；延时单元采用数字计数器电路，稳定准确。变压器经整流后，一路经稳压输出 17V、9V 直流电压，供控制电路；另一路通过开关电源，为欠压线圈提供直流电压；电流电压变换器输出的电压经整流后得到反映主回路电流大小的脉动直流电压信号，将它分压后分别送到瞬时、短延时、长延时及预报警电路，各单元电路按设定值翻转，输出一动作信号到记忆电路，寄存并显示故障。记忆电路输出的驱动信号一路使晶体管 T10 截止，关断开关电源，使欠压线圈失电。另一路送往整形电路，然后触发可控硅。导通可控硅的同时也使二极管 D30 导通，切断开关电源，使欠压线圈失电，并使分离线圈 F 得电，完成脱扣动作，断路器分断。

*2.1.5　电子式电动机保护电路

下面介绍两种实用的电子式三相异步电动机保护电路。

1. 过流保护电路

如图 2-13 所示是一个简单电路的三相电动机过流保护电路。按下 ST，KM 吸合，电动机 M 启动、开始运行。电流互感器 TA 通过副边输出电流，经 VD1 整流、RP、R1 分压，形成电压信号经 R2、VD6 加到 VT1 基极，另一个信号经 RP 加到 VT3 基极。VT1、VT2、VT3 组成一个射极耦合双稳态电路。电路正常时，VT1 截止，VT2、VT3 饱和导通，继电器 K 吸合，电动机 M 正常运行。当三相电动机某一相断相时，电流必定比正常时增大许多或因电动机线圈短路、机械卡堵等故障使电流大增，这时 TA 副边的电流也必定大增，加到 VT1 的基极电压也大增，促使 VT1、VT3 饱和导通，VT2 截止，K 线圈失电释放，KM 线圈相继失电释放，电动机 M 停电。

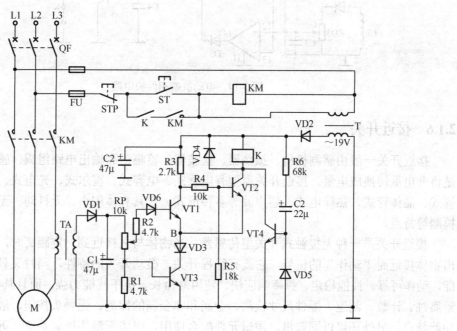

图 2-13　三相电动机过流保护电路图

2. 缺相保护电路

电动机缺相保护电路工作原理如图 2-14 所示。继电器 J 采用直流 24V 电源供电，电源经电阻 R1 分压和 12V 稳压管稳压后为其他电路供电，采用运算放大器 LM324 形成电压比较放大电路，电流互感器 T1、T2、T3 检测三相电机工作电流大小。当三相电源正常时，3 个比较放大器同相输入端电压低于反相输入端电压，其输出端 H 点电位为零，三极管 V1、V2 截止，继电器为断开状态；当三相电动机电路中缺一相时，只有两相供电，工作电流将升高，对应的互感器二次侧感应电流也升高，经整流、滤波、电位器分压后，加到比较放大器同相输入端的电压也升高，当超过反相输入端的电压时，除缺相外的 2 个比较放大器输出高电平外，经 D4～D6 组成的或门电路使 H 点为高电平，再经电阻 R4 分压加在 V1 基极，使三极管 V1、V2 导通，时间继电器得电，延时几秒吸起自闭，报警电路报警，同时切断电动机供电电路，保护电动机不被损坏。采用继电器延时是为了防止电动机启动时电流大而误导保护电路。故障排除后，按动复位开关 K，电路可恢复正常。

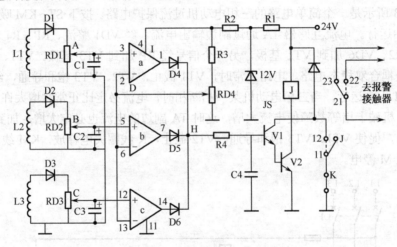

图 2-14　电动机缺相保护电路

2.1.6　接近开关

接近开关一般由感测机构、振荡器、检波器、鉴幅器和输出电路组成。感测机构的作用是将非电量转换成电量。接近开关类型有电感式、电容式、霍尔式、光电式、涡流式、干簧管式、晶体管式、热释电式、超声波等多种形式。它具有体积小、无抖动、无触头、无接触检测等特点。

接近开关是一种无接触式开关型传感器，当物体与之接近到一定距离时，信号机构将发出物体接近而"动作"的信号。它既有行程开关、微动开关的特性，同时又具有传感器的性能，动作可靠、性能稳定、频率响应快、使用寿命长、抗干扰能力强，而且具有防水、防振、耐腐蚀、计数、测速、零件尺寸检测、金属和非金属的探测、无触头按钮、液面控制检测等功能特点。另外还可以同微机、逻辑元件配合使用，组成无触头控制系统。近开关也可作为检测装置使用，用于高速计数、测速、检测金属等。

接近开关多为三线制。三线制接近开关有两根电源线（通常为 24V）和一根输出线。输出有常开、常闭两种状态。典型产品有 JM/JG/JR 系列/OD-F 系列接近开关。LJ（电感式）、

CJ（电容式）、SJ（霍尔式）接近开关；3SG（德国）系列接近开关。接近开关的文字和图形符号如图 2-15 所示，实物如图 2-16 所示。

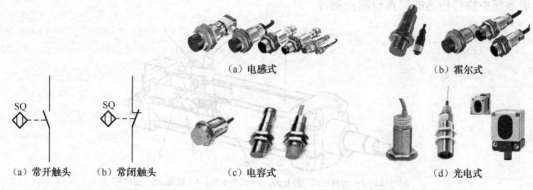

(a) 电感式 (b) 霍尔式

(a) 常开触头 (b) 常闭触头 (c) 电容式 (d) 光电式

图 2-15 接近开关的文字和图形符号   图 2-16 接近开关实物图

1. 电感式接近开关

电感式接近开关用于金属物体检测。特殊感应式接近开关是一种带有开关量输出的位置检测器，它由 LC 高频振荡电路和一个整形放大电路组成。振荡器振荡后，在开关的感应面上产生振荡磁场，当金属物体接近能产生电磁场的振荡感应头时，金属物体内部将产生涡流，吸收振荡器的能量，使振荡减弱以至停振。振荡和停振两种不同的状态，由整形放大器转换成开关信号，并识别出有无金属物体接近，从而达到检测位置的目的，在数控机床中电感式接近开关常用于刀库、机械手及工作台的位置检测。

2. 电容式接近开关

电容式接近开关是一种具有开关量输出的位置检测器，它由测量头构成电容器的一个极板，另一个极板是物体的本身。当物体移向接近开关时，物体和接近开关的介电常数发生改变，使和测量头相连的电路状态也随之发生改变，由此控制开关的通或断。

电容式接近开关的外形与电感式接近开关类似，这种接近开关对金属和非金属物体进行检测、定位和计数常用无接触式传感器。检测的物体不仅可以是金属导体，也可以是绝缘的液体或粉状物体。

3. 磁感应式接近开关

磁感应式接近开关又称磁敏开关，主要对气缸内活塞位置进行非接触式检测。感应式接近开关固定在活塞上的永久磁铁使传感器内振荡线圈的电流发生变化，内部放大器将电流转换成输出开关信号。磁感应式接近开关如图 2-17 所示。

4. 光电式接近开关

光电式接近开关如图 2-16 (d)、图 2-18 所示，是一种遮断型的接近开关，又称光电断续器。当被测物 4 从发射器 1 和接收器 3 中间槽通过时，红外光束 2 被遮断，接收器接收不到红外线而产生一个电脉冲信号。有些遮断型的光电式接近开关，其发射器和接收器做成两个独立的部件，如图 2-18 (b) 所示，这种开关有方形的和圆柱形的。图 2-18 (c) 为反射型光电开关，当被测物体 4 通过光电开关时，发射器 1 发射的红外光 2 通过被测物体反射到接收器 3，产生一个电脉冲信号。光电式接近开关在数控机床中常用于刀架的刀位检测和柔性制造系统中物料传送的位置检测控制等。

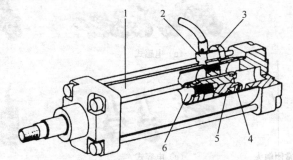

1—气缸；2—磁感应式接近开关；3—安装支架；4—活塞；5—磁性环

图 2-17　磁感应式接近开关

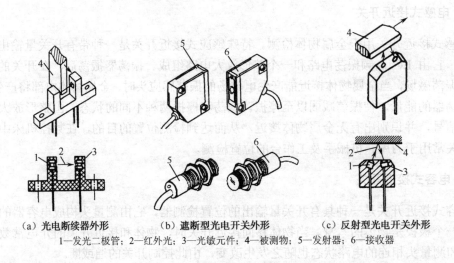

（a）光电断续器外形　　　（b）遮断型光电开关外形　　　（c）反射型光电开关外形

1—发光二极管；2—红外光；3—光敏元件；4—被测物；5—发射器；6—接收器

图 2-18　光电式接近开关

5. 霍尔式接近开关

　　霍尔式接近开关是利用霍尔元件做成的开关。霍尔元件是一种磁敏元件，当磁性物件移近霍尔开关时，开关检测面上的霍尔元件因产生霍尔效应而使开关内部电路状态发生改变，并识别附近有磁性物体存在，由此控制开关的通或断。这种接近开关的检测物体只能是磁性物体。

　　霍尔式接近开关是将霍尔元件、稳压电路、放大器、施密特触发器和集电极开路（OC）门等电路做在同一个芯片上的集成电路，霍尔式接近开关也称为霍尔集成电路。霍尔集成电路受到磁场作用时，其 OC 门由高阻态变为导通状态，输出低电平，当霍尔集成电路离开磁场作用时，OC 门重新变为高阻态，输出高电平。霍尔式接近开关在 LD4 系列电动刀架中应用的示意图如图 2-19 所示。

　　在经济型数控车床中，LD4 系列刀架得到了广泛的应用，工作过程：换刀信号→电动机正转→刀台转位→刀位信号→电动机反转→初定位→精定位夹紧→延时→换刀结束。其中刀

位信号是靠霍尔式接近开关检测得到的。如果某个刀位上的霍尔式接近开关断路或损坏，就
会出现刀台连续旋转不定位。

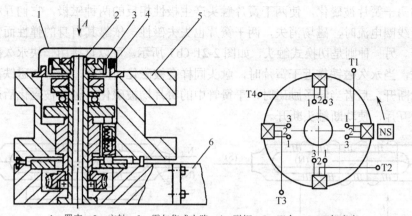

1—罩壳；2—定轴；3—霍尔集成电路；4—磁钢；5—刀台；6—刀架底座

1 端：DC 24V 电源；2 端：OUT；3 端：GND；T1：刀位 1；T2：刀位 2；T3：刀位 3；T4：刀位 4

图 2-19　LD4 系列电动刀架

电动刀架也可采用光电开关来进行刀位检测，其控制方式类似于霍尔式接近开关，只不
过用光电断续器代替霍尔式接近开关，采用遮光片代替磁铁。

6. 涡流式接近开关

涡流式接近开关也称电感式接近开关，由高频振荡器、集成电路（或晶体管放大器）和
输出器三部分组成。由于涡流式接近开关的感应头一般为一个具有铁氧体磁芯的电感线圈，
所以多用于检测金属导电体。当金属导电体接近能产生电磁场的接近开关时，金属导电体内
部产生涡流，涡流又反作用于接近开关，使开关内部电路参数发生变化，由此来识别出有无
导电物体靠近，进而控制开关的通或断，以达到控制的目的。涡流式接近开关的工作原理如
图 2-20 所示。

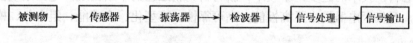

图 2-20　涡流式接近开关的工作原理框图

常用的涡流式接近开关有 IJ、LM、PL、CJ、SJ、AB 和 LXJ 等系列。

7. 干簧继电器

干簧继电器是干式舌簧继电器的简称，普通电磁继电器的动作部分惯量较大、速度慢、
线圈电感大、时间常数大、对信号的反应不灵敏，触头又暴露在外，易受污染，使触头接触
不可靠。干簧继电器克服了这些缺点，具备快速动作、高度灵敏、稳定可靠和功率消耗低等
优点，广泛应用于自动控制装置和通信设备中。

干簧继电器主要部件为铁镍合金制成的干簧片，它既能导磁又能导电，并兼有普通电磁
继电器的触头和磁路系统的双重作用。干簧片装在密封的玻璃管内，管内充有纯净干燥的惰
性气体，以防止触头表面氧化。为了提高触头的可靠性和减小接触电阻，一般在干簧片的触
头表面镀有导电性良好、耐磨的贵重金属（如金、铂、铑及合金）。

干簧片的触头有两种：一种是常开式触头，如图 2-21（a）所示。在干簧管外面套一励磁线圈就构成一只完整的干簧继电器，当线圈通上电流时，在线圈的轴向产生磁场，该磁场使密封管内的两干簧片被磁化，使两干簧片触头产生极性相反的两种磁极，它们互相吸引而闭合。若切断线圈电流时，磁场消失，两干簧片也失去磁性，依靠其自身的弹性而恢复原位，使触头断开。另一种则是切换式触头，如图 2-21（b）所示。可以直接用一块永久磁铁靠近干簧片来励磁，当永久磁铁靠近干簧片时，触头同样会被磁化而闭合，当永久磁铁离开干簧片时，触头就断开。后者当给予励磁时，干簧管中的簧片均被磁化，触头被磁化后产生相同的磁极，因而互斥，使动断触头断开。

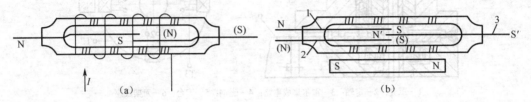

图 2-21　干簧片触头

还有双列直插式塑料封装的干簧继电器，其外形尺寸和引脚与 14 根引出端的 DIP 标准封装的集成电路完全一致，因此称为 DIP（双列直插）封装的干簧继电器，符合安装标准，可直接装配在印制电路板上。该继电器具有一组动合触头，还可内装保护电子回路的抑制二极管。线圈工作电压有 5V、6V、12V、24V 等系列，可用半导体元件或集成电路直接驱动。

2.2　现代智能电器

由于低压电器在运行时存在着电、磁、光、热、力、机械等多种能量转换，这些转换规律大多是非线性的，许多现象又是一种瞬态过程，使低压电器的理论分析、产品设计、性能检验、配电与控制系统等变得日益复杂，传统的开关电器无法满足现代化控制与配电系统的需求，限制了现代化控制与配电系统的发展，因此对低压电器产品的性能与结构提出了更高的要求。随着科学技术的进步，新技术、新材料、新工艺的不断出现，电力系统自动化程度的不断提高，对低压电器提出了高性能、高可靠性、小型化、多功能、组合化、模块化、智能化的要求。

2.2.1　智能电器定义与分类

低压电器智能化包括可通信万能式断路器、智能脱扣器的新算法和新技术、智能接触器、智能电网、电弧故障断路器的智能化检测技术。智能技术是把电器元件和配电装置及整个配电系统连接和综合起来的纽带，它也是促进低压电器向多功能、高性能和小型化发展的关键。

低压电器可分为配电电器和控制电器两大类，是成套电气设备的基本组成元件。常用的低压电器有刀开关、熔断器、接触器、继电器和主令电器等。在工业、农业、交通、国防及人们的日常用电部门中，大多数采用低压供电，因此电器元件的质量将直接影响到低压供电系统的可靠性。随着计算机技术和互联网技术的发展，低压电器生产以智能化、模块化、可以通信为主要特征。

智能电器将传统电器控制技术、传感器技术、电力电子技术、计算机技术和数字通信技术融为一体。一方面使电器设备具有智能化的功能；另一方面使其可以通过通信接口实现与计算机或其他设备之间的双向通信。所以，智能电器已不是单纯的一个产品，而是一个机电结合、强弱电结合的整体，是现代新技术与传统电器技术相结合的新产品。

1. 智能电器定义

从构成智能电器的核心部件及其功能出发，目前人们对智能电器的定义是"以微处理器为核心，除具有传统电器的切换、控制、保护、检测、变换和调节功能外，还具有显示、故障诊断、记忆、运算与处理、通信、能自适应电网等功能的电子装置"。智能电器的核心部件为微处理器；与传统电器相比，智能电器的功能有"质"的飞跃；智能电器是电子装置，而传统电器是电气设备。

2. 智能电器分类

智能电器可分为智能电器元件/装置、智能开关柜和智能供配电系统；从电力系统的一次设备和二次设备的角度讲，智能电器可分为二次智能设备和一次智能设备。智能电器元件/装置有智能化（通用）保护测控单元/装置、智能接触器/继电器、智能断路器、智能电力监控器/网络电力仪表/电能质量监测装置、智能电动机保护（测控）装置、智能变压器/馈线/电容器保护（测控）装置等。

智能供配电系统有智能低压配电系统/智能配电监控管理系统、智能电动机控制中心（MCC）、智能型预装式/箱式变电站等。

3. 智能电器的新技术

智能电器元件采用电子技术、微机控制技术、现代传感技术、数字信号处理技术、计算机数字通信技术、检测与转换技术、电磁兼容技术、3C 技术、数据库技术、高级语言编程技术、网络技术等新技术，具有自动监测、识别运行环境，测量、保护、记录各种运行状态的历史数据、各种数据的现场显示和控制操作命令类型等功能。通过数字通信网络向系统控制中心传递各类现场数据，接受系统控制中心的远方操作与管理。此外，开关设备的一次开关电器为智能电器元件时，也可以由控制中心直接进行远方的智能控制。对于低压配电系统和电动机控制系统中的电器设备通常必须具备以下主要功能：过载保护、短路保护、控制、隔离、紧急状态下急停。

将智能控制技术引入低压电器之后，可以提高电器产品的工作可靠性、协调各控制与保护环节之间的配合、节约资源、优化系统，形成新一代集成化电器产品。

2.2.2　智能电器组成

低压配电系统和电动机控制中心已经形成了智能化监控、保护与信息网络系统，主要由以下几个部分组成：

（1）智能化开关设备，包括带智能化脱扣器的断路器、智能化的接触器与智能化电动机保护器。

（2）监控器，在网络系统中起参数测量、显示及某种保护功能，替代传统的指令电器、信号电器与测量仪表。

（3）计算机和可编程序控制器（PLC）。

（4）网络元件，用于形成通信网络，主要有现场总线、操作器与传感器接口、地址编码器及寻址单元等。

智能化的断路器、智能化的电动机保护器、智能化的接触器是低压开关柜和电动机控制中心实现智能化的主要电器元件。

1. 典型智能电器的硬件

典型智能电器的硬件结构如图 2-22 所示，由硬件和软件两部分组成。智能电器的硬件除了与常规控制电器类似的硬件外，又增加了电子技术、微机控制技术、3C 技术、数据处理技术等。智能电器的软件能够根据用户的需要去设置，实现用户设置的各种功能，并将设备的运行状态参数送给人机界面，以方便用户对设备的运行状态进行实时监控。输入信号可以是电压信号、电流信号，也可以是数字信号；模拟信号经变换器和调理电路变换、处理后送给 A/D 转换器，数字信号通常需经过隔离、处理后再送给微处理器；微处理器是智能电器的核心部件。为实现人机交互，还有键盘电路、打印接口电路、显示与报警电路、时钟电路、电平信号、触头信号、RS-232/RS-485 串行通信接口、信息交换接口、现场总线接口、总线控制器、总线收发器、光电隔离等电路组成。

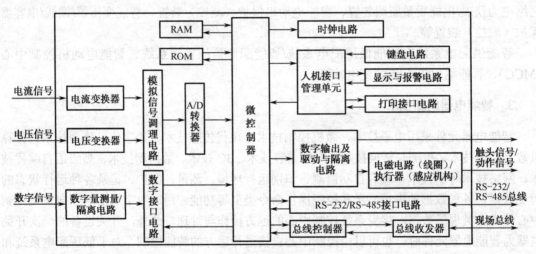

图 2-22　智能电器的硬件结构图

2. 软件

智能电器的软件不仅能够实现电器的控制功能，而且很多非控制功能在智能电器中也很容易实现，如故障定位、事件报告、电量计量及温度估计等数据处理功能。

（1）逻辑处理程序是软件的核心，主要对用户设置的参数和设备的运行参数按照相应的功能要求进行逻辑处理。当设备的运行参数超过允许范围时，微处理器将按照脱扣处理程序进行脱扣处理，实现对设备的保护。

（2）系统诊断程序用来对智能电器进行故障检测，一旦智能电器出现故障，系统就能通过诊断程序检测到故障原因，并做故障处理。

（3）通信管理程序：智能继电器内部采用的是总线型结构，按并行方式通信，外部的现场总线采用的是串行通信方式，通信管理程序就是实现智能继电器与现场总线的通信。

*2.2.3 常用典型智能电器

1. 智能接触器

随着电子和计算机技术的发展，交流接触器的智能化研究取得了很大进展。交流接触器是一种适用于远距离频繁接通和断开交流电路的自动控制设备，广泛应用于电动机控制及各种低压配电系统、自动控制系统之中，是电气自动化设备不可缺少的元件。随着微电子技术的发展和引入，交流接触器开始向智能化方向迈进，智能化交流接触器在增强功能的同时，降低了能耗。采用以单片机为基础的交流接触器的智能控制，把单片机具有的逻辑判断及通信功能与交流接触器组合，可实现智能化控制。其功能表现在确保交流接触器吸合后，自动执行低压吸持子程序，同时监视设备的过流、过压、欠压、三相不平衡及漏电等情况，实现过零分断，使触头火花能量最小。如果与上位机联网，还可以组成简单 DCS 系统。但是，成熟的智能交流接触器产品至今未见报道，因此，研究和开发智能化高性能交流接触器是一件非常重要的工作。

2. 智能断路器

智能型框架断路器是配置带通信接口的控制单元，主要功能包括：具有长延时、短延时、瞬时过流、接地故障、欠压的保护等；在断路器上可显示电流、电压、功率、有功电能、无功电能、功率因数、频率等电量参数的运行状态、故障信息等；通过通信接口与上位计算机进行数据交换，并可接受上位机的命令；实现远程电量参数的测量、断路器运行状态（合、分、故障、报警等）的监控、由上位机对断路器进行遥控分合闸操作、由上位机对断路器的设备参数和保护值进行遥调的四遥功能。智能断路器就是将智能型监控器的功能与断路器集成在一起，主要实现了脱扣器的智能化。

3. 智能脱扣器

早期的脱扣器是电磁式的，然后有了以晶体管、稳压管为核心的第一代电子脱扣器，和以比较集成电路为核心的第二代电子脱扣器。第三代电子脱扣器则以单片机为核心，是现代新型断路器的核心，它是断路器内的智能控制模块，具有显示、三段保护、实验、故障诊断等功能。它由信号采样电路、电源电路、A/D 转换电路、CPU、显示电路、接口电路等组成。其中脱扣电路是脱扣器的末级电路，是单片机命令的执行机构，直接关系到断路器是否断开、电网是否停电等功能，称为智能脱扣器。

智能化断路器中智能化技术的应用核心是集保护、测量、监控于一体的多功能脱扣器，主要由微处理器单元、信号检测采集单元、开关量输入单元、显示和键盘单元、执行输出单元、通信接口、电源等几个部分组成，与脱扣驱动机构、空心互感器配合执行电流电压采集和保护工作。智能脱扣器工作原理如图 2-23 所示。

4. 智能型电动机控制器

通常电动机过负荷保护、断相保护、短路保护都采用热继电器、断路器（或熔断器），由于受到通信功能不够灵活等多种条件的约束，已经无法满足日益发展的设备自动化生产的要求，而智能电动机控制器可实现重载启动，以及对电动机的温度保护，还可提供多种测控功能和多种电动机控制模式，能够满足对电动机的保护控制要求，有效地保障了电机的安全运行。

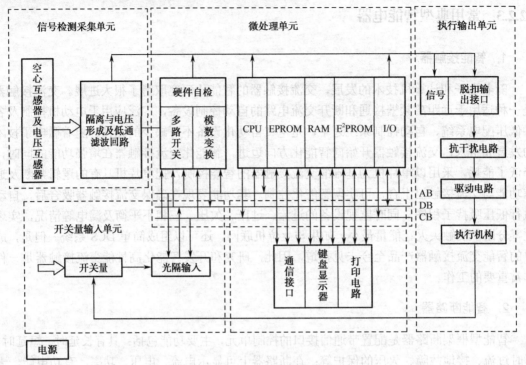

图 2-23　智能脱扣器原理图

*2.2.4　智能电器及其应用

本小节介绍一款罗克韦尔自动化公司生产的智能电器。

工作原理：利用微处理器技术实现电器的智能化，具有自动测量、自动控制、自动调节、故障自诊断和通信功能。根据电器设备的不同，其智能化的控制也有所不同。如各种断路器的在线监测技术，侧重于故障自诊断功能；低压电器设备自动数字显示电压、电流、功率、功率因数等，侧重于电器量的测量；对高压断路器短路瞬时开断功能、低压断路器的三段保护功能的实现等，侧重于自动控制功能。下面将以几种设备为例，介绍智能电器的工作原理。

1.　智能型断路器

（1）智能型断路器及组成

罗克韦尔智能型断路器的核心是智能型脱扣器，智能型脱扣器的工作原理框图如图 2-24 所示，其控制单元由单片机及外围电子电路组成，检测信号单元由空心互感器和信号处理电路组成，操作机构由具有永久磁铁的磁保持脱扣器组成。利用电容器放电对脱扣器线圈励磁，完成操作任务。采用速饱和互感器对电容器充电，作为备用电源，实现当主电路断电而微机系统不掉电，完整保存内存数据的功能。具有控制信号准确、可靠，实时显示电流值；可随时设定动作电流和动作时间；存储故障信息、预报警及联网通信等优点，这是传统脱扣器无法比拟的。

空心互感器检测主电路中的电流，并将其转换为单片机可处理的数字信号。信号经隔离后进入采样和保持电路，经滤波、放大等处理后进入微处理器，微处理器内带有 A/D 转换单元，将模拟信号转换为数字信号，供 CPU 处理。各种故障保护的动作电流和时间的整定值通过键

盘设定并存在串行 E^2PROM 中（掉电不丢失），CPU 将检测到的信号与整定值比较，判断是否脱扣，若脱扣则确定动作时间，并发出控制信号及报警信号，显示故障电流和动作时间。

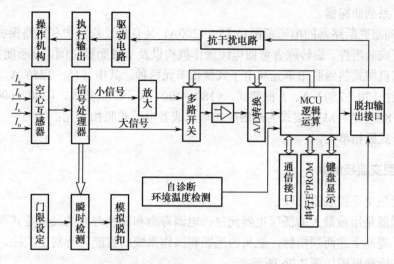

图 2-24　智能型脱扣器的原理框图

该智能型脱扣器对过电流采用数字积分法，真实地显示过电流值；对短路保护分为两段：短路延时和短路瞬动保护；对接地保护具有使脱扣器脱扣或报警选择功能；过载电流的整定值是可调整的。具有通信接口、自诊断和检测、分段切断故障电路功能及多台断路器联网运行及选择性保护。

（2）MCS 模块化断路器

罗克韦尔自动化公司的 MCS 模块化电动机控制系统中，一般用途断路器主要在不频繁操作的低压配电电路或开关柜中作为电源开关使用，并对电路、电器设备及电动机等实行保护，主要实现短路保护作用。MCS 模块化电动机控制系统包含 140M 和 140U 两个系列的断路器，如图 2-25 所示。

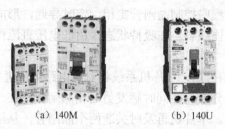

（a）140M　　　　　　（b）140U

图 2-25　140M 和 140U 系列的断路器外形

① 140M 系列断路器。

140M 系列断路器能够提供电动机保护和电路保护，符合 IEC 标准，具有脱扣显示、大电流限制、开关容量等功能。140M 断路器特点：140M 断路器的电动机保护电流范围为 0.1～630A，具有热过载和短路保护功能。其中 0.1～45A 断路器的磁脱扣电流为额定电流的 13 倍；80～630A 断路器的磁脱扣电流为 12～15 倍的额定电流，过载保护脱扣等级在 10～30 可调整。140M 断路器的启动器短路保护电流范围为 0.1～45A，不具有热过载保护功能，但有短路保护功能，其磁脱扣电流为额定电流的 13 倍。140M 断路器的变压器保护电流范围为 0.1～32A，具有热过载和短路保护功能，磁脱扣电流为 16～20 倍的额定电流。140M 断路器的电动机电路保护电流范围为 3～1200A，不具有热过载保护功能，但有短路保护功能，磁脱扣电流为 3～10 倍的额定电流。

② 140U 系列断路器。

140U 系列塑壳断路器的电流范围是 15～1200A，具有热过载保护和短路保护功能，还具有现场或工厂安装附件、旋转或者弯曲电缆操作机构以及节省面板空间、分断能力高等特点。脱扣单元具有机械式热磁脱扣单元和电子式脱扣单元两种。其中（15～125）A、H 框架式为热磁脱扣单元；（70～250）A、J 框架式，（180～400）A、K 框架式，（300～600）A、Q 框架式，（300～800）A、M 框架式为热磁脱扣单元或者电子式脱扣单元；（600～1200）A、N 框架式为电子式脱扣单元。

2. 智能型交流接触器

（1）智能型交流接触器原理

交流接触器是用量最大的低压电器元件，电源寿命和机械寿命的高低是其两项重要的技术指标，为了提高上述两项指标，触头的通断和操作系统的智能化特别受关注。智能型交流接触器的工作原理框图如图 2-26 所示。

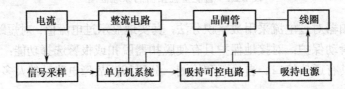

图 2-26　智能型交流接触器工作原理框图

① 接触器的触头损坏主要产生于闭合过程，闭合时触头之间和铁芯之间的碰撞均会引起触头间闭合时的振动和产生电弧，是造成触头损坏的主要原因。触头的损坏决定了接触器的使用寿命。要实现电磁系统吸持、反力的最佳配合，减少动、静触头间的振动是最有效的措施。

在启动过程中，单片机对电源电压进行采样，当电源电压超过最低吸合电压时，单片机会根据电压值，按照相应的程序控制晶闸管定相、定时导通，形成一个自动调节的系统，实现对电磁系统动态吸力的最佳控制。在吸持状态，由低电压直流保持电路供电可实现节能无声运行。

② 当接触器接到分断信号后，单片机系统将对主电路电流进行采样，确定相序，使其中一相在电流过零时进行同步分断，并同时触发另两相晶闸管，在一相分断后，另两相电流适时地从触头转移到晶闸管上，单片机再及时关断两个晶闸管，从而切断整个电路的电流，实现无弧或少弧分断，减少触头损坏，提高分断能力。智能接触器可带通信接口，可实现与主控计算机（上位机）的双向通信，上位机既可显示接触器的工作状态，也可控制接触器的通断状况，实现了接触器的集中控制。

（2）MCS 接触器

罗克韦尔自动化公司的 MCS 模块化电动机控制系统，一般用途接触器包括 100-M、100-C、100-D 和 100-G 四个系列。对于有安全需求的场合，可选用 100-S 系列接触器（9～85A）。100-M、100-C、100-D 和 100-G 系列接触器外形如图 2-27 所示。

① 100-M 系列小型接触器适用于配电柜空间特别有限的商用和轻负载应用场合，其宽度为 45mm，体积小，负载范围为 2.2～5.5kW（5.3～12A）。

　　(a) 100-M　　　　 (b) 100-C　　　　　(c) 100-D　　　　　(d) 100-G

图 2-27　100-M、100-C、100-D 和 100-G 系列接触器外形

　　② 100-C 系列接触器是标准的 IEC 接触器，负载范围为 4~45kW（9~85A），其线圈端子方向可改变。

　　③ 100-D 系列接触器的负载范围为 50~500kW（95~860A）。除了提供传统的交直流控制线圈外，还可提供具有集成电子接口的电子线圈，实现了可编程序控制器或低电平信号源直接控制接触器动作的功能，降低了线圈功耗。

　　④ 100-G 系列接触器的负载范围为 315~710kW，开关高达 1200A 的电动机负载；具有辅助触头、机械联锁等完整配套附件，还可添加第四个中性极，灵活性大，可满足各种应用需求。

　　100-M、100-C 和 100-D 系列接触器都可以和 193 系列的电子型过载保护继电器配合使用，构成紧凑、灵活的电动机启动系统。MCS 模块化电动机控制系统的组成如图 2-28 所示。

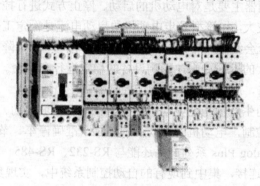

图 2-28　MCS 模块化电动机控制系统的组成图

3. 智能型电动机控制器

　　通常电动机过负荷保护、断相保护、短路保护都采用热继电器、断路器（或熔断器），由于受到通信功能不够灵活等多种条件的约束，已经无法满足日益发展的设备自动化生产的要求，而智能电动机控制器可实现重载启动、对电动机的温度保护，还可提供多种测控功能和多种电动机控制模式，能够满足对电动机的保护控制要求，有效地保障了电动机的安全运行。

　　智能型电动机保护控制器包括电动机的保护和电动机的控制。

　　（1）智能型电动机保护装置。

　　电动机在运行时经常会出现各种故障，如过载、短路保护，漏电、堵转和启动超时，过电压和欠电压，缺相及三相不平衡保护等，及时排除各种故障，保证电动机的正常运行是该装置的主要功能。其工作原理如图 2-29 所示。

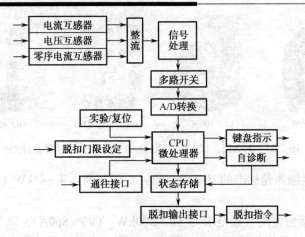

图 2-29　电动机保护装置工作原理框图

智能型电动机保护装置由电流互感器、电压互感器、零序电流互感器分别检测出电路的电流、电压、漏电流的信号，经过整流、滤波、信号处理，通过多路开关采样保持，送入 A/D 转换器，将信号送入 CPU 进行逻辑运算和门限设定值比较，送至输出接口电路。在 CPU 微处理器上接有通信接口，与中心计算机进行信息交流；接键盘显示，根据需要显示电路参数，CPU 中装有自诊断程序，确保系统能稳定可靠地工作。

（2）电动机智能控制器主要是对电动机的启动、停止方式进行控制（也称软启动）。交流电动机启动时启动电流较大，如笼型异步电动机的启动电流是额定工作电流的 5～7 倍，较大容量的电动机的启动电流会给电网带来较大的冲击，使电网电压下降，影响设备的正常运行，同时也会给设备带来较大的机械冲击，影响设备的稳定运行和寿命。因此，要使电动机启动或停止时平稳，避免冲击，就需要电动机智能控制器。

罗克韦尔自动化公司生产的智能电动机控制器就具有斜坡启动、限电流启动、全电压启动、双斜坡软启动、泵控制，电动机的制动、软停止、准确停车、节能运行、相平衡控制和故障诊断功能。SMC Dialog Plus 系列产品还能与 RS-232、RS-485、RemoteI/O、ScanPort 和 DeviceNet 网络通信接口连接，集中到现有的自动控制系统中，实现集中控制。

（3）智能型电动机保护及集中控制装置。

随着计算机网络技术的发展，智能型开关电器及装置与控制计算机双向通信成为可能，由此可组成智能化电动机控制中心，它能监测电动机的各种运行参数，调整动作值，控制电动机的运行状态，实现信息的双向交流，成为可通信电器。

目前有不少型号的智能电动机控制器还实现了电动机的综合保护，显示电动机运行时的各项参数；还实现了与上位 PC 通信，把运行状态、参数信息及故障状态送往上位机，并可接收上位机的启动、停止及重新设定保护动作值的指令。其系统结构框图如图 2-30 所示。

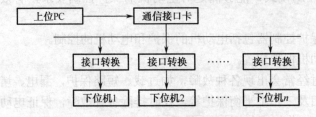

图 2-30　智能电动机控制器系统结构框图

由于通信是在主控计算机和智能终端之间进行的，这就涉及主机和从机两方面的硬件电路设计，由于通信距离较远，现场干扰较大，通常选用 RS-422/RS-485 通信接口。PC 外围硬件有一个 RS-232/RS-422 （RS-485）通信接口卡，将信号由通信接口传输至接口转换装置，由现场总线将信息通过接口卡传至 PC，实现双向通信的功能。

系统的软件设计主要包括智能终端的各种保护及通信编程，可采用单片机和汇编语言完成；PC 的编程不但要完成数据的通信，还要完成数据的分析、判断和处理，达到使用方便、运行稳定、性能可靠的目的。

4. MCS 过载保护继电器

罗克韦尔自动化公司的 MCS 模块化电动机控制系统中的过载保护继电器是为电动机提供过载保护的低压电器产品，主要与接触器配合使用。MCS 模块化过载保护继电器有 193-E、193-CT、193-M 和 193-T 四个系列，其中 193-M 和 193-E 系列的外形结构如图 2-31 所示。

 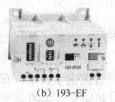  

(a) 193-M　　　　(b) 193-EF　　　　(c) 193-EC　　　　(d) 193-ED

图 2-31　193-M 和 193-E 系列过载保护继电器外形图

（1）193-M、193-T、193-CT 是传统的双金属型热过载保护继电器，能够满足断相保护等普通保护需求，它们的脱扣等级为 10。193-CT 的整定电流范围为 0.1～17.5A，可直接安装在 100-C 接触器（9～23A）上。193-M 的整定电流范围为 0.1～12.5A，可直接安装在 100-M 接触器（5～12A）上。193-T 的整定电流范围为 0.1～90A，其中整定电流范围为 0.1～75A 的可直接安装在 100-C 接触器（9～85A）上，也可独立安装；193-T 的整定电流范围为 70～90A 的只能独立安装。

（2）193-E 是电子型过载保护继电器，能提供断相保护和最宽的整定电流范围。193-EA、193-EB、193-ES 的整定电流范围为 0.1～85A，其特点是不需要外加供电电源，功耗只有 150mW，脱扣等级可选。193-EA、193-EB 脱扣等级为 10 或 20。193-EB 的脱扣为 10、15、20 三个等级。另外，193-EB 还提供接地故障保护和堵转、失速保护。

193-EC 的整定电流范围为 0.4～5000A，其特点是可进行 DeviceNet 通信，具有 LED 状态显示、环境温度补偿、故障诊断、I/O 接口、可编程的脱扣和警报设置及接地故障、堵转、失速、欠载、电流不平衡、过温等高级保护等功能。脱扣等级在 5～30 之间可调。

193-ED、193-EE 的整定电流范围分别为 0.1～27A、0.1～800A，具有功耗低、环境温度补偿、可视的脱扣显示特点，193-ED 的脱扣等级固定为 10，193-EE 的脱扣等级可在 10、15、20、30 中选择，适用于重载启动。

193-EF 的整定电流范围为 20～630A，可直接和 100-D 接触器相连，也可以单独安装。可通过 DIP 开关进行数字式设置，实现精确的可重复的保护，具有 LED 状态显示，脱扣等级可在 2～30 范围内可调，能够提供电流不平衡保护及热敏电阻监控功能。

5. 智能型成套控制装置

智能型成套控制装置主要包括设计的智能化和装置的智能化，在我国出现的时间还不长。在国际上已有成套的产品，如罗克韦尔自动化公司的 CENTERLINE 电动机控制中心（MCC），在机构上采用了独特的中央母线设计，在器件上采用智能接触器、智能电动机控制器、变频器和 PLC 等，并将先进的 DeviceNet 网络技术融入其中，构成结构合理的先进自动化系统控制装置。

智能电器及装置并不限于上述的几种类型，在中高压的真空断路器、电力系统中的在线检测、高压绝缘领域中的在线诊断、建筑业中的楼宇智能化、各种智能型保护继电器中的智能技术均获得广泛应用，这里均有智能电器及通信技术的应用。所以，在电气领域，随着微机技术、通信技术、现场总线技术的发展，智能电器及装置、智能技术会有更为广阔的发展空间。

2.2.5 现代智能低压电器及发展趋势

电子、计算机、信息、网络等科学技术的发展，促进了低压电器技术的发展。未来低压电器企业生产的产品必须定位在高端电器产品，开发智能化低压电器，为未来智能电网建设做准备。在智能化低压电器开发方面，必须采用智能电子技术，在微型断路器、塑壳断路器和框架断路器的智能化方面也出现了大量的开发和研究，主要体现在以下几个方面。

1. 低压电器的智能化与网络化

计算机和微处理器中引入低压电器，使低压电器具有智能化的功能，低压开关电器实现了与中央控制计算机的双向通信。这种由新型低压电器元件和中央控制计算机组成的网络系统与传统的低压配电系统和电动机控制系统相比具有以下持点：

（1）实现中央计算机集中控制和可编程序控制，提高了低压配电系统的自动化、信息化程度。

（2）控制系统具有通信功能的智能化元件经数字通信与计算机系统网络连接，实现变电站低压开关设备运行管理的自动化、智能化。

（3）采用新的电子、电气元件，代替传统的指令电器、信号电器。

（4）电子、电气元件与传统的指示和主令电器相比，容易安装、工作稳定、安全可靠。

（5）智能化开关设备，包括带智能化脱扣器的框架断路器、真空断路器、塑壳断路器及智能化电动机控制器。

（6）可实现数据共享。目前由智能化电器与中央计算机通过接口构成的自动化通信网络正从集中式控制向分布式控制发展。现场总线技术的出现，不但为构造分布式计算机控制系统提供了条件，而且即插即用、扩充性好、维护方便，因而目前这种技术已成为国内外关注的热点。

2. 仿真技术的发展

随着计算机辅助设计与制作软件系统的引进，电器产品的计算机辅助设计从二维到三维，标志着辅助设计技术进入了一个新阶段。

现在的仿真软件一般都集三维设计、制造和分析于一体，让设计者在三维空间内完成零部件的设计和装配，并在此基础上自动生成图纸，完成零部件的自动加工工艺并生成相应的程序代码，如数控机床，常用的有 MasterCAM、UG、Pro/Engineer 和 CAXA 等软件。可用 MasterCAM 软件的造型功能把工程图纸变为 3D 立体图，通过对 3D 立体图观察，在 NC 代码的驱动下运行。

3. 环保材料

随着工农业的发展，环境保护问题日趋严重，这对大量使用的低压电器提出了更高的要求。目前的低压电器几乎 80%的材料是塑料，塑料常作为低压电器的外壳使用，对这些材料来说，不仅要保证长的寿命和电器本身的工作可靠性，还要考虑环保要求，即无污染并且可以回收。再如，长期以来，由于银氧化镉触头材料采用烧结或挤压工艺制成，银氧化镉（AgCdO）内氧化镉（CdO）质点弥散分布于银基体中，电触头动作时在电弧作用下，由于温度高，氧化镉剧烈分解、蒸发而使电触头表面冷却，降低了电弧能量，从而极大地改善了电触头的灭弧性能，因而银氧化镉触头材料具有耐电磨损、抗熔焊等特点，且接触电阻低而稳定，因而在低压电器中作为控制电器的触头材料得到了广泛的应用。

4. 现代智能低压电器及发展趋势

随着新技术的出现，智能化低压电器向着高性能、智能化、高分断、可通信、小型化、模块化、节能化发展。得益于新技术的发展，现代化的智能低压电器逐渐成为市场主流产品，中高端低压电器市场份额也将进一步扩大。未来几年将是智能电网建设的主要时期，智能电网及成套设备、智能配电、控制系统将迎来黄金期，在智能电网建设进程中，电网由众多电器组成，电网要智能化，需先实现电器智能化，低压电器智能化是未来的发展方向，对低压电器系统集成和整体解决方案提出了更高要求。

今后的发展趋势是积极采用高新技术，重点开发环保化、智能化、网络化、可通信化、设计无图化、制造高效化的低压电器产品，淘汰那些工艺落后、体积大、能耗高、耗材多又污染环境的产品，对现有较好的传统产品进行二次开发，巩固传统产品的市场。同时，研制、开发我国的低压电器的现场总线，缩短同国外先进水平的差距。

本章小结

随着半导体技术的迅速发展，特别是微电子技术、通信技术、传感技术、计算机技术和网络技术的迅速发展，电子式低压电器在自动化技术中起着非常重要的作用。

智能电器是以微处理器为核心，除具有传统电器的切换、控制、保护、检测、变换和调节功能外，还具有显示、故障诊断、记忆、运算与处理、通信、能自适应电网等功能的电子装置。智能电器的核心部件为微处理器。随着科学技术的发展，智能电器的定义也随着变化。

本章主要介绍电子式继电器和智能电器，如电子式脱扣器、接近开关、电子式电动机保护电路；现代智能电器、智能电器的新技术，如智能接触器、智能断路器、智能脱扣器、智能型电动机控制器。

习题与思考题

2-1 时间继电器的选用原则是什么？

2-2 电子式继电器与电磁式继电器有什么区别？

2-3 电子式继电器能否代替传统的电磁式继电器？

2-4 数字式时间继电器由哪几部分组成？画出框图。

2-5 简述电子式脱扣器与电磁式脱扣器的工作原理。

2-6 目前，人们对智能电器的定义是什么？

2-7 智能电器有哪些类型？

2-8 智能电器元件采用了哪些新技术？

2-9 智能电器由哪几个部分组成？

2-10 简述智能型电动机控制器的工作原理。

2-11 简述现代智能低压电器及发展趋势。

2-12 电子式时间继电器与电磁式时间继电器的图形及文字符号有无区别？

2-13 简述智能型交流接触器、智能型断路器、智能型脱扣器的应用场合。

2-14 简述电感式、电容式、霍尔式、光电式接近开关的应用场合。

第3章　基本电气控制电路

3.1　电气控制基础知识

电气控制电路是用导线将电动机、电器、仪表等电器元件连接起来并实现某种要求的电路。为了设计、研究分析、安装维修时阅读方便，需要用统一的工程语言即图的形式来表示，并在图上用不同的图形符号来表示各种电器元件，用不同的文字符号来表示图形符号所代表的电器元件的名称、用途、主要特征及编号等。按照电气设备和电器的工作顺序，详细表示电路、设备或装置的全部基本组成和连接关系的图形就是电气控制系统图。

常见的电气控制系统图主要有电气原理图、电器布置图、电器安装接线图三种。在绘制电气控制系统图时，必须采用国家统一规定的图形符号、文字符号和绘图方法。在电气控制原理分析中最常用的是电气原理图。

3.1.1　电气控制系统图的图形符号和常用符号

电气控制系统图是电气控制电路的通用语言，为了便于交流与沟通，绘制电气控制系统图时，所有电器元件的图形符号和文字符号必须符合最新的国家标准的规定。

近年来，随着经济的发展，我国从国外引进了大量的先进设备，为了掌握引进的先进技术和设备，加强国际交流和满足国际市场的需要，国家标准化管理委员会参照国际电工委员会（IEC）的相关文件，颁布了一系列新的国家标准，主要包括：

GB/T 4728—2005/2008 电气简图用图形符号；

GB/T 6988.1—2006/2008 电气技术用文件的编制；

GB/T 5094.1—2002 /2003/2005 工业系统、装置与设备以及工业产品结构原则与参照代号。

图形符号是用来表示一台设备或概念的图形、标记或字符。符号要素是一种具有确定意义的简单图形，必须同其他图形组合而构成一个设备或概念的完整符号。如电动机主电路标号由文字符号和数字组成。文字符号用来标明主电路中的元件或电路的主要特征，数字标号用来区别电路不同线段。接触器主触头的符号也是由接触器的触头功能和常开触头符号组合而成的。三相交流电源引入线采用 L1、L2、L3 标号，电源开关之后的三相交流电源主电路分别标 U、V、W。如 U11 表示电动机的第一相的第一个节点代号，U21 为第一相的第二个节点代号，以此类推。

对控制电路，图形符号通常由三位或三位以下的数字组成，交流控制电路的标号主要以压降元件（如电器元件线圈）为分界，左侧用奇数标号，右侧用偶数标号。直流控制电路中正极按奇数标号，负极按偶数标号。图形符号和文字符号说明如下：

（1）电路图中的图形符号应符合 IEC 标准的规定，常用电气控制电路的图形符号见表 3-1。

（2）IEC 标准将文字符号分为基本文字符号（单字母或双字母）、辅助文字符号和附加文字符号。辅助文字符号用来表示电气设备装置和元器件及电路的功能状态和特征。常用基本文字符号见表 3-2，常用辅助文字符号见表 3-3。数字符号用于区别具有相同项目文字符号的不同项目，如接触器 KM1、KM2 等。

　　单字母符号按拉丁字母将各种电气设备装置和元器件划分为 23 大类，每一大类用一个专用字母符号表示，如"K"表示继电器、接触器，"S"表示控制电路开关器件。双字母符号由一个表示种类的单字母符号与另一个字母组成，该字母应按有关电器名词术语国家标准或专业标准中规定的英文术语缩写而成。单字母在前，另一字母在后，如"KT"表示时间继电器，其中"K"表示继电器，"T"表示时间。

表 3-1　常用电气控制电路图形符号

名　称	图形符号	名　称	图形符号	名　称	图形符号
三相笼型电动机		热继电器驱动器件		延时闭合动合触头	
三相绕线型电动机		按钮开关动合触头		延时断开动合触头	
电励直流电动机		按钮开关动断触头		延时闭合动断触头	
并励直流电动机		接触器辅助动合触头接触器动合触头		延时断开动断触头	
换向绕组补偿绕组		接触器辅助动断触头		三级刀开关	
串励绕组		继电器动合触头		隔离开关	
并励绕组他励绕组		继电器动断触头		断路器开关	
接触器继电器线圈		热继电器触头		熔断器	
缓吸继电器线圈		行程开关动合触头		转换触头	
释放继电器线圈		行程开关动断触头		桥接触头	

表 3-2　常用基本文字符号

元器件种类	元器件名称	基本文字符号 单字母	基本文字符号 双字母	元器件种类	元器件名称	基本文字符号 单字母	基本文字符号 双字母
变换器	测速发电机	B	BR	控制电路开关器件	控制开关	S	SA
电容器		C			按钮开关		SB
保护器件	熔断器	F	FU		限位开关		SQ
	过电流继电器		FA	电阻器	电位器	R	RP
	过电压继电器		FV		压敏电阻		RV
	热继电器		FR	变压器	电流互感器	T	TA
发电机	同步发电机	G	GS		电压互感器		TV
	异步发电机		GA		控制变压器		TC
信号器件	指示灯	H	HL		电力变压器		
接触器继电器	接触器	K	KM	电子管晶体管	二极管	V	VE
	时间继电器		KT		晶体管		
	中间继电器		KA		晶闸管		
	速度继电器		KV		电子管		
	电压继电器		KV	执行器件	电磁铁	Y	YA
	电流继电器		KA		电磁制动器		YB
电抗器		L			电磁阀		YU
电动机		M		电力电路开关器件	断路器	Q	QF
					保护开关		QM
					隔离开关		QS

表 3-3　常用辅助文字符号

名称	文字符号	名称	文字符号	名称	文字符号	名称	文字符号	名称	文字符号
电流	A	反	R	控制	C	加速	ACC	测速	BR
电压	V	上	U	反馈	FD	减速	DEC	励磁	E
直流	DC	下	D	平均	ME	串励	D	补偿	CO
交流	AC	左	L	附加	ADD	自动	A	稳定	SD
速度	V	右	R	导线	W	手动	M	等效	EQ
启动	ST	中	M	保护	P	吸合	D	比较	CP
制动	B	升	H	输入	IN	释放	L	电枢	A
向前	FW	降	F	输出	OUT	并励	E	动态	DY
向后	BW	大	L	运行	RUN	额定	RT	中线	N
高	H	小	S	闭合	ON	负载	LD	分流器	DA
低	L	时间	T	断开	OFF	转矩	T	稳压器	VS
正	F								

*3.1.2 基本控制逻辑

基本控制逻辑是电气控制电路的基本单元，主要包括与逻辑、或逻辑、非逻辑、禁逻辑、锁定逻辑（自锁逻辑、互锁逻辑、联锁逻辑）、记忆逻辑、延时逻辑。由这些逻辑可以组成各种各样的控制电路。

基本控制逻辑的表达式、电路图及意义见表 3-4。在表 3-4 的逻辑表达式中，对于自变量（触头）X1、X2、…、Xn（以 X 表示），定义其相应的线圈断电时 X=0，通电时 X=1；对于自变量（按钮）S，定义其相应的按钮松开时 S=0，按下时 S=1；对于函数（线圈）Y，定义线圈断电时 Y=0，通电时 Y=1。

表 3-4　基本控制逻辑

名　称	逻辑表达式	电　路　图	意　义
与逻辑	$Y=X_1X_2\cdots X_n=\prod_{i=1}^{n}X_i$		只有 X_1、X_2、…、X_n 均为"1"（其相应的线圈均通电，即触头均闭合），Y 才能为"1"（线圈通电）
或逻辑	$Y=X_1+X_2+\cdots+X_n=\sum_{i=1}^{n}X_i$		只要 X_1、X_2、…、X_n 中任意一个为"1"，Y 即为"1"
非逻辑	$Y=\overline{X}$		X 为"0"（相应的线圈断电），Y 为"1"
禁逻辑	$Y=\overline{X}Z$		X 对 Z 起着禁的作用
自锁逻辑	$Y=S+Y$		S=1，Y=1；S 由"1"变为"0"，Y 仍保持为"1"
互锁逻辑	$Y_1=X_1\overline{Y_2}$ $Y_2=X_2\overline{Y_1}$		Y_1、Y_2 中有一个先为"1"时，另一个就不可能再为"1"，即 Y_1、Y_2 不能同时为"1"
联锁逻辑	$Y_1=X_1$ $Y_2=X_2Y_1$		Y_2 为"1"的前提条件是 X_1 为"1"，或者说，只有在 X_1 为"1"时，Y_2 的值才由 X_2 的值决定
记忆逻辑	$Y=(S_1+Y)\overline{S_2}$		Y 能记住 S_1 或 S_2 动作时的状态。S_1=1，Y=1，然后 S_1=0，Y 仍保持"1"状态；S_2=1，Y=0，然后 S_2=0，Y 仍保持"0"状态。能记住 S_1 或 S_2 动作时的状态，所以称为记忆逻辑

名　称	逻辑表达式	电　路　图	意　义
延时逻辑	$KT=X$ $Y=KT\Uparrow$		从 X 为 "1" 到 Y 为 "1" 需经过 Δt 的时间

3.1.3　电气图

1. 电气原理图

电气原理图也称为电路图，是根据电路的工作原理绘制的，它表示电流从电源到负载的传送情况和电器元件的动作原理，以及所有电器元件的导电部件和接线端子之间的相互关系。通过它可以很方便地研究和分析电气控制电路，了解控制系统的工作原理。电气原理图并不表示电器元件的实际安装位置、实际结构尺寸和实际配线方法的绘制，也不反映电器元件的实际大小。如图 3-1 所示为笼型电动机正、反转控制电路的电气原理图。

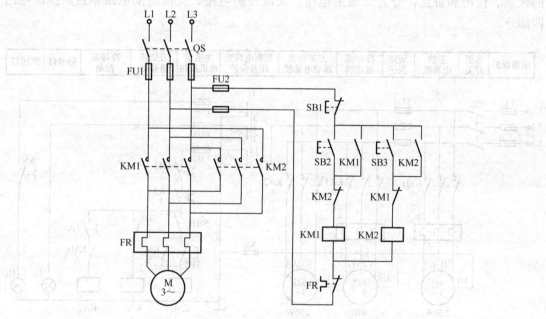

图 3-1　笼型电动机正、反转控制电路原理图

电气原理图绘制的基本原则如下。

（1）电气控制电路根据通过的电流大小可分为主电路和控制电路，主电路和控制电路应分别绘制。主电路包括从电源到电动机强电流通过的部分，用粗实线绘制在图面的左侧或上部。控制电路是通过弱电流的部分，一般由按钮、电器元件的线圈、接触器的辅助触头、继电器的触头等组成，用细实线绘制在图面的右侧或下部。

（2）电气原理图应按国家标准所规定的图形符号、文字符号和回路标号绘制在图中，各电器元件不画实际的外形图。

（3）各电器元件和部件在控制电路中的位置，要根据便于阅读的原则安排。同一电器元件的各个部件可以不画在一起，但要用同一文字符号标出，若有多个同一种类的电器元件，可在文字符号后加上数字序号，如 KM1、KM2 等。

（4）在电气原理图中，控制电路的分支电路原则上应按照动作先后顺序排列，两线交叉连接时的电气连接点要用"实心圆"表示。无直接联系的交叉导线，交叉处不能用"实心圆"。表示需要测试和拆、接外部引出线的端子，应用"空心圆"符号表示。

（5）所有电器元件的图形符号必须按电器未接通电源和没有受外力作用时的状态绘制。触头动作的方向：当图形符号垂直绘制时为从左向右，即在垂线左侧的触头为常开触头，在垂线右侧的触头为常闭触头；当图形符号水平绘制时应为从下往上，即在水平线下方为常开触头，在水平线上方为常闭触头。

（6）图中电器元件应按功能布置，一般按动作顺序从上到下、从左到右依次排列。垂直布置时，类似项目应横向对齐；水平布置时，类似项目应纵向对齐。所有的电动机图形符号应横向对齐。

在电气原理图中，所有的电器元件的型号、用途、数量、文字符号、额定数据，用小号字体标注在其图形符号的旁边，也可填写在元件明细表中。

图 3-2 所示为某车床坐标图示法电气原理图。图中电路的安排根据电路中各部分电路的性质、作用和特点，分为交流主电路、交流控制电路、交流辅助电路和直流控制电路四部分。

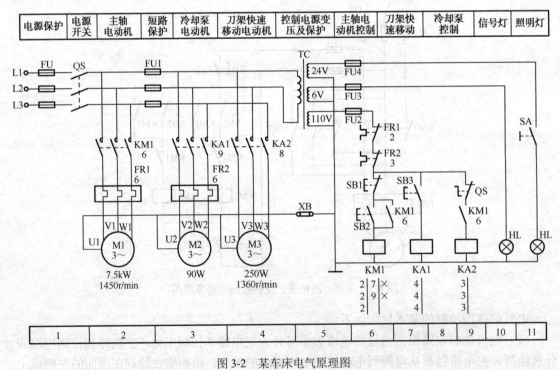

图 3-2　某车床电气原理图

2. 电器布置图

电器布置图表示各种电气设备或电器元件在机械设备或控制柜中的实际安装位置，还要为机械电气控制设备的制造、安装、维护、维修提供必要的资料。

电器元件要放在控制柜内，各电器元件的安装位置是由机床的结构和工作要求决定的。如行程开关应置在能取得信号的地方，电动机要和被拖动的机械部件在一起。

机床电器布置图主要包括机床电气设备布置图、控制柜及控制面板布置图、操作台及悬挂操纵箱电气设备布置图等。图 3-3 所示为某车床的电器布置图。

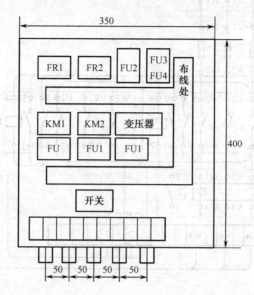

图 3-3　某车床电器布置图

3. 电器安装接线图

电器安装接线图是按照各电器元件实际相对位置绘制的接线图。根据电器元件布置最合理和连接导线最经济来安排。它清楚地表明了各电器元件的相对位置和它们之间的电路连接，还为安装电气设备、电器元件之间进行配线及检修电气故障等提供了必要的依据。电器安装接线图中的文字符号、数字符号应与电气原理图中的符号一致，同一电器的各个部件应画在一起，各个部件的布置应尽可能符合这个电器的实际情况，比例和尺寸应根据实际情况而定。

绘制电器安装接线图应遵循以下几点：

（1）用规定的图形、文字符号绘制各电器元件，元器件所占图面要按实际尺寸以统一比例绘制，应与实际安装位置一致，同一电器元件各部件应画在一起。

（2）一个元器件中所有的带电部件应画在一起，并用点画线框起来，采用集中表示法。

（3）各元器件的图形符号和文字符号必须与电气原理图一致，而且必须符合国家标准。

（4）绘制安装接线图时，走向相同的多根导线可用单线表示。

（5）绘制接线端子时，各电器元件的文字符号及端子的编号应与原理图一致，并按原理图的接线进行连接。各接线端子的编号必须与电气原理图上的导线编号相一致。

图 3-4 为笼型异步电动机正、反转控制的安装接线图。

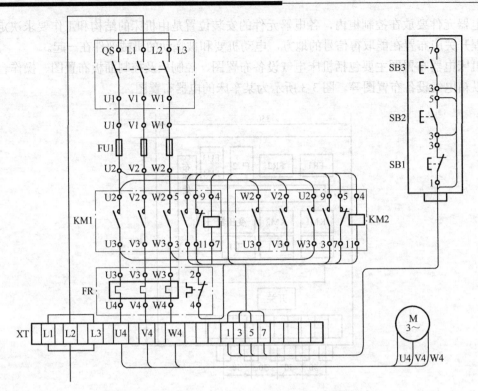

图 3-4　笼型异步电动机正、反转控制安装接线图

3.2　三相笼型异步电动机的直接启动控制

三相笼型异步电动机的启动控制有直接（全压）启动和减压启动两种方式。直接启动的优点是电气设备少，电路简单、可靠、经济，缺点是启动电流大，直接启动电流是其额定电流的 5～7 倍，过大的启动电流会引起供电系统电压波动，干扰其他用电设备的正常工作。

不同型号、不同功率和不同负载的电动机，启动方法和控制电路有所不同。小容量笼型电动机可直接启动。一般三相笼型异步电动机的容量在 10 kW 以上时，因启动电流过大必须采用减压启动。

3.2.1　直接启动控制电路

1. 手动启动控制电路

小型三相笼型异步电动机，如冷却泵、小台钻、砂轮机和风扇等，可采用胶盖开关或转换开关和熔断器直接控制其启动和停止，但使用这种手动控制方法不方便，不能进行自动控制，也不安全，而应采用按钮、接触器等电器来控制。

2. 采用接触器直接启动控制电路

中小型普通机床的主电动机采用接触器直接控制启动和停止。主电路由刀开关 QS、熔断器 FU1、交流接触器 KM 的主触头和笼型电动机 M 组成；控制电路由启动按钮 SB 和交流接触器线圈 KM 组成。主电路如图 3-5（a）所示。

（1）点动控制

点动控制电路常用在电动机短时运行控制，如调整机床的主轴、快速进给、镗床和铣床的对刀、试车等。点动控制电路如图 3-5（b）所示。

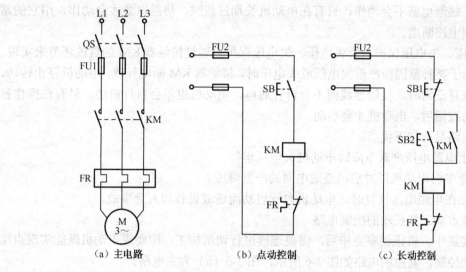

（a）主电路　　　　　　　（b）点动控制　　　　　　　（c）长动控制

图 3-5　接触器控制

运行过程：先合上刀开关 QS，按下启动按钮 SB，接触器 KM 线圈通电，KM 主触头闭合，电动机 M 得电直接启动。

停机过程：松开 SB，KM 线圈断电，KM 主触头断开，电动机 M 断电停转。

点动控制即按下按钮电动机转动，松开按钮电动机停转。点动控制能实现电动机短时转动，常要用于机床的对刀调整和控制电动葫芦。

（2）长动控制

在实际生产中需要电动机实现长时间连续转动，即长动控制，控制电路如图 3-5（c）所示。

长动控制电路由停止按钮 SB1、启动按钮 SB2、接触器 KM 的常开辅助触头和线圈、热继电器 FR 的常闭触头、熔断器 FU2 组成。

工作过程：合上电源开关 QS 后，按下启动按钮 SB2，接触器 KM 线圈得电吸合，KM 三个主触头闭合，电动机 M 得电启动，同时又使与 SB2 并联的一个常开辅助触头闭合，这个触头称做自锁触头，触头的自锁作用在电路中称做"记忆功能"。松开 SB2，控制电路通过 KM 自锁触头使线圈仍保持吸合状态。如需要电动机停止，只需按下停止按钮 SB1，则接触器 KM 线圈断电，KM 主触头断开，电动机 M 断电停转。

在长动控制中，当松开启动按钮 SB2 后，接触器 KM 的线圈通过常开辅助触头的闭合仍继续保持通电，从而实现电动机的连续运行。这种依靠接触器自身常开辅助触头而使线圈保持通电的控制方式，称为自锁，起到自锁作用的常开辅助触头称为自锁触头。

在图 3-5（c）所示的长动控制电路中，把接触器 KM、熔断器 FU2、热继电器 FR 和按钮 SB1、SB2 组成一个控制电路，可实现电动机单向直接启动、停止控制。

电路所设保护环节如下。

① 短路保护。短路时，熔断器 FU1 的熔体熔断，切断电源起保护作用。

② 过载保护。热继电器 FR 可作为电动机长期过载保护。由于热继电器的热惯性较大，即使发热元件流过几倍于额定数值的电流时，热继电器也不会立即动作。因此在电动机正常启动时间内，热继电器不会动作，只有在电动机长期过载时，热继电器才会动作，用它的常闭触头使控制电路断电。

③ 欠电压、失电压保护。对失电压、欠电压保护可通过接触器 KM 的自锁环节来实现。当电源电压由于某种原因而严重欠电压或失电压时，接触器 KM 断电释放，电动机停止转动。当电源电压恢复正常时，接触器线圈不会自行通电，电动机也不会自行启动，只有在操作者重新按下启动按钮后，电动机才会启动。

本控制电路具有如下优点：

a. 可防止电源电压严重下降时电动机欠电压运行。

b. 可避免多台电动机同时启动造成电网的严重降压。

c. 可防止在电源电压恢复时，电动机自行启动而造成设备和人身事故。

（3）既能点动又能长动的控制电路

在生产实践中，机床调整完毕后，需要连续进行切削加工，即要求电动机既能实现点动又能实现长动控制。其控制电路如图 3-6 所示，图 3-6（a）为主电路。

图 3-6（b）中，采用钮子开关 SA 实现控制。点动控制时，断开钮子开关 SA；长动控制时，合上钮子开关 SA。

图 3-6（c）中，采用复合按钮 SB3 实现控制。点动控制时，按下复合按钮 SB3，断开自锁回路；长动控制时，按启动按钮 SB2 即可实现长动。

图 3-6（d）是利用中间继电器实现的长动和点动控制电路。点动控制时，按下启动按钮 SB3，接触器 KM 线圈通电实现点动。长动控制时，按下启动按钮 SB2，中间继电器 KA 线圈通电，KM 线圈通电实现长动。

图 3-6（e）也是利用中间继电器实现长动和点动的控制电路。点动控制时，按下按钮 SB2，KA 线圈得电，辅助常闭触头断开自锁回路，同时 KA 的辅助常开触头闭合，接触器 KM 得电，电动机 M 运转；松开 SB2，接触器 KM 失电，电动机 M 停转。长动控制时，按下按钮 SB3，接触器 KM 线圈得电并自锁，KM 主触头闭合，电动机 M 得电连续运转。

3.2.2　正、反转控制

在生产加工过程中，往往要求电动机能够实现正、反两个方向的转动，如机床工作台的前进与后退，电梯的上升与下降，起重机吊钩的上升与下降等。三相异步电动机实现正、反转控制的原理很简单，只要将三相电源中的任意两相对调，就可使电动机反向运转，可通过改变电动机定子绕组的电源相序来实现。因主电路要倒相，为避免误动作引起电源相间短路，必须对这两个相反方向的运行电路采取必要的互锁。

如图 3-7 所示为电动机正、反转控制电路。图中 KM1 为正向接触器，控制电动机 M 正转；KM2 为反向接触器，控制电动机反转。图 3-7（a）为主电路，图 3-7（b）为控制电路的工作过程。

正转控制：合上刀开关 QS，按下正向启动按钮 SB2，正向接触器 KM1 得电，KM1 主触头和自锁触头闭合，电动机 M 正转。

反转控制：合上刀开关 QS，按下反向启动按钮 SB3，反向接触器 KM2 得电，KM2 主触头和自锁触头闭合，电动机 M 反转。

停止：按停止按钮 SB1，KM1（或 KM2）断电，M 停转。

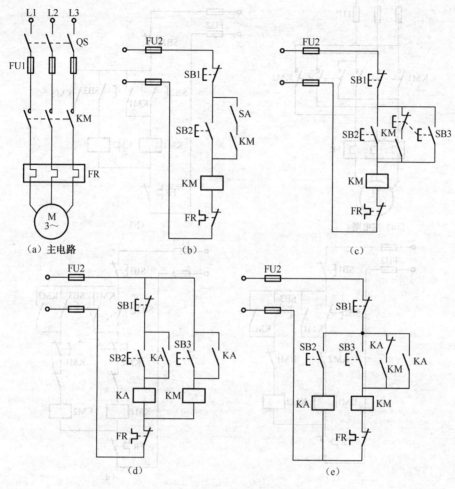

图 3-6 既能长动又能点动控制的电路

注意： 该控制电路没有互锁环节。KM1 与 KM2 不能同时通电，否则会引起主电路电源短路，所以要求这种控制电路必须设置互锁环节。

图 3-7（c）所示控制电路的工作过程：把一个接触器的常闭触头串入另一个接触器线圈电路中，这样可保证一个接触器先通电后，即使按下相反方向的启动按钮，另一个接触器也无法通电。这种利用两个接触器的常闭辅助触头互相控制的方式，就是电气互锁控制。

图 3-7（d）所示控制电路的工作过程：利用复合按钮的常闭触头同样可以起到互锁的作用。该电路具有电气互锁和机械互锁的双重互锁，安全可靠，操作也方便。但是它只能用于小型电动机的控制。

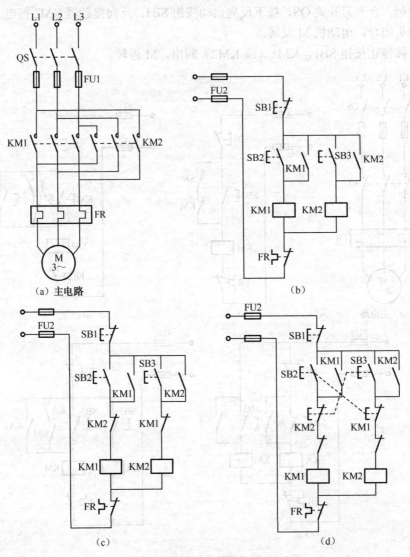

图 3-7 电动机正、反转控制电路

3.3 三相笼型异步电动机的减压启动控制

减压启动就是利用启动设备或电路，降低电动机定子绕组上的电压来启动电动机，以达到降低启动电流的目的。因启动转矩与定子绕组每相所加的电压的平方成正比，因而减压启动的方法只适用于空载或轻载启动。当电动机启动到接近额定转速时，电动机定子绕组的电压必须恢复到额定值，使电动机在正常电压下运行。

常用的三相笼型异步电动机减压启动方式有定子电路串电阻或电抗减压启动、星形/三角形减压启动、自耦变压器减压启动和延边三角形减压启动。

3.3.1 定子电路串电阻减压启动控制

图 3-8 是定子绕组串接电阻减压启动控制电路。在电动机启动时，在三相定子电路串接

电阻，使电动机定子绕组电压降低，启动结束后再将电阻短接，电动机在额定电压下正常运行。在电路中使用时间继电器控制串电阻减压启动控制电路，又称为自动短接电阻减压启动电路，利用时间继电器延时动作来控制各元件的动作顺序。

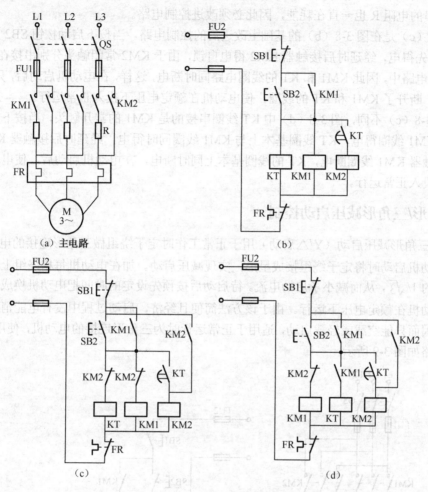

图 3-8　定子绕组串电阻启动控制电路

　　定子电路串电阻减压启动控制电路对于星形和三角形连接的电动机都适用，但需要串接较大的电阻才能得到一定的电压降，这就要消耗一定的电能。因此，在电动机启动结束后要将电阻 R 短接。

　　图中主电路部分 KM1 为启动接触器，KM2 为运行接触器。图 3-8 所示电路的工作过程分析如下。

　　图 3-8（a）为主电路，需接通三相电源开关 QS。

　　图 3-8（b）启动过程：当按下启动按钮 SB2 后，接触器 KM1 常开主触头闭合，常开辅助触头闭合自锁，电动机定子绕组串电阻 R 减压启动；与此同时，时间继电器 KT 线圈得电吸合。

　　全压运行：在 KM1 线圈得电的同时，KT 线圈得电，因延时闭合的常开触头使接触器 KM2 不能立即得电，要经过一段延时后 KT 常开触头闭合后才使 KM2 线圈得电，KM2 主触头闭合，同时 R 被短路，使电动机全压运转。

停止：按下停止按钮 SB1 后，控制电路断电，KM1、KM2、KT 线圈都失电，电动机断电停止旋转。

该电路的缺点：在电动机启动后，接触器 KM1 和时间继电器 KT 线圈一直在通电工作，定子绕组串的电阻 R 也一直在耗能，因此必须改进控制电路。

图 3-8（c）是在图 3-8（b）的基础上改进后的控制电路。当按下启动按钮 SB2 后，接触器 KM1 首先得电，经延时后接触器 KM2 得电自锁，由于 KM2 常闭触头分别串接在 KM1 和 KT 的线圈电路中，因此 KM1 和 KT 的线圈电路同时断电，这样，在电动机启动后，只有 KM2 通电工作，断开了 KM1 和 KT 的线圈，使电动机在额定电压下投入正常运行。

与图 3-8（c）不同，图 3-8（d）中 KT 线圈串接的是 KM1 的常开触头，当按下启动按钮 SB2 后，KM1 线圈得电，KT 线圈基本上与 KM1 线圈同时得电，经延时后接触器 KM2 得电自锁，接触器 KM1 线圈断电，KT 的线圈基本上同时断电，在电动机启动后，使电动机在额定电压下投入正常运行。

3.3.2 星形/三角形减压启动控制

星形/三角形减压启动（Y/△启动）用于正常工作时定子绕组做三角形连接的电动机。

在电动机启动时将定子绕组接成星形，实现减压启动。加在电动机每相绕组上的电压为额定电压的 $1/\sqrt{3}$，从而减小了启动电流。待启动后按预先设定的时间把电动机换成三角形连接，使电动机在额定电压下运行。由于该方法简便且经济，启动过程中没有电能消耗，启动转矩较小因而只能空载或轻载启动，适用于正常运行时为三角形连接的电动机，使用较普遍。其控制电路如图 3-9 所示。

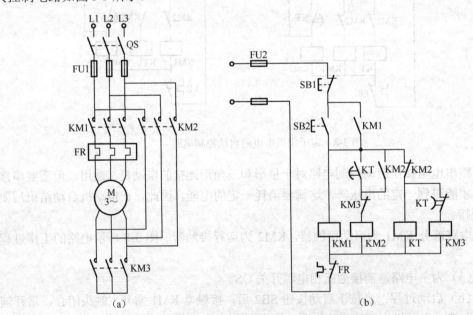

图 3-9　星形/三角形减压启动控制电路

启动运行：按下启动按钮 SB2，KM1、KT、KM3 线圈同时得电并自锁，即 KM1、KM3 主触头闭合时，绕组接成星形；KM1、KM2 主触头闭合时，接成三角形进行减压启动。当电动机转速接近额定转速时，时间继电器 KT 常闭触头断开，KM3 线圈断电，同时时间继电器 KT 常开触头闭合，KM2 线圈得电并自锁，电动机绕组接成三角形全压运行。两种接线方式的切换要在很短的时间内完成，在控制电路中采用时间继电器定时自动切换。KM2、KM3 常闭触头为互锁触头，以防同时接成星形和三角形造成电源短路。

停止运行：按下停止按钮 SB1，KM1、KM2 线圈失电，电动机停止运转。

3.3.3　自耦变压器减压启动控制

可利用自耦变压器来降低电动机启动时的电压，达到限制启动电流的目的。启动时定子串入自耦变压器，自耦变压器一次侧接在电源电压上，定子绕组得到的电压为自耦变压器的二次电压，当电动机的转速达到一定值时，将自耦变压器从电路中切除，此时电动机直接与电源相接，电动机以全电压投入运行。其控制电路如图 3-10 所示。

图 3-10 中 KM1 为减压启动接触器，KM2 为正常运行接触器，KA 为中间继电器，KT 为减压启动时间继电器，HL1 为电源指示灯，HL2 为减压启动指示灯，HL3 为正常运行指示灯。

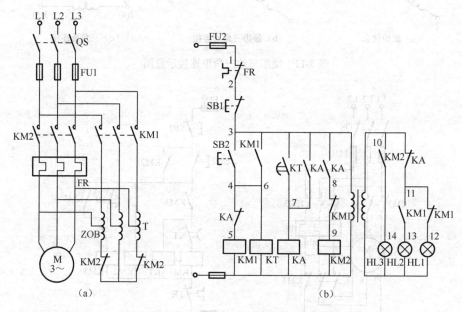

图 3-10　自耦变压器减压启动的控制电路

启动运行：接通刀开关 QS，按下启动按钮 SB2，接触器 KM1 线圈和时间继电器 KT 线圈得电，自耦变压器 T 接入，减压启动，HL1 灯灭，HL2 灯亮；同时时间继电器 KT 延时一段时间后常开触头（3—7）闭合，KA 线圈得电并自锁，常闭触头 KA（4—5）断开，KM1 线圈失电释放，自耦变压器 T 切断，常闭触头 KA（4—5、10—11）同时断开，HL2 灯灭，常开触头 KA（3—8）闭合，接触器 KM2 线圈得电，常开触头 KM2（10—14）闭合，HL3 灯亮，切除自耦变压器电动机全压运行。

停止运行：按下 SB1，KM2 线圈失电，电动机停止运转。

凡是正常运行时定子绕组接成星形连接的笼型异步电动机，可用自耦变压器减压启动。自耦变压器一般为可调形式，改变电压比 K_u 值可适应不同的需要。其主要用于启动较大容量的电动机，特别适用于正常运行时星形连接的电动机。该控制电路对电网的电流冲击小，功率损耗也小，但是自耦变压器价格较贵。

*3.3.4 延边三角形减压启动控制

延边三角形减压启动方式是在启动时将电动机定子绕组连接成延边三角形，待启动正常后再将定子绕组连接成三角形全压运行，以减小启动电流。星形/三角形启动控制有很多优点，不足的是启动转矩太小，而三角形连接有启动转矩大的优点，可采用延边三角形减压启动，这种电动机共有九个出线端，绕组连接如图 3-11 所示。它适用于定子绕组特别设计的电动机。启动时将电动机定子绕组接成延边三角形，在启动完成后，再换成三角形连接，进行全压正常运行。延边三角形减压启动控制电路如图 3-12 所示。

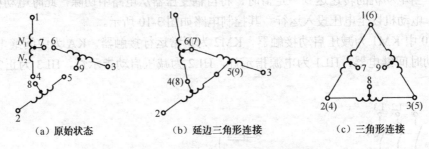

（a）原始状态　　　　　（b）延边三角形连接　　　　　（c）三角形连接

图 3-11　绕组延边三角形连接示意图

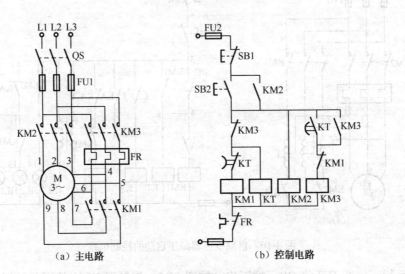

（a）主电路　　　　　　　　　　　　（b）控制电路

图 3-12　延边三角形减压启动控制电路

启动运行：接通刀开关 QS，按下启动按钮 SB2，接触器 KM2、KM1 线圈和时间继电器 KT 线圈得电。接触器 KM2 常开主触头闭合，定子绕组节点 1、2、3 接通电源；同时接触器 KM1 主触头闭合，绕组节点（4—8）、（5—9）、（6—7）连接使电动机接成延边三角形启动；同时时间继电器 KT 线圈得电延时，常开触头闭合、常闭触头断开，接触器 KM1 断电，接触器 KM3 线圈得电，KM3 主触头闭合，绕组节点（1—6）、（2—4）、（3—5）形成三角形连接投入运行。

停止运行：按下停止按钮 SB1，接触器 KM2、KM3 线圈失电，电动机停止运转。

对上述介绍的几种启动控制电路，可根据控制要求选择，通常采用时间继电器来实现减压启动，这种控制方式的电路结构比较简单，工作可靠性高，已被广泛采用。

3.4　三相笼型异步电动机的制动控制

　　三相笼型异步电动机的制动一般采用机械制动和电气制动。机械制动是利用电磁铁操作机械抱闸。电气制动是电动机在停车时，产生一个与原旋转方向相反的制动转矩，强迫电动机停转。电气制动的方法有反接制动、能耗制动、发电制动和电容制动等。

3.4.1　反接制动控制

1. 反接制动原理

　　反接制动是通过改变电动机电源的相序，使定子绕组产生的旋转磁场与转子旋转方向相反，转子与定子旋转磁场间的速度近于两倍的同步转速，在定子绕组中流过的反接制动电流相当于全电压直接启动时的两倍，通常用于 10kW 以下的小容量电动机。应注意，当电动机转速接近零时，必须立即断开电源，否则电动机会反向旋转。为此，可采用速度继电器检测电动机的速度变化。

　　进行反接制动时，由于反接制动电流较大，制动时必须在电动机每相定子绕组中串接一定的电阻，以限制反接制动电流。反接制动电阻的接法有两种：对称电阻接法和不对称电阻接法，如图 3-13 所示。

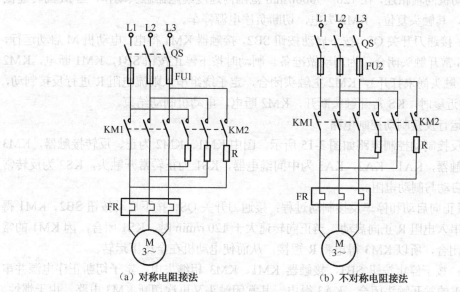

(a) 对称电阻接法　　　　　　　　　(b) 不对称电阻接法

图 3-13　反接制动电阻接法

2. 反接制动电路分析

　　（1）单向运行反接制动控制电路

　　单向运行的三相异步电动机反接制动控制电路如图 3-14 所示，控制电路通常采用速度继电器。接触器 KM1 为单向正常旋转，接触器 KM2 为反接制动，KS 为速度继电器，R 为反接制动电阻。

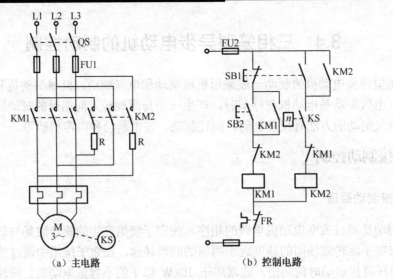

图 3-14　单向运行反接制动控制电路

电动机 M 正常运转时，KM1 通电，KS 的常开触头闭合，为反接制动做好准备。M 停车时，按下 SB1，KM1 失电，切断电源，KS 常开触头仍闭合，SB1 的常开触头后闭合，由于 KM1 的常闭辅助触头已复位，因而 KM2 得电自锁，M 定子串接两相电阻进行反接制动。速度继电器与电动机同轴相连，在 120～3000r/min 范围内速度继电器触头动作，当 M 的转速低于 100r/min 时，其触头复位，KM2 失电，切断负序电源停车。

工作过程：接通刀开关 QS，按下启动按钮 SB2，接触器 KM1 得电，电动机 M 启动运行，速度继电器 KS 常开触头闭合，为制动做准备。制动时按下停止按钮 SB1，KM1 断电，KM2 得电（KS 常开触头尚未打开），KM2 主触头闭合，定子绕组串入限流电阻 R 进行反接制动，当 M 的转速接近零时，KS 常开触头断开，KM2 断电，电动机制动结束。

（2）可逆运行反接制动控制电路

可逆运行反接制动控制电路如图 3-15 所示。图中 KM1、KM2 为正、反转接触器，KM3 为短接电阻接触器，KA1、KA2、KA3 为中间继电器，KS1 为正转常开触头，KS2 为反转常开触头，R 为启动与制动电阻。

① 电动机正向启动和停车反接制动过程：接通刀开关 QS，按下启动按钮 SB2，KM1 得电自锁，定子串入电阻 R 正向启动，当正向转速大于 120 r/min 时，KS1 闭合，因 KM1 的常开辅助触头已闭合，所以 KM3 得电将 R 短接，从而使电动机在全压下运转。

停止运行：按下停止按钮 SB1，接触器 KM1、KM3 相继失电，定子切断正序电源并串入电阻 R，SB1 的常开触头闭合，KA3 得电，其常闭触头又再次切断 KM3 电路。由于惯性，KS1 仍闭合，且 KA3（18—10）已闭合，使 KA1 得电，触头 KA1（3—12）闭合，KM2 得电，电动机定子串入 R 进行反接制动；KA1 的另一触头（3—19）闭合，使 KA3 仍通电，确保 KM3 始终处于断电状态，R 始终串入 M 的定子绕组。当正向转速小于 100r/min 时，KS1 失电断开，KA1 断电，KM2、KA3 同时断电，反接制动结束，电动机停止运转。

② 电动机反向启动和停车反接制动过程：接通刀开关 QS，按下启动按钮 SB3，KM2 得电自锁，电动机定子串入 R 反向启动，当反向转速大于 120r/min 时，KS2 闭合，由于 KM2 的常开辅助触头已闭合，所以 KM3 得电，将 R 短接，使电动机在全压下运转。

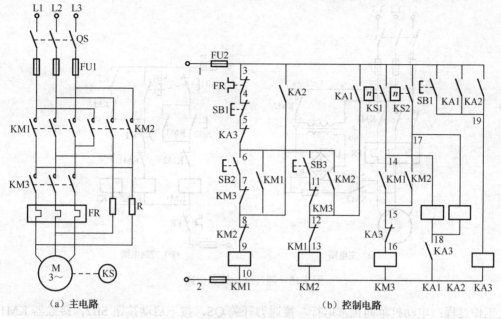

图 3-15　可逆运行反接制动控制电路

　　停止运行：按下停止按钮 SB1，接触器 KM2、KM3 相继失电，电动机定子切断负序电源并串入电阻 R；SB1 的常开触头闭合，KA3 得电，其常闭触头又再次切断 KM3 电路。KS1 仍闭合，且 KA3 （18—10）已闭合，使 KA2 通电，触头 KA2 （3—8）闭合，KM1 得电，电动机定子串入电阻 R 进行反接制动；KA2 的另一触头（3—19）闭合，使 KM3 始终处于断电状态，电阻 R 始终串入 M 的定子绕组。当反向转速小于 100r/min 时，KS2 断开，KA2 断电，KM1、KA3 同时断电，反接制动结束，电动机 M 停止运转。

3.4.2　能耗制动控制

1. 能耗制动原理

　　三相异步电动机能耗制动就是在电动机切断三相交流电源后，迅速在定子绕组任意两相加一直流电压，使定子绕组产生恒定的磁场，利用转子感应电流与静止磁场的相互作用产生制动转矩，实现制动。当转子转速接近零时，及时切断直流电源。

　　能耗制动比反接制动所消耗的能量少，但制动效果不如反接制动。能耗制动的制动效果与电动机转速和加入定子绕组的直流电流的大小有关，当转速一定时，直流电流越大，制动的效果越好。能耗制动可以根据时间控制原则，用时间继电器进行控制；也可以根据速度控制原则，用速度继电器进行控制。能耗制动通常用于电动机容量较大，要求制动平稳和制动频繁的场合。而对于较大功率的电动机，还应采用三相整流电路，但投资成本较高。

2. 能耗制动控制电路

　　（1）按时间原则控制的单向运行能耗制动电路

　　能耗制动控制电路如图 3-16 所示。图中接触器 KM1 为单向运行，接触器 KM2 用来实现能耗制动，T 为整流变压器，UR 为桥式整流电路，KT 为时间继电器。

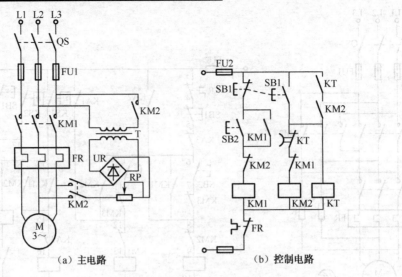

图 3-16 能耗制动控制电路

工作过程：电动机单向正常运行，接通刀开关 QS，按下启动按钮 SB2，接触器 KM1 得电，电动机 M 启动运行。

停止运行：按下复合（停止）按钮 SB1，常闭触头先断开，KM1 失电，电动机定子切断三相电源；SB1 的复合（常开）触头闭合，KM2、KT 同时得电，如果电动机定子绕组星形连接，则将两相定子绕组接入直流电源进行能耗制动。电动机在能耗制动作用下转速迅速下降，当转速接近零时，到达 KT 的设定时间，延时常闭触头打开，KM2、KT 相继失电，能耗制动结束。

（2）按速度原则控制的可逆运行能耗制动电路

采用速度继电器来控制的可逆运行能耗制动控制电路如图 3-17 所示。图中 KM1、KM2 为正、反转接触器，KM3 为制动接触器。

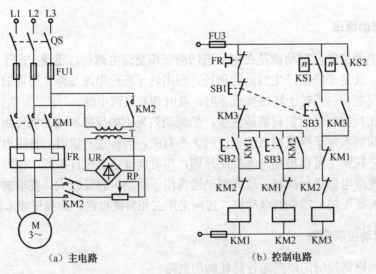

图 3-17 可逆运行能耗制动控制电路

① 正向工作过程：接通刀开关 QS，按下启动按钮 SB2，接触器 KM1 得电自锁，电动机

M 正向启动运行。当正向转速大于 120r/min 时，KS1 闭合。

停止运行：按下（停止）按钮 SB1，常闭触头先断开，KM1 失电，因惯性使 KS1 仍闭合，在 SB1 的常开触头闭合时，KM3 得电自锁，电动机 M 定子绕组通入直流电进行能耗制动，使电动机 M 的转速迅速下降，当正向转速小于 100r/min 时，KS1 断开，KM3 失电，能耗制动结束。

② 反向工作过程：接通刀开关 QS，按下启动按钮 SB3，KM2 通电自锁，电动机 M 反向启动运转，当反向转速大于 120 r/min 时，KS2 闭合。

停止运行：按下（停止）按钮 SB1，常闭触头先断开，KM2 失电，因惯性使 KS2 仍闭合，在 SB1 的常开触头闭合时，KM3 得电自锁，电动机 M 定子绕组通入直流电进行能耗制动，使电动机 M 的转速迅速下降，当反向转速小于 100r/min 时，KS2 复位断开，KM3 失电，能耗制动结束。

3.5　三相异步电动机的调速控制

三相异步电动机的转速与频率成正比，与磁极对数成反比，可以通过改变极对数、转差率和电源频率三种方法实现转速控制。三相异步电动机的转速表达式为

$$n=n_1(1-s)=60f_1(1-s)/p$$

变极调速一般仅适用于笼型异步电动机。变极电动机一般有双速、三速、四速之分，双速电动机定子装有一套绕组，而三速、四速电动机则为两套绕组。

3.5.1　双速电动机的控制

双速电动机通过改变定子绕组的连接，形成两种不同的磁极对数，来获得两种不同的转速。在机床设备上若采用机械齿轮变速和变极调速相结合的方法，就可以获得较为宽广的调速范围。

双速电动机定子绕组常见的接法有 Y/YY 和 Δ/YY 两种。双速电动机定子绕组接线图如图 3-18 所示。双速电动机变极调速控制电路如图 3-19 所示。

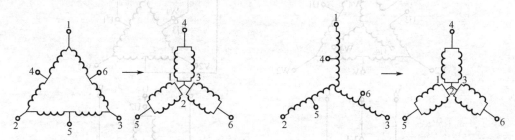

图 3-18　双速电动机定子绕组连接图

如图 3-19（a）所示的主电路中，接触器 KM1 用于三角形连接的低速控制，接触器 KM2、KM3 用于双星形连接的高速控制，高、低速时 W 与 U 接线关系对调就可改变相序。

如图 3-19（b）所示的控制电路利用按钮进行高、低速控制。SB1 为低速运转控制按钮，SB2 为高速运转控制按钮，SB3 为停止按钮。

如图 3-19（c）所示的控制电路中，KM1 为电动机三角形连接接触器，KM2、KM3 为电动机双星形连接接触器，KT 为电动机低速转高速时间继电器，采用转换开关 SA 选择低、高

速运行。在三个位置中，左为低速，右为高速，中间为停止。

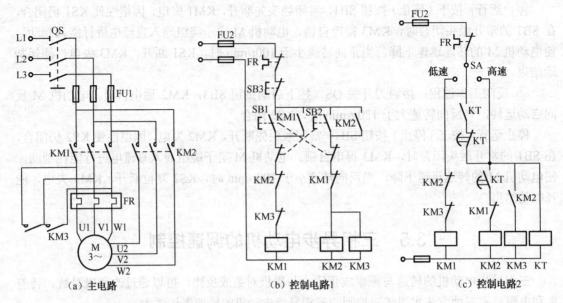

（a）主电路　　　　　　　　　　　　（b）控制电路1　　　　　　　　　　　（c）控制电路2

图 3-19　双速电动机变极调速控制电路

*3.5.2　三速电动机的控制

三速电动机的定子有两套绕组，低速和高速时与双速电动机是一样的定子绕组，采用一套双速绕组，能实现 A/YY 两种连接方式，可获得高、低两种运行速度；中速时采用另一套星形连接绕组，定子绕组连接如图 3-20 所示。在使用双速绕组时，要将 U3 与 W1 端子连接在一起；使用中速绕组时，要将双速绕组的 U3 与 W1 端子分开。

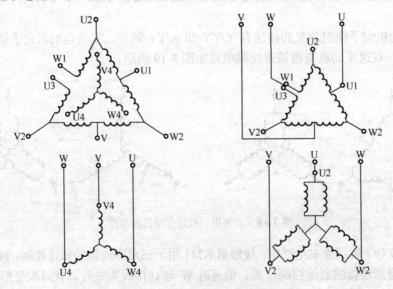

图 3-20　三速电动机定子绕组连接图

图 3-21 所示为三速电动机变极调速控制电路。主电路 KM1（4 个主触头）构成低速的三角形连接，KM2 构成中速星形连接，KM3、KM4 构成高速双星形连接。工作原理：△低速；

Y 中速；YY 高速。

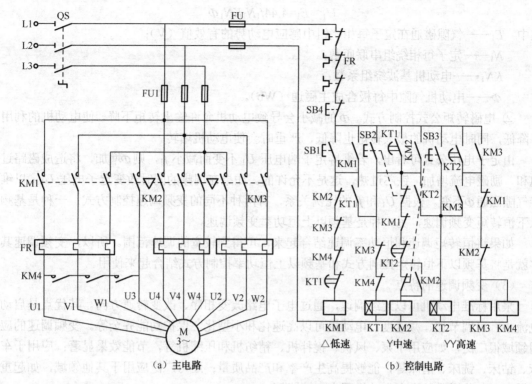

（a）主电路　　　　　　　　　　（b）控制电路

图 3-21　三速电动机变极调速控制电路

　　低速：按下 SB3→KT2 线圈得电→KT2 瞬时闭合触头→KT1 线圈得电→KT1 瞬时闭合触头→KM1 线圈得电→KM1 触头动作→电动机接成△→电动机低速运行。

　　中速：断开 SB3→KT1 整定时间，延时断开触头分断→KM1 线圈失电，KT1 延时闭合触头闭合，KM2 线圈得电→KM2 触头动作→电动机接成 Y→电动机中速运行。

　　高速：经 KT2 整定时间→KT2 延时断开触头分断→KM2 线圈失电，KT2 延时闭合触头闭合→KM3、KM4 线圈得电→KM3、KM4 触头动作→电动机接成 YY→电动机高速运行→KT1、KT2 线圈失电→触头复位。

3.5.3　变频调速与变频器

1. 变频调速

　　变频调速通过改变电动机电源频率来实现速度调节，是一种高效率、高性能的调速手段。

　　（1）影响变频调速的两个因素

　　一是采用大功率开关器件，二是由于微处理器的快速发展，再加上人们对变频控制方式的研究，使得变频控制技术实现了高性能、高效率、高可靠性。自动控制变频系统能够保证电动机一直在较高的功率因数下运行，减少能量的损耗。

　　（2）变频调速的两种基本控制方式

　　① 三相异步电动机的控制方式。只要改变定子交流电的频率 f_1 就可以调节电动机的转速，但事实上，只改变 f_1 并不能实现正常的调速。在实际应用中，不仅要求实现转速可调节，同时还要求调速系统具有满足生产工艺要求的机械特性和调速指标。

定子绕组产生的感应电动势为

$$U_1 \approx E_1 = 4.44 f_1 N_1 K N_1 \Phi$$

式中　E_1——气隙磁通在定子每相绕组中感应电动势的有效值（V）；

N_1——定子每相绕组串联匝数；

KN_1——电动机基波绕组系数；

Φ——电动机气隙中每极合成主磁通（Wb）。

② 电磁转矩公式控制方式。Φ的减小会导致电动机允许输出转矩下降，使电动机的利用率降低，同时电动机的最大转矩也降低，严重时会使电动机堵转。

由定子电压公式可看出，若维持定子端电压 U_1 不变而减小 f_1，则 Φ 增加，将造成磁路过饱和，励磁电流增加，铁芯过热，这是不允许的。如果在调频的同时改变定子电压 U_1，以维持气隙磁通 Φ 不变。根据 U_1 和 f_1 的比例关系，有两种不同的变频调速控制方式：一种是基频以下恒转矩变频调速，另一种是基频以上恒功率变频调速。

如果将恒转矩调速和恒功率调速结合起来，可得到较宽的调速范围。所以，变频调速其实就是将基频以下恒转矩控制方式和基频以上恒功率控制方式结合起来使用。

（3）变频调速的特点

采用标准电动机可以连续调速，通过电子电路改变相序、改变转速方向。其优点是启动电流小，可调节加、减速度，电动机可以高速化和小型化，保护功能齐全等。变频调速的应用领域很广泛，如应用于泵、风机、搅拌机、精纺机和压缩机等，节能效果显著；应用于车床、钻床、铣床、磨床等，能够提高生产率和产品质量；还可广泛应用于其他领域，如起重机械和各种传送带的多台电动机同步、调速等。

2. 变频器

变频器是采用变频技术与微电子技术，通过改变电动机工作电源频率的方式来控制交流电动机的电力控制设备。变频器也是转换电能并能改变频率的电能转换装置。变频器主要由整流、滤波、逆变、制动、驱动、检测和微处理单元等组成。变频器靠内部场效应晶体管的通断来调整输出电源的电压和频率，根据电动机的实际需要来提供其所需要的电源电压，从而达到节能、调速的目的。另外，变频器还有很多的保护功能，如过电流、过电压、过载保护等。随着工业自动化程度的不断提高，变频器也得到了非常广泛的应用。

（1）变频器的分类及特点

① 变频器分类。变频器分为"交—交"变频器和"交—直—交"变频器两种。

"交—交"变频器按相数分为单相和三相；按环流情况分为有环流和无环流；按输出波形分为正弦波和方波。

"交—直—交"变频器按中间直流滤波环节的不同分为电压型和电流型；按控制方式分为 V/f 控制、转差频率控制和矢量控制；按调压方式分为脉冲宽度调制型和脉冲幅度调制型（相位控制调压、直流斩波调压）。

② 变频器的特点。"交—交"变频器可将工频交流电直接变换成频率、电压可调节控制的交流电，又称为直接变频器；"交—交"变频器采用晶闸管自然换流方式，工作稳定、可靠。"交—交"变频器的最高输出频率是电网频率的 1/3~1/2，在大功率低频范围有优势。"交—交"变频器没有直流环节，变频效率高，主电路简单，不含直流电路及滤波部分，与电源之

间无功功率处理及有功功率回馈容易。但因其功率因数低，高次谐波多，输出频率低，变化范围窄，使用元件数量多，应用受到了一定的限制。

矩阵式变频器是一种新型"交—交"直接变频器，由九个直接接于三相输入和输出之间的开关阵组成。虽然矩阵变换器有很多优点，但矩阵变换器最大输出电压能力低，器件承受电压高，一般在风电励磁电源中应用。

"交—直—交"变频器是先把电网的工频交流电通过整流器变成直流电，经过中间滤波环节后，再把直流电逆变成频率、电压均可调节控制的交流电，又称为间接变频器。

"交—直—交"电压型变频器主要由整流单元（交流变直流）、滤波单元、逆变单元（直流变交流）、制动单元、驱动单元、检测单元、控制单元等部分组成，结构框图如图 3-22 所示。整流器为二极管三相桥式不控整流器或大功率晶体管组成的全控整流器，逆变器是大功率晶体管组成的三相桥式电路，其作用正好与整流器相反，它是将恒定的直流电变换为可调电压、可调频率的交流电。中间滤波环节是用电容器或电抗器对整流后的电压或电流进行滤波，由于控制方法和硬件设计等因素，电压型逆变器应用比较广泛。数控机床上的交流伺服系统大多采用"交—直—交"SPWM（正弦波调制）变频控制器。

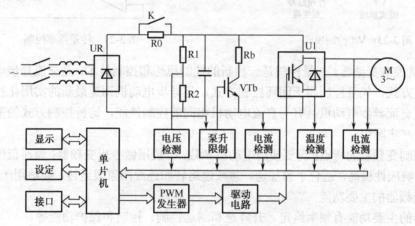

图 3-22 "交—直—交"电压型变频器电路结构框图

"交—直—交"变频器：主电路用来完成电能的转换（整流和逆变）；控制电路用来实现信息的采集、变换、传送和系统控制；保护电路除用于防止因变频器主电路的过电压、过电流引起的损坏外，还应保护异步电动机及传动系统等。

（2）变频器的控制方式

变频器的控制方式是指针对电动机的自身特性、负载特性及运转速度的要求，控制变频器的输出电压（电流）和频率的方式。一般分为 V/f 控制（电压/频率）、转差频率和矢量控制三种控制方式。变频器的控制方式则可分为开环控制和闭环控制两种。

① V/f 控制变频器。按 V/f 关系对变频器的频率和电压进行控制，转速的改变是靠改变频率的设定值来实现的。基频以下可以实现恒转矩调速，基频以上为恒功率调速。

图 3-23 所示的 V/f 控制是一种转速开环控制，控制电路简单，负载为通用标准异步电动机，通用性强，经济性好。但电动机的实际转速要根据负载的大小来决定，所以负载变化时，在频率设定值不变的条件下，转子速度将随负载转矩的变化而变化，所以这种控制方式常用于速度精度要求不高的场合。

② 转差频率控制变频器。V/f 控制模式用于精度不高的场合，为了提高调速精度，就需

要控制转差率。通过速度传感器检测出速度，求出转差角频率，再将其与速度设定值叠加以得到新的逆变器的频率设定值，实现转差补偿，这种实现转差补偿的闭环控制方式称为转差频率控制，其简化原理图如图 3-24 所示。

转差补偿大大提高了调速精度，但是使用转速传感器求取转差角频率，要针对电动机的机械特性调整控制参数，但这种控制方式通用性较差。

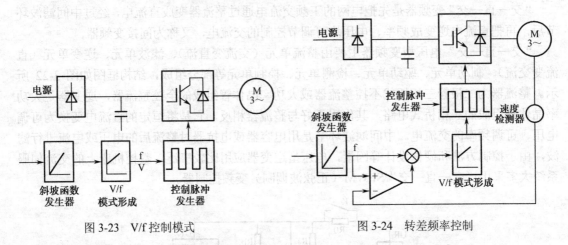

图 3-23   V/f 控制模式　　　　　　　　　图 3-24   转差频率控制

③ 矢量控制变频器。矢量控制是一种新的控制思想和控制技术，是交流异步电动机的一种理想调速方式。矢量控制属于闭环控制方式，是异步电动机调速最新的实用化技术。矢量控制方式使交流异步电动机具有与直流电动机相同的控制性能，这种控制方式的变频器已广泛应用于生产实际中。

矢量控制变频器的特点：需要使用电动机参数，一般用做专用变频器；调速范围在 1∶100以上；速度响应性极高，适合于急加速、急减速运转和连续四象限运转，能适用于任何场合。

（3）变频器的主要功能

变频器的主要功能有频率给定、升降速和制动控制、控制和保护功能等。

频率给定功能包括面板设定方式、外接给定方式和通信接口方式三种。

升降速度功能是通过预置升/降速时间和升/降速方式等参数来控制电动机的升/降速度，利用变频器的升速控制实现电动机的软启动的；制动功能主要通过斜坡制动和能耗制动两种方式实现。

控制功能的实现有两种方法：一是完全由变频器按预先设置好的程序完成控制；二是可以由外部的控制信号或可编程序控制器等控制系统进行控制。

保护功能主要有过电流保护、过电压保护、欠电压保护、变频器过载保护和外部报警输入保护。

*3.6   直流电动机控制电路

直流电动机具有良好的启动、制动与调速性能，易实现各种运行状态的自动控制，广泛应用在工业生产中。在要求大范围无级调速或大启动转矩的场合常采用直流电动机，尤其是他励和并励直流电动机。直流电动机的控制电路有继电—接触器基本控制线路和晶闸管控制系统两种，继电—接触器控制系统具有控制线路简单、动作可靠、输出功率大等优点。本节主要讲述部分典型的继电—接触器控制直流电动机系统的基本控制方法及控制电路。

3.6.1　直流电动机的启动控制

直流电动机的常用控制有启动控制、正反转控制、调速控制及制动控制等。直流电动机启动特点之一是启动冲击电流更大，可达额定电流的 10～20 倍，这样大的启动电流将可能导致电动机换向器和电枢绕组的损坏，同时对电源也是沉重的负担。大电流产生的转矩和加速度对机械部件也将产生强烈的冲击，故在启动时一般选择在电枢回路中串电阻启动和减小电枢电压两种方法，以减小启动电流。图 3-25 为并励直流电动机电枢回路串电阻二级启动控制电路。主电路中接触器 KM1 用于接通电枢电源，接触器 KM2、KM3 的主触头用于切除电枢电阻，过流继电器 KA 用于直流电动机的过流、过载和短路保护。

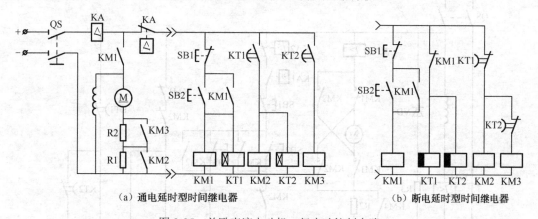

（a）通电延时型时间继电器　　　　（b）断电延时型时间继电器

图 3-25　并励直流电动机二级启动控制电路

（1）通电延时型时间继电器的控制电路

合上电源开关 QS，按下启动按钮 SB2，接触器 KM1 和时间继电器 KT1 线圈得电，KM1 线圈通电自锁，其主触头闭合，直流电动机 M 电枢和励磁绕组得电，M 串全电阻启动；时间继电器 KT1 通电延时到设定时间，接触器 KM2 和时间继电器 KT2 线圈得电，KM2 的主触头切断电枢电阻 R1，时间继电器 KT2 线圈得电延时，延时到设定时间，接触器 KM3 线圈得电自锁，其主触头切断电枢电阻 R2，直流电动机 M 全压启动，电动机启动过程结束后进入运行工作状态。通电延时型时间继电器的控制电路如图 3-25（a）所示。

（2）断电延时型时间继电器的控制电路

合上电源开关 QS，断电延时时间继电器 KT1、KT2 线圈得电，其动断触头瞬时断开，为电动机启动做好准备。

按下启动按钮 SB2，接触器 KM1 线圈得电自锁，其主触头闭合，直流电动机 M 电枢和励磁绕组得电，M 串全电阻启动，KM1 动断辅助触头使时间继电器 KT1、KT2 线圈同时断电，KT1 线圈断电延时到设定时间，接触器 KM2 线圈得电，其主触头切断电枢电阻 R1，时间继电器 KT2 断电延时到设定时间，接触器 KM3 线圈得电，其主触头切断电枢电阻 R2，电动机启动过程结束，进入运行工作状态。调整 KT1、KT2 的断电延时时间，可以适时切断电枢电阻，实现电动机逐级切断电阻的启动控制。断电延时型时间继电器的控制电路如图 3-25（b）所示。

3.6.2　直流电动机的正、反转控制电路

实际应用中，常要求电动机既能正转又能反转。改变直流电动机的旋转方向有电枢反接法和励磁绕组反接法两种。电枢反接法，即保持励磁电流方向不变，改变电枢电流方向；励磁绕组反接法，即保持电枢电流方向不变而改变励磁绕组电流的方向。图 3-26 是改变电枢绕组端电压极性的并励直流电动机正、反转控制电路，主电路接触器 KM1 用来接通正向电枢电源，KM2 接通反向电枢电源，KM3、KM4 用于短接电枢电阻，电流继电器用于电枢绕组过流保护和励磁电路的欠流（弱磁）保护。放电电阻 R3 和二极管 VD 构成励磁绕组放电回路，用来断开电源时构成励磁绕组的吸收回路，避免发生过电压。

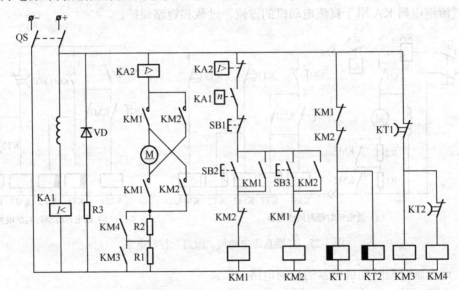

图 3-26　直流电动机正、反转控制电路

合上电源开关 QS，按下正转按钮 SB2，接触器 KM1 线圈通电自锁，电动机电枢绕组接通电源正转启动，时间继电器 KT1 和 KT2 线圈断电延时，KT1 延时时间到，接触器 KM3 线圈得电，切断电枢外串电阻 R1，继续启动至时间继电器 KT2 延时到设定时间，接触器 KM4 线圈得电，电枢电路切断电阻 R2，电动机逐级切断电阻后进入运行工作状态。

按下停止按钮 SB1，电枢电源被切断，电动机停止运行。按下反转按钮 SB3，接触器 KM2 线圈得电自锁，电枢接通反向电源，电动机逐级切断电阻启动反向运行。该正、反转控制电路具有互锁功能。

3.6.3　并励直流电动机的能耗制动

并励直流电动机的制动方法与三相异步电动机相似，同样有能耗、反接、回馈等电气制动方法。其中能耗制动具有制动平稳并能准确停车等优点。直流电动机能耗制动时，要求切断电枢电源，然后用制动电阻使电枢电路成为闭合回路。KM1 为电枢电源接触器，KM2 是能耗制动接触器，放电电阻 R3 和二极管 VD 构成励磁绕组放电回路，用于切断电源时构成励磁绕组的吸收回路，可避免发生过电压，电流继电器 KA2 和 KA1 用于过流保护和励磁电路的欠流保护。并励直流电动机单向运行能耗制动控制工作情况如图 3-27 所示。

合上电源开关 QS，按下启动按钮 SB2，电动机启动运行。停车时，按下停车按钮 SB1，接触器 KM1 线圈断电，使电动机电枢回路断电。由于电动机转子惯性运行，产生电枢感应电动势，中间继电器 KA3 的电压线圈得电工作，其动合触头使接触器 KM2 线圈得电，制动电阻 R4 接入，这时形成的电枢电流与原来的方向正好相反，从而实现了能耗制动。当转速下降，电枢电动势减少，中间继电器 KA3 线圈电压过低，衔铁及触头复位，KM2 线圈断电触头释放，能耗制动回路断电，制动过程结束。

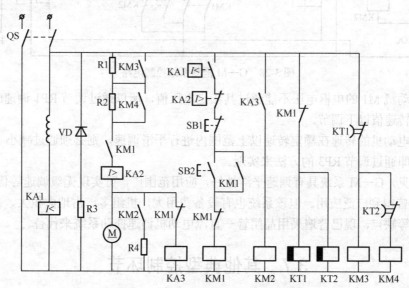

图 3-27　并励直流电动机能耗制动电路

3.6.4　直流电动机调速控制电路

　　改变电枢电压需要有可调直流电源，而直流电源的取得需要通过专门的电源装置。方法有两种：一种是用直流发电机提供可调直流电源，组成 G—M 系统（直流发电机－电动机系统），G—M 系统能够实现平滑和比较广范围的调速，它由一台交流电动机带动一台并励直流发电机和一台励磁机，发电机是电动机的电源，励磁机供给发电机和电动机励磁电流。另一种是目前广泛使用的用晶闸管整流装置作为直流电动机可调电源，省去了交流电动机、直流电动机和励磁机的晶闸管—直流电动机调速系统，直接由晶闸管三相全控桥式整流供给电动机电枢电流，由可控硅单相半控桥式整流供给电动机的励磁电流。这种调速系统可以调压调速和调磁调速，实现恒功率控制，调速范围广。

　　直流电动机改变电枢电压调速控制电路如图 3-28 所示。M1 是他励直流电动机，用于拖动生产机械；G1 是他励直流发电机，为直流电动机 M1 提供电枢电压；G2 是并励直流发电机，为直流电动机 M1 和直流发电机 G1 提供励磁电压，同时为控制电路提供电压；M2 是三相笼型异步电动机，用于拖动同轴连接的直流发电机 G1 和 G2；RP1、RP2 和 RP3 分别用于调节 G1、G2 和 M1 的励磁电流；KOC 为过电流继电器；KM1 和 KM2 分别为正、反转控制接触器。

　　调速时，通过调节 RP1，改变发电机 G1 的励磁电流，则发电机 G1 的输出电压发生变化，因此电动机 M1 得到的电枢电压也发生变化，从而使输出速度改变，达到了调速的目的。例如增大 RP1 电阻，则减小了发电机 G1 励磁电流，使其输出电压减小，则电动机 M1 得到的电枢电流减小，从而使输出转速下降。需要加速时则调节过程刚好相反。

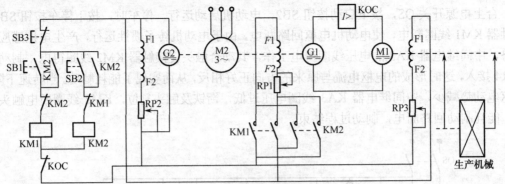

图 3-28　G—M 拖动系统控制电路

由于电动机 M1 的电枢电压不能超过其额定电压值，所以通过调节 RP1 调速时，只能在电动机额定转速值以下调节。

若要使电动机的转速在额定转速以上范围内进行平滑调速，则必须通过减小 M1 励磁电流的方法，即通过调节 RP3 的方法来实现。

由此可见，G—M 系统具有调速平滑性好，应用范围广，可实现无级调速等优点，因此，G—M 系统曾得到广泛应用。但该系统也有设备费用大，机组多，占地面积大，效率低，过渡时间较长等缺点，现已普遍采用晶闸管—直流电动机调速拖动系统来代替。

3.7　其他典型控制环节

3.7.1　多地点控制

在一些大型生产机械和设备上，如大型机床、起重运输机等，为了操作方便，操作人员可以在不同方位进行操作与控制。图 3-29 所示为三地启动和三地控制电路。把一个启动按钮和一个停止按钮组成一组，并把三组启动、停止按钮分别放置三地，即能实现三地控制。电动机若要三地启动，可按按钮 SB4 或 SB5 或 SB6；若要三地停止，可按按钮 SB1 或 SB2 或 SB3。

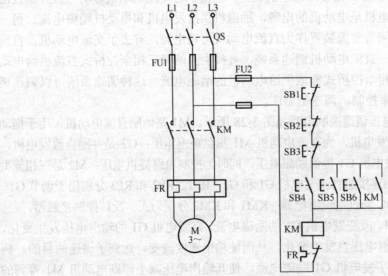

图 3-29　三地启动和三地停止控制电路

3.7.2　顺序控制

在实际的生产实践中，有时要求一个拖动系统中多台电动机先后顺序工作。如在机床中，要求润滑电动机启动后，主轴电动机才能启动。

图 3-30（a）为两台电动机顺序控制主电路，图 3-30（b）、（c）、（d）为不同控制要求的控制电路。

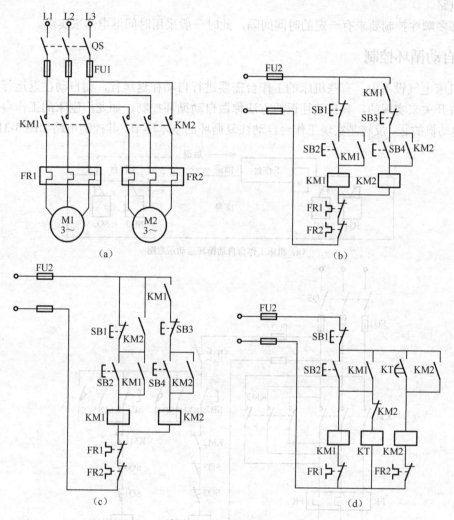

图 3-30　顺序控制电路

图 3-30（b）为按顺序启动控制电路。合上电源开关 QS，按下启动按钮 SB2，KM1 线圈得电并自锁，电动机 M1 得电旋转，同时串在 KM2 控制电路中的 KM1 常开辅助触头也闭合，此时再按下按钮 SB4，KM2 线圈得电并自锁，电动机 M2 得电旋转。如果先按下的是 SB4 按钮，则因 KM1 常开辅助触头是断开的，电动机 M2 不可能先启动。接触器 KM1 控制电动机 M1 的启动、停止；接触器 KM2 控制 M2 的启动、停止。这样就达到了按顺序启动 M1、M2 的目的。

电动机在实际运行中除要求按顺序启动外，有时还要求按一定顺序停止。如传送带运输机，启动时，要求第一台运输机先启动，再启动第二台；停车时，要求先停第二台，再停第一台，只有这样才不会造成物品在传送带上的堆积和滞留。

图 3-30（c）是在图 3-30（b）的基础上，将接触器 KM2 的常开辅助触头并联在停止按钮 SB1 的两端，这样即使先按下 SB1，电动机 M1 也不会停转，只有按下 SB3，电动机 M2 先停后，再按下 SB1 才能使 M1 停转，实现了先停 M2，后停 M1，达到按顺序启动与停止的要求。

图 3-30（d）所示电路的接法，可以省去接触器 KM1 的常开触头，仍然可得到顺序启动的控制电路。

有许多顺序控制要求有一定的时间间隔，此时一般采用时间继电器来实现。

3.7.3 自动循环控制

在机床电气设备中，有些机床的工作台需要进行自动往返运行，而自动往返运行通常是通过位置开关来实现的，其自动往返的方法称做自动循环控制，如龙门刨床的工作台前进、后退。电动机的正、反转是实现工作台自动往复循环的基本环节，其控制电路如图 3-31 所示。

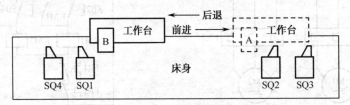

（a）机床工作台自动循环运动示意图

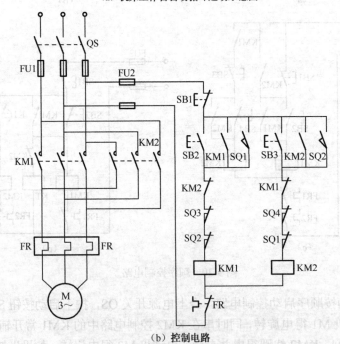

（b）控制电路

图 3-31　自动循环控制电路

工作过程：合上电源开关 QS，按下正转启动按钮 SB2，接触器 KM1 线圈得电并自锁，电动机 M 正转启动，工作台向前，当工作台移动到一定位置时，撞块 A 压下 SQ2，其常闭触头断开，常开触头闭合，这时 KM1 线圈断电，KM2 线圈得电并自锁，电动机由正转变为反转，工作台向后退。当后退到位时，撞块 B 压下 SQ1，使 KM2 断电，KM1 得电，电动机由反转变为正转，工作台变后退为前进。如此周而复始，工作台在预定的距离内自动往复运动。

停止过程：按下按钮 SB1 时，电动机停止，工作台停下。当行程开关 SQ1、SQ2 失灵时，电动机换向无法实现，工作台继续沿原方向移动，撞块将压下 SQ3 或 SQ4 限位开关，使相应接触器线圈断电，电动机停止工作，工作台停止移动，避免了运动部件超出极限位置而发生事故，实现了限位保护。

图中 SQ1 为反向转正向行程开关，SQ2 为正向转反向行程开关，SQ3 为正向限位开关，SQ4 为反向限位开关，以防止位置开关 SQ1 和 SQ2 失灵，工作台继续运动而造成事故。

*3.8　软启动器及应用

3.8.1　软启动器概述

交流感应电动机的应用非常广泛，但由于它的启动过程中会产生过大的启动电流，对电网和其他用电设备造成冲击，为了设备正常工作的需要，在电动机启动过程中应采取必要的措施控制其启动过程。传统的减压启动控制电路启动时的冲击电流较大，除了自耦变压器减压启动控制外，其他控制方式的启动转矩都较小而且不可调。还有，电动机停车都要通过接触器主触头，只有断开主触头，切断电动机电源才能自由停车。这样，由于惯性的存在，会造成剧烈的电网波动和机械冲击，在电压切换时也会出现电流冲击。这几种方法只适合于启动特性要求不高的场合。由于启动时要产生较大冲击电流，同时启动应力也较大，使负载设备的使用寿命降低。国家有关部门对电动机启动早有明确规定，即电动机启动时的电网电压降不能超过 15%。人们往往需要配备限制电动机启动电流的启动设备，如采用 Y/△转换、串电阻减压启动、自耦减压启动等方式来实现。这些方法虽然可以起到一定的限流作用，但没有从根本上解决问题。表 3-5 是电动机在不同的启动方式下，启动电流与额定电流、启动转矩与额定转矩的参数比较。

表 3-5　启动方式参数比较

序号	启动方式	启动电流为电动机额定电流的倍数	启动转矩为额定值的倍数
1	直接启动	4～7 倍	0.5～1.5 倍
2	Y/△降压启动	1.8～2.6 倍	0.5 倍
3	定子串电阻	4.5 倍	0.5～0.75 倍
4	自耦变压器	1.7～4 倍	0.4～0.85 倍

随着电力电子技术的不断发展，软启动器在启动要求较高的场合得到广泛应用。软启动器是一种集电动机软启动、软停车、轻载节能、多种保护功能于一体的电动机控制装置，实现平滑无冲击地启动电动机，降低启动电流，避免启动过电流引发跳闸。

软启动器主要特点是具有软启动和软停车功能，启动电流和启动转矩可调节，它不仅实现在整个过程中平滑无冲击地启动电动机，而且可根据电动机负载的特性来调节启动过程中的参数，如限流值、启动时间等，同时还具有电动机过载保护等功能。这就从根本上解决了传统减压启动设备的弊端。软启动效果对比见表 3-6。

表3-6 软启动效果对比

项 目	启动时间/s	峰值电流/A	峰值电流持续时间/s	月平均耗电量/kW·h
自耦调压器启动	27	2530	6.2	84000
软启动器启动	18	1180	2.1	77600

1. 软启动器的工作原理

软启动器是一种控制交流异步电动机的新设备,它由串接于电源与被控电动机之间的三相反并联晶闸管及其电子控制电路构成。运用不同的方法,控制三相反并联晶闸管的导通角,使被控电动机的输入电压按不同的要求而变化,就可实现不同的功能。

近几年,国内外软启动器技术发展迅速,从最初单一的软启动功能,发展到同时具有软停车、故障保护和轻载节能等功能。图3-32所示为软启动器的内部原理简图,其主要由三相交流调压电路和控制电路两大部分构成。工作原理:利用晶闸管的移相控制原理,通过控制晶闸管的导通角来改变其输出电压,达到通过调压方式来控制电动机的启动电流和启动转矩的目的。控制电路按预定的不同启动方式,通过检测主电路的反馈电流控制它的输出电压,完成不同的启动特性。软启动器还具有对电动机和软启动器本身的热保护、限制转矩和电流冲击、三相电源不平衡、断相等保护功能,还可实时检测并显示电流、电压、功率因数等各种参数,实现软启动器输出全压,使电动机全压运行。

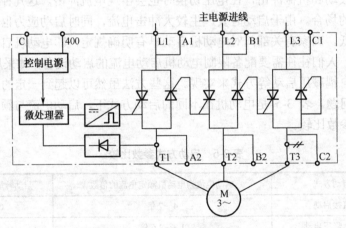

图3-32 软启动器的内部原理简图

2. 软启动器与传统启动方式的比较

表3-7列出了软启动器与传统启动器的比较,从启动电流的波形可以看出软启动器启动时无冲击电流,而传统的启动器在启动时有1~2次的冲击电流。而且从起始电压、电动机转矩特性、能否频繁启动方面对比来看,软启动器在启动时有传统启动器无法比拟的优越性。

如SJR2软启动器有完美的启动模式,收到外部启、停命令后,按照预先设定的启、停方式实现对电动机的控制。

表 3-7 软启动器与传统启动器的比较

性　　能	SJR2 系列软启动器	磁控降压启动器	自耦降压启动器
启动电流	I_m—设定的启动电流限流值，可在 $0.5 \sim 5I_e$ 内调整	I_m—启动电流，不可调整	I_m—启动电流，不可调整
起始电压	$0 \sim 380V$ 任意可调	$200V$ 左右，用户不能调整	$250V/220V$ 左右，用户不能调整
电机转矩特性	没有冲击转矩，转矩匀速平滑上升	1 次冲击转矩后，转矩匀速平滑上升	转矩跳跃上升，有 2 次冲击转矩
能否频繁启动	可以	一般不能	一般不能

3.8.2　软启动器的控制功能

三相异步电动机在软启动过程中，软启动器是通过加在电动机上的电压来控制电动机的启动电流和启动转矩的，启动转矩逐渐增加，转速也逐渐增加。一般软启动器可以通过设定不同的参数得到不同的启动特性，以满足不同负载特性的要求。控制模式有以下几种。

（1）斜坡恒流升压启动方式

斜坡恒流升压启动，启动初始电压和启动时间可以设定；从图 3-33（b）可以看出，在启动初始阶段启动电流逐渐增加，当达到预先所设定的限流值后保持恒定，直至启动完毕，启动过程中电流上升变化的速率可以根据电动机负载调整设定。这种启动方式主要适用于一台软启动器并接多台电动机或电动机功率远低于软启动器额定值的应用场合，如风机、泵类负载的启动。

（2）电压提升脉冲阶跃启动方式

在启动开始阶段，晶闸管在极短时间内以较大电流导通，获得较大的启动转矩，经过一段时间后，再按原设定值线性上升，进入恒流启动状态。这种启动方式适用于重载并需克服较大静摩擦的启动场合。

（3）转矩控制及启动电流限制启动方式

转矩控制及启动电流限制启动方式一般可以设定启动初始转矩、启动阶段转矩限幅、转矩斜坡上升时间和启动电流限幅，引入了电流反馈，属于闭环控制方式，更加稳定。因此，这种控制方式可以使电动机以最佳的启动加速度、最快的时间完成平稳启动，在实际中是使用最多的启动方式。图 3-34 是转矩控制及启动电流限制启动方式。

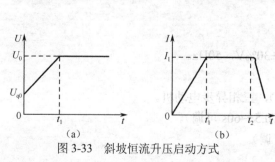

图 3-33　斜坡恒流升压启动方式

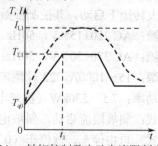

图 3-34　转矩控制及启动电流限制启动方式

（4）减速软停车控制方式

减速软停车控制方式是当电动机需要停车时，不是立即切断电动机的电源，而是通过调节软启动器的输出电压，使其逐渐降低而切断电源，这一过程时间较长且一般大于自由停车时间，故称为软停车方式，适用于高层建筑、楼宇的水泵系统等。

（5）制动停车方式

当电动机需要快速停车时，软启动器具有能耗制动功能。当需要制动时软启动器改变晶闸管的触发方式，使交流转变为直流，然后在关闭主电路的电源后，立即将该直流电通入电动机定子绕组，利用转子感应电流与静止磁场的作用达到最终制动的目的。

3.8.3 软启动器的应用

本小节介绍 Altistart-46 软启动器的应用。

Altistart-46 软启动器是施耐德电气公司专门为风机、泵类负载生产的软启动装置。Altistart-46 软启动器所接的电源电压有 208～240V、400V 和 440～500V（任选），电源频率 50Hz 或 60Hz 自适应，额定电流为 17～1200A，可带电动机功率为 2.2～800kW，具有短路保护、过载保护和抗干扰等功能，能够适应恶劣的工业生产环境。图 2-35 是三相异步电动机软启动电气原理图。

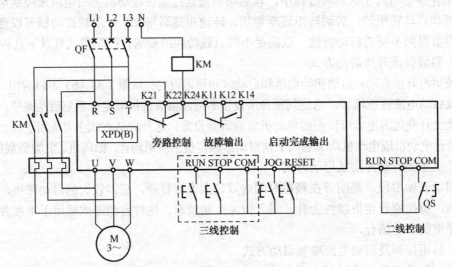

图 3-35　三相异步电动机软启动电气原理图

Altistart-46 是由 6 个晶闸管组成的软启动/软停车单元，可以控制三相异步电动机的启动和停车。控制方式独特、性能好、电流实时监控、保护完善可靠、操作盘参数设定方便明了，很适合重载大转矩下启动。其控制参数如下。

控制电源：AC 220±15%V，50Hz。

三相电源：AC 380±30%V，50Hz；AC 660±30%V，50Hz。

额定电源：15～1000A，22 种额定值。

电动机功率：7.5～530kW（额定电压 380V），三相异步电动机。

启动方式：斜坡限流启动，斜坡电压启动（0.5～60s 可调）。

停止方式：自由停车，软停车（0.5～60s 可调）。

逻辑输入：阻抗 2kΩ，电源 15V。

继电器输出：KM1，故障输出；KM2，全压输出。

保护功能：断相、过电流、短路、过热、SCR 保护等。

3.9　电气控制的保护环节

在电气控制系统中，除了要满足生产机械长期、正常、无故障运行外，还需要各种保护措施。保护环节是所有生产机械电气控制系统不可缺少的组成部分，它用来保护电动机、电网、电气控制设备及人身安全等。

电气控制系统中常用的保护环节有短路保护、过载保护、欠电压保护、零电压保护、过电流保护及超速保护等。

（1）短路保护

当电动机绕组、导线的绝缘损坏或者控制电器及电路发生故障时，若不迅速切断电源，会产生很大的短路电流，使电动机、电器、导线等电气设备损坏。因此，在发生短路故障时，保护电器必须迅速将电源切断。通常用的短路保护电器是熔断器和低压断路器。

熔断器的熔体与被保护的电路串联，适用于对动作准确度和自动化程度要求不高的系统，如小容量的笼型异步电动机、普通交流电源等。当电路短路时，很大的短路电流流过熔体，使熔体立即熔断，切断电动机电源。但是，熔断器在发生短路时，很可能只有一相熔断器熔断，还会造成单相运行。

如果电路中接入的是低压断路器，当出现短路时，低压断路器会立即自动跳闸，将三相电源同时切断，使电动机停转。这样还可消除电动机断相运行的隐患。低压断路器一般用于要求较高的场合。

（2）过载保护

当电动机启动操作频繁、断相运行或长期超载运行时，会使电动机的工作电流超过允许值，电动机绕组过热，绝缘材料就要变脆，寿命降低，过载电流越大，达到允许温升的时间就越短，严重时会使电动机损坏。常用的过载保护电器是热继电器（或断路器），当电动机过载电流较大时，热继电器经过较短的时间就会切断电源，使电动机停转，避免电动机在过载下运行。

因热惯性的原因，热继电器不会受电动机短时过载影响或过载电流较小时动作。当电动机过载电流较大时，串接在主电路中的常闭触头会在短时间内断开，切断控制电路和主电路的电源，使电动机停转。在使用热继电器做过载保护的同时，还应设置短路保护。选用的短路保护熔断器熔体的额定电流不应超过热继电器驱动元件的额定电流的 4 倍。

（3）欠电压保护

欠电压保护是指当电网电压下降到某一数值时，电动机便在欠电压下运行，电动机转速下降，接触器电磁吸力将小于复位弹簧的反作用力，动铁芯被释放，带动主触头、自锁触头同时断开，自动切断主电路和控制电路，电动机失电停止，避免了电动机欠电压运行而损坏。一般当电网电压降低到额定电压的 85% 以下时，接触器或电压继电器动作，切断电动机主电路和控制电路电源，使电动机停转。

（4）零电压保护

零电压保护是指电动机在正常运行中，当电网因某种原因突然停电时，能自动切断电动机电源；当电源电压恢复正常时，电动机不会自行启动，实现了零电压保护。

如果电源电压恢复时，操作人员未能及时切断电源，电动机就会自行启动，这样就有可能造成设备损坏及人身伤亡事故。而且，电网上有许多电动机，同时自行启动会引起太大的过电流及电压降。因此，为防止电压恢复时电动机自行启动，必须采取零电压保护。通常采用电压继电器来进行零电压保护。

（5）过电流保护

不正确的启动和过大的负载转矩常引起电动机过电流。过电流保护主要用于直流电动机或绕线转子异步电动机，对笼型异步电动机采用短路保护。过电流保护通常采用过电流电器和接触器配合使用。

过电流比短路电流要小，在电动机运行中产生过电流要比发生短路的可能性更大，特别是在频繁启动和正、反转重复短时工作制的电动机中更是如此。直流电动机和绕线转子异步电动机电路中过电流继电器起着短路保护的作用，通常过电流的动作值为启动电流的 1.2 倍。

（6）超速保护

当机械设备运行速度超过规定允许的速度时，将会造成设备损坏，甚至还会造成人身危险，所以要设置超速保护装置来控制电动机转速或及时切断电动机电源。

（7）其他保护

除了上述保护环节以外，电气控制系统中还有行程保护、油压保护、油温保护及互锁控制等，这些保护环节是在控制电路中串接一个受这些参量控制的常开触头或常闭触头来实现对电路的电源控制的。这些装置有离心开关、测速发电机、行程开关、压力继电器等。

本章小结

本章主要介绍了三相异步电动机的直接启动、减压启动、制动、调速等基本控制电路。这些是在实际生产当中经过验证的电路。熟练掌握这些电路，是阅读、分析、设计复杂生产机械控制电路的基础。在绘制电路图时，要严格按照国家标准规定使用各种符号、单位、名词术语和绘制原则。

电气控制系统图主要有电气原理图、电器布置图和电气安装接线图。在实际工作中，它们各有不同的作用，一般不能相互取代。重点是掌握电气原理图的规定画法及国家标准。

（1）电动机有全压启动、减压启动。对小功率的电动机可以采用全压启动。基本电气控制环节有点动控制、长动控制、正反转控制、顺序控制、多点控制、时间控制和行程控制。

（2）对较大容量的异步电动机，一般采取减压启动，可避免过大的启动电流对电网和传动机械造成的冲击。异步电动机常用的减压启动方式有定子绕组串电阻、星形/三角形减压启动、自耦变压器减压启动和延边三角形减压启动等。启动控制方式有自动或手动两种。自动方式通常采用时间继电器控制。

（3）电动机快速停车通常采用制动方式。常用的电气制动方式有反接制动和能耗制动。反接制动是指停车时给电动机定子绕组加上一个反相序的电源。能耗制动是指停车时断开原交流电源，在定子绕组任意两相上加上一个直流电源。能耗制动常采用的控制方式有时间控制与速度控制。电源反接制动常采用的控制方式有速度控制。

（4）变极调速只能用于笼型异步电动机。对其进行控制可使电动机低速启动、高速运行，以减少启动时的冲击电流。从低速至高速的切换可采用时间控制，也可采取速度控制。

（5）生产机械要正常可靠地工作，必须设置保护环节。控制电路的常用保护环节有短路保护、过载保护、过电流保护、零电压保护、欠电压保护等，采用不同的电器来实现。

（6）变频器是应用了电力电子、变频、微电子等技术于一身的综合性电气产品，通过改变电动机工作电源频率的方式来控制交流电动机的电力控制设备。变频器主要由整流、滤波、逆变（直流变交流）、制动单元、驱动单元、检测单元和微处理单元等组成。

（7）变频调速的基本原理是根据电动机转速与工作电源输入频率成正比的关系，通过改变电动机工作电源频率达到使电动机调速、节能的目的。变频调速系统的控制方式包括 V/f、矢量控制、转差频率控制等。

（8）软启动器是一种集软启动、软停车、轻载节能和多功能保护于一体的新型电机控制装置，具有多种对电动机保护功能，在整个启动过程中可以无冲击而平滑地启动电动机，而且可根据电动机负载的特性来调节启动过程中的各种参数。

 习题与思考题

3-1　速度继电器的作用是什么？

3-2　哪些电器可起到欠电压保护作用？

3-3　电气安装接线图应遵循哪几点要求？

3-4　电气控制系统中常用的保护环节有哪些？

3-5　交流同步电动机是如何进行变频调速的？

3-6　电气控制系统图有哪几种？各有什么用途？

3-7　简述反接制动和能耗制动的基本工作原理。

3-8　三相异步电动机在何种情况下采用直接启动？

3-9　分析自耦变压器降压启动控制中应注意的问题。

3-10　熔断器能否代替热继电器做过载保护？为什么？

3-11　自动空气断路器有哪些作用？一般用于哪些场合？

3-12　在什么情况下允许交流异步电动机采用直接启动？

3-13　什么是自锁、互锁、联锁？试举例说明各自的作用。

3-14　交流接触器在动作时动合和动断触头的动作顺序是怎样的？

3-15　设计手动控制的笼型异步电动机的星形/三角形降压启动控制电路。

3-16　电动机反接制动控制与电动机正、反转运行控制的主要区别是什么？

3-17　什么是反接制动？什么是能耗制动？各有什么特点？分别适用于何种场合？

3-18　三相笼型异步电动机常用的降压启动方法有哪几种？分别适用于何种场合？

3-19　简述电动机能耗制动与反接制动控制各有何优缺点？分别适用于什么场合？

3-20　电气原理图中的 SQ、FU、KM、KA、FR、KT、KS、SB 分别表示何种电气元件的文字符号？

3-21　电动机在什么情况下应采用降压启动？定子绕组为星形接法的笼型异步电动机能否采用星形/三角形降压启动？为什么？

3-22　某台机床主轴和润滑油泵各由一台电动机带动。要求主轴必须在油泵启动后才能启动，主轴能正反转并能单独停车，设有短路、失压及过载保护等。绘出电气控制原理图。

3-23　控制电路接通电源后，时间继电器线圈通电，常闭延时闭合触头瞬时断开。按启动按钮 SB2，KM1 线圈通电，电动机串联电阻 R 降压启动，时间继电器线圈断电，延时后其触头闭合，使 KM2 通电，启动完毕。画出符合上述要求的控制电路。

3-24　已经在电动机的主电路中装有熔断器，为什么还要装热继电器？它们的作用有什么不同？若只装热继电器不装熔断器行吗？为什么？

3-25　试设计主电路和控制电路。

（1）画出三相异步电动机既可点动又可连续运行的电气控制线路。

（2）画出三相异步电动机三地控制（即三地均可启动、停止）的电气控制线路。

（3）为两台异步电动机设计主电路和控制电路，其要求如下：

① 两台电动机互不影响地独立操作启动与停止；

② 能同时控制两台电动机的停止；

③ 当其中任一台电动机发生过载时，两台电动机均停止。

3-26　试设计两台笼型电动机 M1、M2 的顺序启动、停止的控制线路。

（1）M1、M2 能顺序启动，并能同时或分别停止。

（2）M1 启动后 M2 启动，M1 可点动，M2 可单独停止。

3-27　分析图 3-37 有何缺点或问题，工作时会出现什么现象，应如何改正？

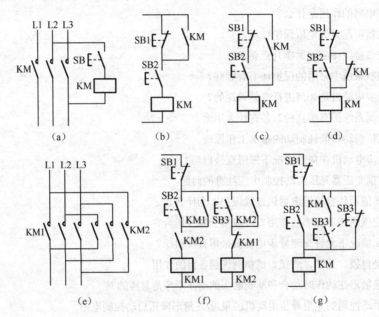

图 3-36　题 3-27 图

第4章　电气控制系统的设计

电气控制系统设计的基本任务：根据生产机械对控制系统的要求设计和编制设备的制造、使用和维修过程中所必需的图纸、资料，主要包括电气原理图、电气元件布置图、安装接线图等。另外编制外购元件目录、材料消耗清单，编写说明书及参数等资料。

电气控制系统设计主要包括电气原理图设计和电气工艺设计两大部分内容。电气原理图设计是为满足生产过程中机械加工和工艺要求而进行的电路设计，综合考虑设备的自动化程度和技术的先进性，是电气控制系统设计的核心。电气工艺设计是为电气控制装置的制造、使用、运行及维修的需要而进行的生产施工设计，如开关柜柜体设计、布线工艺设计等。电气工艺设计决定了电气控制设备的生产可行性、经济性、造型美观和使用维护方便等。电气控制系统的设计一般包括确定拖动方案、选择电动机容量和设计电气控制电路等。由于生产机械的种类繁多，所要求的电气控制电路也是千变万化、多种多样的，但它们都遵循一定的原则和规律。只要我们通过对典型电气控制电路的分析和研究，掌握其规律，就能够设计出符合要求的电气控制电路。

在设计电气控制电路之前，首先要了解什么是电气控制电路、电气控制电路符号的意义，还需要掌握一些基本电气控制电路及其规律。本章将介绍一些常用的电器符号和基本的电气控制电路。

电气控制电路根据通过电流的大小可分为主电路和控制电路。电动机、发电机及其相连的电器元件组成的通过大电流的电路称为主电路。接触器、继电器线圈及联锁电路、保护电路、信号电路等通过较小电流的电路称为控制电路。

4.1　电气控制系统设计的基本内容

电气控制系统设计的基本内容包括：确定电力拖动方案，设计生产机械电力拖动自动控制电路，选择拖动电动机及电气元件，进行生产机械电力装备施工设计，编写生产机械电气控制系统的电气说明书与设计文件。

1. 原理设计内容

（1）拟定电气控制系统设计任务书。电气设计任务书是电气设计的依据。

（2）确定电力拖动方案和控制方案。拖动方法主要有电力拖动、液压传动、气动等。根据机械设备驱动力矩或功率的要求，合理选择电动机的类型、参数。

（3）选择电动机的类型、电压等级、容量及转速，并选择出具体型号。

（4）设计电气控制框图。原理框图包括主电路、控制电路和辅助电路。电气原理图是整个设计的中心环节，是工艺设计和制定其他技术资料的依据。

（5）绘制电气原理图、布置图、控制面板图、元器件安装底板图、电气安装接线图和电气互连图等。

（6）选择电器元件，制定元器件明细表。根据电气原理图合理选择元器件，并列出元器件清单。

（7）编写设计说明书和维修说明书。

2. 工艺设计内容

工艺设计的主要目的是便于组织电气控制装置的制造，实现原理设计要求的各项技术指标，为设备的调试、维护、使用提供必要的图样资料。

工艺设计的主要内容：

（1）根据电气原理图及选定的电器元件，绘制总装接线图。

（2）设计并绘制电器元件布置图。

（3）设计并绘制电器元件的接线图。

（4）设计并绘制电器箱及非标准零件图。

（5）列出所用各类元器件及材料清单。

（6）编写设计说明书和使用维护说明书。

3. 电气设计的技术条件

（1）用户供电电网的种类、电压、频率及容量。

（2）电气传动的基本特性、用途。

（3）电气控制的基本方式、自动控制的动作顺序、电气保护及互锁等。

（4）操作方面的要求。

（5）电气设备的参数及布置框图。

4.2 电气控制系统设计的一般步骤

1. 拟定设计任务书

电气设计任务书是整个系统设计的依据。制定电气设计任务书，要根据所设计的机械设备的总体技术要求，有条件时应聚集电气、机械工艺、机械结构三方面的设计人员，共同讨论。在电气设计任务书中，要说明所设计的机械设备的型号、用途、工艺过程、技术性能、传动要求、工作条件、使用环境等。除此以外，还应说明以下技术指标及要求。

（1）控制精度和生产率要求。

（2）有关电力拖动的基本特性：电动机的数量、用途、负载特性、工艺过程、动作要求、控制方式、调速范围及对反向、启动和制动的要求等。

（3）有关电气控制的特性：自动控制的电气保护、联锁条件、控制精度、生产率、自动化程度、动作程序、稳定性及抗干扰要求等。

（4）其他要求：主要包括电气设备的布置草图、安装、照明、信号指示、显示和报警方式、电源种类、电压等级、频率及容量等要求。

（5）目标成本及经费限额：包括目标成本、经费限额、验收标准及方式等。

2．选择电力拖动方案与控制方式

电力拖动方案与控制方式的确定是设计的先决条件。

电力拖动方案包括生产工艺要求、运动要求、调速要求及生产机械的结构、负载性质、投资额等条件，确定电动机的类型、数量、拖动方式，制定电动机的启动、运行、调速、转向和制动等要求，这些可作为电气控制原理图设计及电器元件选择的依据。

3．其他要求

（1）根据选择的拖动方案，确定电动机的类型、数量、结构形式、容量、额定电压和额定转速等。

（2）设计电气控制原理电路图并合理选择元器件，编制元器件目录清单。

（3）设计电气设备制造、安装、调试所必需的各种施工图样，并以此为根据编制各种材料定额清单。

（4）编写说明书。

4.3　电气控制系统设计的基本原则

1．最大限度满足生产机械和工艺对电气控制电路的要求

电气控制电路是为整个生产机械和工艺过程服务的，在设计前，首先要弄清楚生产设备的主要工作性能、结构特点、工作方式和保护装置等方面，做全面细致的了解。

2．电气控制系统设计的有关参数选择

（1）选择控制电源

选择控制电源时，一般尽量减少控制线路中电源的种类，控制电压等级应符合标准等级。当控制线路比较简单的情况下，通常采用交流 220V 和 380V 供电，可以省去控制变压器。在控制系统线路比较复杂的情况下，应采用控制变压器降低控制电压，或用直流低电压控制。对于微机控制系统，还要注意弱电与强电电源之间的隔离，一般情况下不要共用零线，避免电磁干扰。对照明、显示及报警线路要采用安全电压。电源选择具体如表 4-1 所示。

表 4-1　电源选择

控制电路类型	常用的电压值（V）		电源设备
交流电力传动的控制电路，比较简单，电磁线圈 5 个以下	交流	380、220	直接采用动力电源
		220、110	采用控制变压器
交流电力传动的控制电路，比较复杂		48、36、24、6、3	采用电源变压器
照明及信号指示电路			
直流电力传动的控制电路	直流	220、110	整流器
直流电磁铁及离合器的控制电路		24	整流器

（2）主电路设计

根据工艺要求，选择主电路电动机的启动方式，正、反转控制及主电路的保护环节。

① 确定电动机是全压启动还是降压启动。

全压启动应满足电源变压器容量足够大的条件，或采用经验公式来确定。若条件满足时，才能用全压启动，反之必须采用降压启动。全压启动的条件为

$$\frac{I_g}{I_e} \leqslant \frac{3}{4} + \frac{S_{eb}}{4P_e}$$

式中　S_{eb}——电源变压器额定容量（kVA）；

　　　I_g——电动机全压启动电流（A）；

　　　I_e——电动机额定电流（A）；

　　　P_e——电动机额定功率（kW）。

② 对于正、反转控制，必须在控制电路中考虑互锁保护。

③ 必须注意主电路的熔断保护、过载保护及其他保护元件的选择与设置。

④ 主电路与控制电路应保持严格的对应关系。

（3）控制线路的设计

继电器控制电路的特点，就是通过触头的"通"和"断"控制电动机或其他电气设备来完成运动机构的动作。

① 常开触头串联。

当要求几个条件同时具备时，才能使电器线圈得电动作，可采用几个常开触头与线圈串联的方法实现。这种关系在逻辑线路中称"与"逻辑。

② 常开触头并联。

若在几个条件中，只要其中任一条件具备，所控制的继电器线圈就能得电，这时，可用几个常开触头并联来实现。这种关系在逻辑线路中称做"或"逻辑。

③ 常闭触头串联。

当几个条件仅一个具备时，继电器线圈就断电，可用几个常闭触头与控制的电器线圈串联来实现。

④ 常闭触头并联。

当几个条件都具备时，电器线圈才断电，可用几个常闭触头并联，再与控制的继电器线圈串联的方法来实现。

⑤ 保护电器。

通常保护电器应既能保证控制线路长期正常运行，又能起到保护电动机及其他电器设备的作用。一旦线路出现故障，它的触头就应由"通"转为"断"。

（4）电器元件的选择

为了保证电气控制线路工作的可靠性，要选择可靠的电器元件。在元器件选择的时候尽可能选用机械和电气寿命长、动作可靠、抗干扰性能好的电器，使控制线路在技术指标、稳定性、可靠性等方面得到进一步提高。

① 按钮的选择。

按钮在结构上有多种形式：旋钮式——用手扭动旋钮进行操作；指示灯式——按钮内可装入指示灯显示信号；紧急式——装有蘑菇形钮帽，以表示紧急操作。

选择按钮，要考虑使用场合所需要的触头数、触头型式及颜色。通常"绿色"表示启动，

"黑色"表示点动，"红色"表示停止，"蓝色"表示复位。

② 熔断器的选择。

选择熔断器，主要是选择熔断器的种类、额定电压、熔断器额定电流等级和熔体的额定电流。额定电压是根据所保护电路的电压来选择的，熔体电流的选择是熔断器选择的核心。

选择熔断器，主要分下面几种情况：

a. 对没有冲击电流的负载，如照明线路等，应使熔体的额定电流等于或稍大于线路的工作电流 I，即

$$I_R \geq I$$

式中 I_R——熔体额定电流；

I——工作电流。

b. 对有冲击电流的负载，如一台异步电动机，熔体可按下列关系选择。

$$I_R = (1.5 \sim 2.5) I_{ed} \qquad 或 \qquad I_R = I_{st}/2.5$$

式中 I_{ed}——电动机的额定电流；

I_{st}——电动机的启动电流。

如多台电动机共用一个熔断器保护，熔体按下列关系选择。

$$I_R \geq I_m/2.5$$

式中 I_m——可能出现的最大电流。

● 如果几台电动机不同时启动，则 I_m 为容量最大的一台电动机的启动电流，加上其他电动机的额定电流。

● 如果几台电动机同时启动，则 I_m 为所有电动机启动电流的和。

③ 热继电器的选择。

热继电器的选择要根据电动机的额定电流来确定其型号与规格。热继电器热元件的额定电流 I_{RT} 应接近或略大于电动机的额定电流 I_{ed}，即

$$I_{RT} = (0.95 \sim 1.05) I_{ed}$$

通常情况下，选用两相结构的热继电器；对在电网电压严重不平衡、工作环境恶劣条件下工作的电动机，选用三相结构的热继电器；对于三角形接线的电动机，可选用带断相保护装置的热继电器。

对下列情况，选择的热继电器热元件的电流要比电动机额定电流高一些。

a. 电动机负载惯性转距非常大，启动时间长。

b. 电动机所带动的设备，不允许任意停电。

c. 电动机拖动的为冲击性负载，如冲床、剪床等设备。

④ 接触器的选择。主要考虑电磁线圈的额定电压，主触头允许通过的额定电流；辅助触头种类、数量及触头额定电流；电磁线圈的电源种类、频率和额定电压。

⑤ 中间继电器的选择。主要考虑触头的数量和种类。

⑥ 时间继电器的选择。主要考虑延时方式。

⑦ 控制变压器的选择。

当控制电路所用电器较多，电路较为复杂时，通常采用经变压器降压的控制电源，提高电路的安全可靠性。控制变压器主要根据所需要变压器容量及一次侧、二次侧的电压等级来选择。控制变压器可根据以下两种情况确定其容量。

a. 依据控制线路最大工作负载所需要的功率计算。一般可根据下式计算：

$$P_T \geq K_T \sum P_{xc} \tag{4-1}$$

式中　P_T——变压器容量（VA）；

　　　K_T——变压器容量储备系数，$K_T=1.1\sim1.25$；

　　　$\sum P_{xc}$——控制电路最大负载时工作的电器所需的总功率（VA）。

　　　对于交流接触器、交流中间继电器及交流电磁铁等，P_{xc} 应取吸持功率值。

b. 变压器的容量应满足已吸合的电器在又启动吸合另一些电器时仍能吸合，可根据下面公式计算：

$$P_T \geq 0.6 \sum P_{xc} + 1.5 \sum P_{ST} \tag{4-2}$$

式中　$\sum P_{ST}$——同时启动的电器的总吸持功率（VA）。

最后所需变压器容量，应由式（4-1）和式（4-2）中所计算出的最大容量决定。

（5）正确连接电器的线圈

① 在交流控制电路中，电器的线圈不允许串联连接。如果将两个接触器的线圈进行串联，由于它们的阻抗各不相同，即使外加电压是两个线圈额定电压之和，两个电器元件的动作总是有先有后，不可能同时动作。这就使得两个线圈分配的电压不可能相等；当衔铁未吸合时，其气隙较大，电感很小，因而吸合电流很大。当有一个接触器先动作，其阻抗值增加很多，电路中电流下降很快就使另一个线圈不能吸合，严重时可将线圈烧毁。如果需要两个电器同时动作，线圈应并联连接，如图 4-1（b）所示。

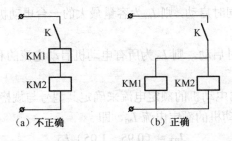

图 4-1　交流线圈的连接

② 对于直流电磁线圈，当两电感量相差悬殊时也不能直接并联，以免使控制电路产生误动作。如图 4-2（a）所示，直流电磁铁 YA 线圈与直流继电器 KM 线圈并联，当接触器 KM 常开触头断开时，继电器 KM 很快释放。由于 YA 线圈的电感很大，存储的磁能经 KM 线圈释放，从而使继电器 KM 有可能重新吸合，过一段时间 KA 又释放，这种情况显然是不允许的。因此应在 KM 的线圈电路中单独加 KM 的常开触头，如图 4-2（b）所示。

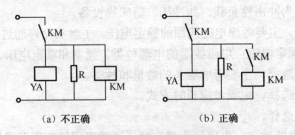

图 4-2　直流线圈的连接

（6）合理选择电器元件及触头的位置

电器元件的常开触头和常闭触头靠得很近，当分别接在电源的不同相上时，如图 4-3（a）

所示的行程开关 SQ 的常开触头和常闭触头。常开触头接在电源的一相，常闭触头接在电源的另一相上，当触头断开时，可能在两触头间形成电弧，造成电源短路。如果改成图 4-3（b）的形式，由于两触头间的电位相同，就不会造成电源短路。所以在设计控制电路时，应使分布在电路不同位置的同一电器触头尽量接到同一电位点，这样可避免在电器触头上引起短路。

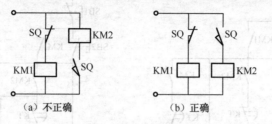

图 4-3　触头的画法

（7）避免出现寄生电路

在电气控制电路的动作过程中，如果出现不是由于误操作而产生意外接通的电路称为寄生电路。图 4-4（a）所示是一个具有指示灯显示和过载保护的电动机正、反向运行控制电路。正常工作情况下能完成正、反向启动、停止和信号指示。但当热继电器 FR 动作时，将产生寄生电路，电流流向如图 4-4（a）中虚线所示，使正向接触器 KM1 不能释放，起不了保护作用。如改为图 4-4（b）所示电路，则当电动机发生过载时，FR 触头断开，整个控制电路断电，电动机停转。

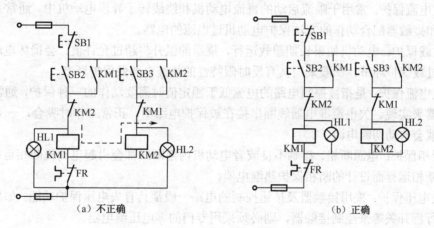

图 4-4　防止寄生电路

（8）在满足生产工艺的前提下，力求控制电路经济、简单

① 尽量选用标准电器元件，减少电器元件的品种、数量，同一用途的器件尽量选用相同型号以减少备件的种类和数量。

② 尽量选用标准的、常用的或经过实践考验的典型环节或基本电气控制电路。

③ 尽量减少不必要的触头，这样可以简化电气控制电路。

④ 尽量缩减连接导线的数量和长度。

⑤ 尽量减少通电电器的数量。在正常工作的过程中，除必要的电器元件外，其余电器应尽量减少通电时间。以 Y/△ 减压启动控制电路为例，如图 4-5 所示，两个电路均可实现 Y/△ 减压启动控制，但经过比较，图 4-5（b）在正常工作时，只有接触器 KM1 和 KM2 的线圈得电，较图 4-5（a）要更合理。

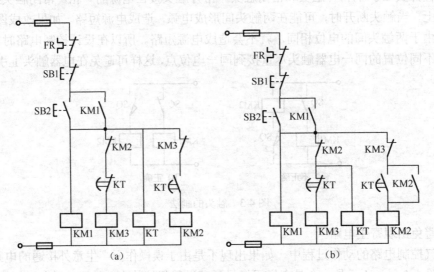

图 4-5　Y/△减压启动控制电路

（9）设置必要的保护环节

① 短路保护：短路时产生的瞬时故障电流可达到额定电流的几倍到几十倍。常用的短路保护有熔断器、断路器、专门的短路保护继电器。

② 过电流保护：常用于限流启动的直流电动机和绕线转子异步电动机中，通常采用过电流继电器和接触器配合动作的方法保护电动机过电流的电路。

③ 过载保护：电动机如果长期超载运行，绕组的温升将超过允许值，会损坏电动机，所以要设置过载保护环节。一般采用具有反时限特性的热继电器做保护环节。

④ 欠电流保护：是指被控制电路的电流低于额定值时需要动作的一种保护，通常利用欠电流继电器来实现。欠电流继电器线圈串接在被保护电路中，正常工作时吸合，一旦发生欠电流故障就会自动切断电源。

⑤ 断相保护：电源断相、接触不良或者电动机内部断线都会引起电动机断相运行，可采用专门为断相运行而设计的断相保护热继电器。

⑥ 失电压保护：采用接触器及按钮控制的电路一般都具有失电压保护功能。如果采用手动开关、行程开关等来控制接触器，则必须采用专门的零电压继电器。

⑦ 欠电压保护：当电源电压降低到额定电压的 60%～80%时，继电器自动将电动机电源切除，这种保护称为欠电压保护。通常采用零位继电器作为欠电压保护。

⑧ 过电压保护：通常是在线圈两端并联一个电阻、电阻串电容或二极管串电阻等形式，以形成一个放电电路。

⑨ 极限保护：做直线运动的生产机械常设有极限保护环节，一般用行程开关的常闭触头来实现。

⑩ 弱磁保护：直流并励电动机、复励电动机在励磁磁场减弱或消失时，有必要在控制电路中采用弱磁保护环节，一般用弱磁继电器。

⑪ 其他保护：根据实际情况来设置，如温度、水位、欠电压等保护环节。

*4.4　电气控制电路的逻辑设计

采用经验法设计电气控制电路，实际上就是选用一些典型的控制环节（逻辑单元）进行拼凑，并在拼凑中进行修改和补充，直到满足预定的控制要求（逻辑功能）。经验法设计出的逻辑控制电路，可靠性太差。其原因第一是没有充分应用逻辑代数做工具去分析控制电路的逻辑功能与其结构的内在关系，针对设计要求做有计划的设计，通常是东拼西凑的，使用的逻辑环节不多；再就是经验设计法无固定的设计方法和步骤，缺乏规律性，主要依靠设计者的经验摸索进行，带有盲目性。

逻辑设计是近年来发展起来的一种新兴设计方法，它的特点是充分应用数学工具和表格，全面考虑控制电路的逻辑关系，并按照一定的方法和步骤设计出符合要求的控制电路。用逻辑设计法设计出的控制电路可靠性高、精练。

4.4.1　电气电路的逻辑表示

1. 电器元件的逻辑表示

（1）各元件常开、常闭触头的表示

常开触头用原变量、常闭触头用反变量表示。用 KA、KM、SQ、SB 分别表示继电器、接触器、行程开关、按钮的常开（动合）触头；用 $\overline{KA}$、$\overline{KM}$、$\overline{SQ}$、$\overline{SB}$ 表示其相应的常闭（动断）触头。

（2）开关元件、触头等为 1、0 的含义

在电路中，开关元件受激状态（如继电器线圈得电，行程开关受压）为"1"状态，开关元件的原始状态（如继电器线圈失电，行程开关未受压）为"0"状态；触头的闭合状态为"1"状态，触头的断开状态为"0"状态。

这样，下列各式就有了明确意义：

KA=1，继电器线圈处于得电状态；

KA=0，继电器线圈处于失电状态；

KA=1，继电器常开触头闭合；

KA=0，继电器常开触头断开；

$\overline{KA}$=1，继电器常闭触头闭合；

$\overline{KA}$=0，继电器常闭触头断开。

从上述规定看出，开关元件本身状态的"1"（线圈得电）、"0"取值和它的常开触头的"1"、"0"取值一致，而和其常闭触头的取值相反。

2. 逻辑代数的基本逻辑关系及串、并联电路的逻辑表示

在逻辑代数中，常用大写字母 A、B、C 表示逻辑变量。

（1）逻辑或

其公式为 $f=A+B$，与并联电路相对应，如图 4-6 所示。

（2）逻辑与

其公式为 $f=A \cdot B$，与串联电路相对应，如图 4-7 所示。

（3）逻辑非

在逻辑代数的两个取值中，$\overline{0}=1$，$\overline{1}=0$，若令 $A=1$，则 $\overline{A}=0$。反之，$A=0$，则 $\overline{A}=1$。如 A 表示电器的常开触头，那么 $\overline{A}$ 则表示它的常闭触头。

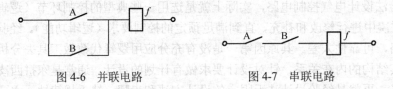

图 4-6　并联电路　　　　　　　图 4-7　串联电路

3. 电气电路的逻辑表示

有了上述规定和基本逻辑关系，就可以应用逻辑代数这一工具对电路进行描述和分析。具体步骤：以某一控制电器的线圈为对象，写出与此对象有关的电路中各控制元件、信号元件、执行元件、保护元件等，以及它们触头间相互连接关系的逻辑函数表达式。有了各个电气元件的逻辑表达式后，当发出主令控制信号时（如按一下按钮或某开关动作），就可分析判断哪些逻辑表达式输出为"1"，哪些表达式由"1"变为"0"。可进一步分析哪些电动机或电磁阀的运行状态发生变化等。

4. 逻辑代数的基本性质

逻辑代数的基本性质见表 4-2。

表 4-2　逻辑代数的基本性质

序　号	名　　称		恒　等　式
1	基本定律	0 和 1 定则	0+A=A
2			0·A=0
3			1+A=1
4			1·A=A
5		互补定律	$A+\overline{A}=1$
6			$A·\overline{A}=0$
7		同一定律	A+A=A
8			A·A=A
9		反转定律	$\overline{\overline{A}}=A$
10		交换律	A+B=B+A
11			A·B=B·A
12		结合律	(A+B)+C=A+(B+C)
13			(A·B)·C=A·(B·C)
14		分配律	A·(B+C)=AB+AC
15			(A+B)(A+C)=A+BC
16		吸收律	A+AB=A
17			$A·(\overline{A}+B)=AB$
18			A·(A+B)=A

续表

序　号	名　　称	恒　等　式
19	吸收律	$A+\overline{A}B=A+B$
20		$AB+\overline{A}C+BC=AB+\overline{A}C$
21	摩根定律	$\overline{A+B}=\overline{A}\cdot\overline{B}$
22		$\overline{A\cdot B}=\overline{A}+\overline{B}$

逻辑代数的基本性质及应用举例。

【例1】　如图4-8（a）所示，用逻辑表达式化简该电路。

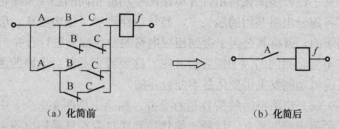

（a）化简前　　　　　　　　　　　　　　（b）化简后

图4-8　电路化简

图4-8（a）中 f 的逻辑表达式为

$$f = A(BC+\overline{B}\cdot\overline{C}) + A(B\overline{C}+\overline{B}C)$$

化简后的电路如图4-8（b）所示，逻辑表达式为

$$f = ABC+A\overline{B}\cdot\overline{C}+AB\overline{C}+A\overline{B}C=AB(C+\overline{C})+A\overline{B}(\overline{C}+C)=AB+A\overline{B}=A$$

4.4.2　电气电路的化简

设计出的逻辑控制电路，尤其是用经验法设计出的逻辑控制电路，往往使用一些多余的电器或触头，电路的可靠性降低了，有必要将它化简为功能相同的最简化逻辑电路。最简化逻辑电路是指使用电器和触头数量最少、结构最简单的逻辑电路。

控制电路包括两种类型：单端输出电路，包含一个被控电器的电路；多端输出电路，包含多个被控电器的电路。

化简多端输出电路的一般步骤如下：

①列写待化简电路的全部逻辑表达式；②分别将它们化简为最佳化逻辑表达式；③将各最佳化逻辑表达式转换为相应的触头电路；④简化整体电路，合并相同触头组。

1. 公式法化简逻辑函数

公式法即逻辑代数化简法，它应用逻辑代数的有关公式来化简逻辑函数。

【例2】　用公式法化简图4-9（a）所示电路。

解：电路的逻辑表达式为

$$K1=AC+BD+AD+BC$$
$$K2=AD+BD+AE+BE$$

用公式法化简得

$$K1=AC+BD+AD+BC=（AC+BC）+（AD+BD）=C（A+B）+D（A+B）=（A+B）（D+C）$$
$$K2=AD+BD+AE+BE=（AD+AE）+（BD+BE）=A（D+E）+B（D+E）=（A+B）（D+E）$$

从以上两个逻辑表达式绘出其所对应的电路图，在图 4-9（b）所示电路中，分别看接触器 KM1、KM2 线圈所在的电路，都是最佳化电路，但从电路整体来看还不是最简化电路。因为接触器 KM1 和 KM2 的最佳化逻辑表达式中含有相同的因子（A+B），可将相同的因子提取至公共电路上（相当于将图 4-9（b）中点 1 与点 2 连接），则电路可得到进一步化简如图 4-9（c）所示。把图 4-9 的（c）、（b）图与（a）图相比，图 4-9（c）中电路可节省 10 个触头，比图 4-9（b）中电路省 2 个，三者逻辑功能完全相同。由图 4-9（a）电路化简为图 4-9（b）电路采用的是公式法，二者的电路图和逻辑表达式形式不同；而由图 4-9（b）电路化简为图 4-9（c）电路，用的是提取公因式的方法，合并了其相同的触头，它们的逻辑表达式形式完全一样，电路却得到了进一步简化。用合并电路图中功能相同的触头来简化电路的方法，称做电路图化简法。各部分电路共用的触头多，整体电路则省了很多触头。所以，凡是整体电路中有相同的公因子的，就将其公因子提到相应电路的公共部分进行合并。

这里要注意，不完全相同的因子能否合并呢？这要看合并前后电路的逻辑功能是否发生变化，如果合并后逻辑功能发生了变化是不能合并的。

例如，把图 4-9（c）电路中的触头 D 进行合并，相当于将图 4-9（c）中点 3 与点 4 连接后得到图 4-9（d）所示电路。那么，这种"简化"到底对否？只要列出图 4-9（d）电路的逻辑表达式，与图 4-9（c）电路的逻辑表达式进行比较便知。

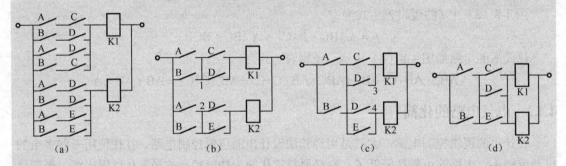

图 4-9 化简前后电路图

$$K1=(A+B)(C+D+E)\neq(A+B)(C+D)$$
$$K2=(A+B)(C+D+E)\neq(A+B)(C+E)$$

不相等，说明"简化"错误。

【例3】 用公式法化简图 4-10（a）所示电路。

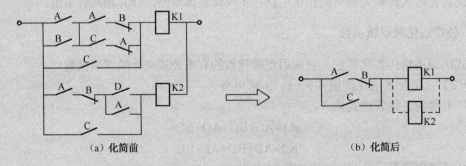

（a）化简前　　　　　　　　　　　　　（b）化简后

图 4-10 化简前后电路

解：列出电路的逻辑表达式，并用公式分别进行化简。

$$K1 = (A+B)\ (AB+C\overline{A}) +C$$
$$= AA\overline{B} + A\overline{A}C + AB\overline{B} + \overline{A}BC + C$$
$$= A\overline{B} + 0 + 0 + C\ (\overline{A}B+1)$$
$$= A\overline{B} + C$$
$$K2 = A\overline{B}\ (A+D) +C$$
$$= AA\overline{B} + A\overline{B}D + C$$
$$= A\overline{B} + A\overline{B}D + C$$
$$= A\overline{B}\ (1+D) +C$$
$$= A\overline{B} + C$$

因为接触器 KM1 与 KM2 的逻辑表达式相同，逻辑功能也相同，其全部触头都可以提到公共线路上，KM1 和 KM2 线圈呈并联形式，如图 4-10（b）所示。若一个接触器的触头数量已够电路使用，则可以省去另一个接触器。图 4-10（a）电路化简为图 4-10（b）电路后，不仅可以省 9 个触头，甚至还可以省一个接触器。

2. 组合电路

电路的工作状态只取决于当时各输入信号取值状态的逻辑电路称为组合电路。电路的工作状态是指电路中各被控电器的取值状态。组合电路的特点：

① 任何情况下，输入信号的任意一组取值状态都能严格地确定电路的一种稳定工作状态，而与输入信号到达的先后顺序及电路原先的工作状态无关，组合电路的函数与变量的状态关系可以用真值表表示。

② 电路的稳定工作状态的持续时间与相应输入信号的持续时间要一致。为了保证电路能保持较长时间的稳定工作状态，输入信号要使用长信号。一般用具有机械保持作用的扳把开关、行程开关等作为信号元件。由于组合电路中函数与变量的状态关系可以用真值表表示，可以根据设计要求做出函数真值表，用代数法或几何法求解并化简逻辑函数，从而设计出符合要求的组合电路。所以组合电路的设计并不难。

4.5　电气控制电路的设计案例

本节重点学习分析设计法，根据机械设备的工艺要求和工作过程，将现有的典型环节加以集聚，然后做适当的补充和修改，并综合成所需要的电气控制电路。要重点掌握设计时应当注意的问题，不要影响控制电路的可靠性和工作性能。

4.5.1　电气控制电路的一般设计方法

电气控制电路的一般设计方法是先设计主电路，后设计控制电路。控制电路的设计方法主要有分析设计法和逻辑设计法，由于设计过程较复杂，所以一般常规设计中都采用分析设计法，这里就分析设计法进行介绍。

分析设计法是根据生产工艺的要求去选择适当的控制环节，或使用过的成熟电路，按各部分的联锁条件组合起来并加以补充和修改，完成满足控制要求的完整电路。有时在找不到现成电路的情况下，可根据控制要求边分析边设计修改，将主令信号经过适当的组合与变换，在一定条件下得到执行元件所需要的工作信号。当然，这种设计方法是以熟练掌握了各种电气控制电路的基本环节和具备一定的阅读与分析电气控制电路的经验为基础，初学者不容易掌握。分析设计法主要存在以下缺点。

① 在发现试画出来的电路达不到要求时，往往通过增加电器元件或触头数量的方法加以解决，所以设计出来的电路往往不一定是最佳电路。

② 当经验不足或考虑不周时往往会发生差错，影响电路的可靠性或工作性能。

下面通过一个设计实例来说明分析设计法的设计过程。

4.5.2 设计案例——往复运动电气控制电路

某生产机械如图 4-11 所示。运动部件由 A 点启动运行到 B 点，撞上行程开关 SQ2 后停止；2 min 后自动返回到 A 点，撞上 SQ1 后停止，2 min 后自动运行到 B 点，停留 2 min 后又返回 A 点，实现往复运动。要求电路具有短路保护、过载保护和欠电压保护。

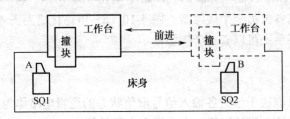

图 4-11　机床工作示意图

1. 初步设计

（1）主电路的设计：要实现往复运动，所以主电路应具备正、反转功能。

（2）控制电路的设计：接触器控制电路中的设备由 A 点启动，电动机正转，KM1 线圈得电。把 SQ2 的常闭触头串入 KM1 常闭辅助触头电路中，当撞上 SQ2 后电动机停止，同时串入 KM2 线圈的互锁点，在 SB2 两端并联 KM1 的常开辅助触头用于自锁。在 SQ2 常开触头后面串入 KT1，当撞上 SQ2 后，时间继电器 KT1 得电，延时 2min 后 KT1 得电延时闭合触头闭合，KM2 得电反转。根据功能可得到图 4-12 所示的草图。

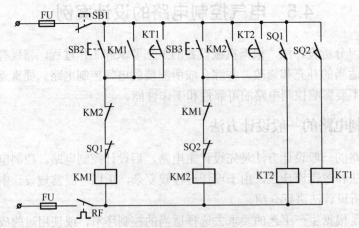

图 4-12　自动往返控制电路草图

2. 完善设计草图

主电路的设计比较简单，所以完善设计草图一般是指控制电路的设计草图。上述草图在控制功能上已达到设计要求，但仔细分析可发现：当运动部件运行到 B 点时撞上 SQ2 或到 A 点撞上 SQ1 时电网停电，若操作人员未拉下电源开关，当电网恢复供电后，该生产机械会自动启动。因为当 SQ1 或 SQ2 受压时，KT2 或 KT1 的线圈通过 FU、SB1、SQ1 或 SQ2 常开触头和 FR 构成回路，延时一段时间后，KM1 或 KM2 线圈得电，这样会造成设备的自行启动，这是不允许的，因此必须对上述电路加以完善和改正，如图 4-13 所示。

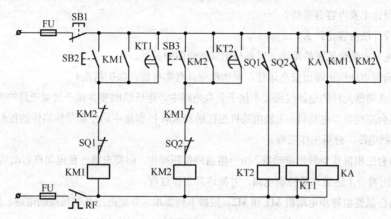

图 4-13　自动往返控制电路图

这个电路在原电路的基础上增加了一个中间继电器 KA。由于 KA 具有失电压保护功能，当电网恢复供电后设备必须重新人工启动，从而提高了系统的安全性。

当然，上述这种现象出现的概率比较小，但作为一名电气电路的设计者要尽量考虑周全，做到万无一失。

3. 校核电气原理图

设计完成后，必须认真进行校核，看其是否满足生产工艺要求，电路是否合理，有无需要进一步简化之处，是否存在寄生电路，电路工作是否安全可靠等。

 本章小结

本章主要叙述了电气控制系统设计的基本内容、一般步骤、基本原则、设计实例和一般规律，重点介绍了电气原理图的设计方法，并且以电动机控制线路作为典型设计实例，全面、详细地介绍了常见电气控制线路的设计方法（如选择控制电源、主电路设计、控制线路的设计、电器元件的选择、正确连接电器的线圈、避免出现寄生电路、保护环节等）。

电气控制电路的逻辑设计，包括电器元件的逻辑表示，逻辑代数的基本逻辑关系及串、并联电路的逻辑表示，电气电路的逻辑表示，逻辑代数的的基本性质，电气电路的化简。

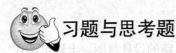 习题与思考题

4-1 简述电气原理图的设计原则。

4-2 简述电气接线图的绘制步骤。

4-3 电力拖动方案要求是什么？

4-4 电气设计任务书是什么？

4-5 常用的短路保护有哪些？

4-6 工艺设计主要内容有哪些？

4-7 分析设计法内容是什么？

4-8 简述电气安装位置图的用途，以及与电气接线图的关系。

4-9 为了确保电动机正常而安全运行，电动机应具有哪些综合保护措施？

4-10 为什么电器元件的电流线圈要串接于负载电路中，电压线圈要并接于被测电路的两端？

4-11 有两台三相异步电动机，主轴电动机由接触器 KM 控制集中启停和单独启停的控制电路，画出符合上述要求的控制电路，分析工作原理。

4-12 有两台三相鼠笼型异步电动机，由一组启停按钮操作，但要求第一台电动机启动后第二台电动机能延时启动。画出符合上述要求的控制电路，并简述其工作过程。

4-13 有两台鼠笼型异步电动机 M1 和 M2，根据下列要求，分别画出其联锁控制电路。分析工作原理。

（1）电动机 M1 运行时，不许电动机 M2 点动；M2 点动时，不许 M1 运行。

（2）启动时，电动机 M1 启动后，M2 才能启动；停止时，M2 停止后，M1 才能停止。

4-14 有三台鼠笼型电动机 M1、M2、M3，按下启动按钮 SB2 后 M1 启动，延时 5s 后 M2 启动，再延时 5s 后 M3 启动。画出继电—接触器控制电路。

4-15 有三台皮带运输机分别由三台三相鼠笼式异步电动机拖动，为了使运输带上不积压运送的材料，要求电动机按顺序启动，即电动机 M1 启动后 M2 才能启动，M2 启动后 M3 才能启动；停止时可以一起停。另外，在试车时，要求三台电动机都能单独启停。画出能实现上述要求的继电—接触器控制电路，分析工作原理。

4-16 设计一个控制电路，要求第一台电动机启动 10s 以后，第二台电动机自动启动，运行 10s 以后，第一台电动机停止转动，同时第三台电动机启动，再运转 15s 后，电动机全部停止。

4-17 有两台三相异步电动机由接触器 KM1 控制，要求控制线路的功能如下，画出控制电路。

（1）两台电动机互不影响地独立操作；

（2）能同时控制两台电动机的启动与停止；

（3）当一台电动机发生过载时，两台电动机均停止工作。

4-18 设计三条带运输机控制电路的生产流水线，将货物从一个地方运送到另一个地方。1#、2#、3# 传送带分别由三台电动机 M1、M2、M3 拖动，并有保护功能，画出控制电路。要求：

（1）启动顺序为 M1、M2、M3，即顺序启动，并要有一定时间间隔，以防止货物在传送带上堆积；

（2）停车顺序为 3#、2#、1#，即逆序停止，以保证停车后传送带上不残存货物；

（3）当 1# 或 2# 故障停车时，3# 能随即停车，避免继续送料，造成货物堆积；

（4）设置保护功能。

第 5 章　PLC 基础知识

5.1　PLC 定义与特点

可编程序控制器简称 PLC，它是在电气控制技术和计算机技术的基础上开发出来的，并逐渐发展成为以微处理器为核心，综合了计算机技术、自动控制技术和通信技术的新型工业自动控制装置。PLC 在机械、冶金、能源、化工、石油、交通、电力等领域应用非常广泛。

1. PLC 的定义

1987 年国际电工委员会（IEC）在颁布的可编程序控制器定义如下："可编程序控制器是一种数字运算操作的电子系统，专为在工业环境下应用而设计。它采用可编程序的存储器，在其内部存储执行逻辑运算、顺序控制、定时、计数和算术运算等操作的指令，并通过数字式和模拟式的输入和输出，控制各种类型的机械设备或生产过程。可编程序控制器及其有关外围设备，都应按易于与工业系统联成一个整体，易于扩充其功能的原则进行设计"。

2. PLC 的特点

（1）可靠性高，抗干扰能力强。这是 PLC 最重要的特点之一。由于 PLC 是专为工业控制而设计的，所以除了对元器件进行筛选外，在软件和硬件上都采用了很多抗干扰的措施，如内部采用屏蔽、优化的开关电源、光耦合隔离、滤波、冗余技术、自诊断故障、自动恢复等功能，采用了由半导体电路组成的电子组件，这些电路充当的软继电器等开关是无触头的，如存储器、触发器的状态转换均无触头，极大地增加了控制系统整体的可靠性。而继电器、接触器等硬器件使用的是机械触头开关，因此两者的可靠程度是无法比拟的。这些措施大大地提高了 PLC 的抗干扰能力和可靠性。

PLC 还采用循环扫描的工作方式，所以能在很大程度上减少软故障的发生。有些高档的 PLC 中，还采用了双 CPU 模块并行工作的方式。即使它的一个 CPU 出现故障，系统也能正常工作，同时还可以修复或更换有故障的 CPU 模块；一般 PLC 的平均无故障工作时间达到几万小时甚至可达几十万小时。

有关统计资料表明：在 PLC 控制系统的故障中，CPU 占 5%，I/O 接口占 5%，输入设备占 45%，输出设备占 30%，电路占 50%。80%的故障属于 PLC 的外部故障。所以 PLC 生产厂家都致力于研制、发展用于检测外部故障的专用智能模块，进一步提高系统的可靠性。

（2）通用性强，使用方便。现在的 PLC 产品都已系列化和模块化了，档次也多，可由各种组件灵活组合成不同的控制系统，以满足不同的控制要求。用户不再需要自己设计和制作硬件装置，只需设计程序。同一台 PLC 只要改变软件即可实现控制不同的对象或不同的控制要求。

（3）程序设计简单，容易理解和掌握。PLC 是一种新型的工业自动化控制装置，它的基本指令不多，常采取与传统的继电器控制原理图相似的梯形图语言，编程器的使用简便；对程序进行增减、修改和运行监视很方便。工程人员学习、使用这种编程语言十分方便，因此对编制程序的步骤和方法容易理解和掌握。

（4）系统设计周期短。PLC 在许多方面以软件编程来取代硬件接线，系统硬件的设计任务仅仅是依据对象的要求配置适当的模块。目前的 PLC 硬、软件较齐全，为模块化积木式结构，大大缩短了整个设计所花费的时间，用 PLC 构成的控制系统比较简单，编程容易，程序调试、修改也很简单方便。

（5）体积小、重量轻。PLC 的各个部件，包括 CPU、电源、I/O 等均采用模块化设计，模块化结构使系统组合灵活方便，系统的功能和规模可根据用户的实际需求自行组合。PLC 一般不需要专门的机房，可以在各种工业环境下直接运行。而且自诊断能力强，能判断和显示出自身故障，方便操作人员检查判断，维修时只需更换插入式模块，维护方便。PLC 本身故障率很低，修改程序和监视运行状态容易，安装使用也方便。

（6）适应性强。对生产工艺改变适应性强，可进行柔性生产。PLC 实质上就是一种类型的工业控制计算机，控制功能是通过软件编程来实现的。当生产工艺发生变化时，改变 PLC 中的程序即可。

5.2 PLC 的基本组成

PLC 及其控制系统是根据继电—接触器系统和计算机控制系统发展而来的，因此 PLC 与这两种控制系统有许多相同或相似之处，PLC 的输入/输出部分与继电—接触器控制系统的大致相同，PLC 的基本组成与一般的微机系统类似，是一种以微处理器为核心、用于控制的特殊计算机。PLC 的基本组成包括硬件与软件两部分。

5.2.1 PLC 的硬件组成

PLC 的硬件包括中央处理器（CPU）、存储器（RAM、ROM）、输入/输出（I/O）接口、编程设备、通信接口、电源和其他一些电路。PLC 的硬件结构框图如图 5-1 所示。

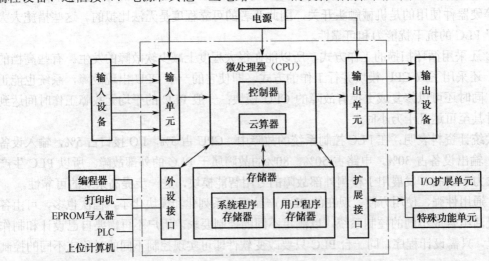

图 5-1 PLC 的硬件结构框图

1. 中央处理器（CPU）

中央处理器是 PLC 的核心部件，整个 PLC 的工作过程都是在中央处理器的统一指挥和协调下进行的，它的主要任务是在系统程序的控制下，完成逻辑运算、数学运算、协调系统内部各部分工作等，然后根据用户所编制的应用程序的要求去处理有关数据，最后再向被控对象送出相应的控制（驱动）信号。

2. 存储器

存储器是 PLC 用来存放系统程序、用户程序、逻辑变量及运算数据的单元。存储器的类型有可读/写操作的随机存储器 RAM 和只读存储器 ROM、PROM、EPROM 和 E²PROM。

3. 输入/输出（I/O）接口

输入/输出接口是 PLC 与工业控制现场各类信号连接的部件。PLC 通过输入接口把工业现场的状态信息读入，输入部件接收的是从开关、按钮、继电器触头和传感器等输入的现场控制信号，通过用户程序的运算与操作，对输入信号进行滤波、隔离、电平转换等，把输入信号的逻辑值准确、可靠地传入 PLC 内部，并将这些信号转换成 CPU 能接收和处理的数字信号，把结果通过输出接口输出给执行机构。

输出接口接收经过 CPU 处理过的数字信号，并把它转换成被控制设备或显示装置能接收的电压或电流信号，从而驱动接触器、电磁阀和指示器件等。

PLC 的输入/输出等效电路如图 5-2 所示。

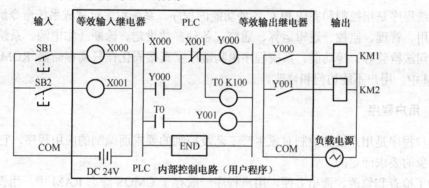

图 5-2 PLC 的输入/输出等效电路

4. 电源模块

电源部件是把交流电转换成直流电的装置，它向 PLC 提供所需要的高质量直流电源。PLC 的电源模块包括各工作单元供电的开关稳压电源和断电保护电源（一般为电池）。PLC 的电源与普通电源相比，其稳定性好、抗干扰能力强。许多 PLC 还向外提供 DC 24V 稳压电源，用于对外部传感器供电。

5. 编程器

编程器是 PLC 必不可少的重要外围设备。它的主要作用是编写、输入、调试用户程序，还可用来在线监视 PLC 的工作状态，与 PLC 进行人机对话。它是开发、应用、维护 PLC 不可缺少的设备。编程器分专用编程器和通用编程器。专用编程器又分简易编程器和智能编程器，通过串行口或并行口与 CPU 模块连接；通用编程器在 PC 上配专用编程软件。

（1）简易编程器

简易编程器带有触摸式小键盘和液晶显示窗，可通过插槽安装（安装式）或通过电缆（手持式）与 CPU 模块连接，为 PLC 专用，必须与 CPU 模块联机使用，一般只能用助记符指令编辑程序，可在线监控程序运行情况，便于现场使用。

（2）智能编程器

智能编程器是一台适用于 PLC 的便携式个人计算机，通过串行通信接口与 CPU 模块连接，智能编程器既可以与 PLC 系统联机使用，用于编程及监控系统运行，又可以作为独立的个人计算机使用。另外，用户可以选用通用的个人计算机，配备有关软件包，通过串行口与 PLC 的 CPU 模块连接或配置有关网卡与 PLC 系统集成，也可以实现智能编程器的全部功能。

6．其他接口

其他接口包括外存储器接口、EPROM 写入器接口、A/D 转换接口、D/A 转换接口、远程通信接口、与计算机相连的接口、打印机接口、与显示器相连的接口等。

5.2.2 PLC 的软件组成

PLC 的软件包括系统程序和用户程序。

1．系统程序

系统程序是指控制和完成 PLC 各种功能的程序。系统程序可完成系统命令解释、功能子程序调用、管理、监控、逻辑运算、通信、各种参数设定、诊断（如电源、系统出错，程序语法、句法检验等）等功能。系统程序由制造厂家直接固化在只读存储器 ROM、PROM 或 EPROM 中，用户不能访问和修改。

2．用户程序

用户程序是用户根据控制对象生产工艺及控制的要求而编制的应用程序，它是根据 PLC 控制对象的要求而定的。

为了检查和修改、读出方便，用户程序一般存于 CMOS 静态 RAM 中，用锂电池作为后备电源，保证了断电时不会丢失信息。当用户程序运行正常，不需要改变时，可将其固化在 EPROM 中。有的 PLC 已直接采用 E^2PROM 作为用户存储器。

用户程序常用的编程语言有 5 种，其中最常用的是梯形图和语句表。

（1）梯形图。梯形图是目前应用非常广、最受技术人员欢迎的一种编程语言。梯形图具有直观、形象、实用的特点，与继电器控制图的设计思路基本一致，很容易由继电器控制电路转化而来。

（2）语句表。语句表是一种与汇编语言类似的编程语言，它采用的是助记符指令，并以程序执行顺序逐句编写成语句表。梯形图和指令表存在一定对应关系。

（3）逻辑符号图。逻辑符号图包括与、或、非及计数器、定时器、触发器等。

（4）功能表图。又称为状态转换图，它的作用是表达一个完整的顺序控制过程，简称 SFC 编程语言。它将一个完整的控制过程分成若干个状态，各状态具有不同动作，状态间有一定的转换条件，条件满足则状态转换，当上一状态结束则下一状态开始。

（5）高级语言。主要是大中型 PLC 采用高级语言来编程，如 C 语言、BASIC 语言等。

5.3　PLC 的工作原理

PLC 的工作原理与计算机的工作原理基本一致，在系统程序的管理下，通过运行应用程序完成用户任务。

5.3.1　扫描工作方式

当 PLC 运行时，有许多操作需要进行，但执行用户程序是它的主要工作，另外还要完成其他工作。它实际上是按照分时操作原理进行工作的，每一时刻执行一个操作，这种分时操作的工作过程称为 CPU 的扫描工作方式。在开机时，CPU 首先使输入暂存器清零，更新编程器的显示内容，更新时钟和特殊辅助继电器内容等。

在执行用户程序前，PLC 还应完成的辅助工作有内部处理、通信服务、自诊断检查。

在内部处理阶段，PLC 检查 CPU 模块内部硬件、I/O 模块配置、停电保持范围设定是否正常，监视定时器复位及完成其他一些内部处理。在通信服务阶段，PLC 要完成数据的接收和发送任务、响应编程器的输入命令、更新显示内容、更新时钟和特殊寄存器内容等工作。还将检测是否有中断请求，若有则做相应中断处理。在自诊断阶段，检测程序语法是否有错、电源和内部硬件是否正常等，检测存储器、CPU 及 I/O 部件状态是否正常。当出现有错或异常时，CPU 能根据错误类型和程度发出出错提示信号，并进行相应的出错处理，使 PLC 停止扫描或只能做内部处理、自诊断、通信处理。

PLC 采用循环扫描工作方式。为了连续完成 PLC 所承担的扫描工作，系统必须依一定的顺序完成循环扫描工作，每重复一次的时间称为一个扫描周期。由于 PLC 的扫描速度很快，输入扫描和输出刷新的周期通常为 3ms，而程序执行时间根据程序的长度不同而不同。PLC 一个扫描周期通常为 10～100 ms，对一般工业被控对象来说，扫描过程几乎是与输入同时完成的。PLC 的循环扫描工作过程如图 5-3 所示。

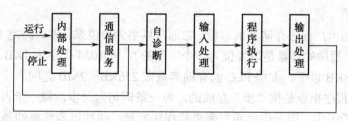

图 5-3　PLC 的循环扫描工作过程

5.3.2　工作过程

PLC 的工作过程一般可分为三个阶段：输入采样阶段、程序执行阶段和输出处理阶段。

（1）输入采样阶段。PLC 以扫描工作方式按顺序将所有输入端的输入状态采样，读入到寄存器中存储，这一过程称为采样。在本工作周期内，这个采样结果的内容不会改变，而且这个采样结果将在 PLC 执行程序时被使用。

（2）程序执行阶段。PLC 按顺序进行扫描，即从上到下、从左到右地逐条扫描各指令，直到扫描到最后一条指令，并分别从输入映像寄存器和输出映像寄存器中获得所需的数据进行逻辑运算和算术运算，运算结果存入相应的输出映像寄存器中。但这个结果在全部程序未执行完毕之前不会送到输出端口上。程序执行阶段的特点是依次顺序执行指令。

（3）输出处理阶段。输出处理阶段也称做输出刷新阶段。在执行完所有用户程序后，PLC将输出映像寄存器中的内容送入到寄存输出状态的输出锁存器中，再送到外部去驱动接触器、电磁阀和指示灯等负载，这时输出锁存器的内容要等到下一个扫描周期的输出阶段到来才会被刷新。这三个阶段也是分时完成的。

值得注意的是，PLC 在一个扫描周期中，输入采样工作只在输入处理阶段进行，对全部输入端扫描一遍并记下它们的状态后，即进入程序处理阶段，这时不管输入端的状态做何改变，输入状态表不会变化，直到下一个循环的输入处理阶段才根据当时扫描到的状态予以刷新。这种集中采样、集中输出的工作方式使 PLC 在运行中的绝大部分时间实质上和外部设备是隔离的，这就从根本上提高了 PLC 的抗干扰能力和可靠性。

5.4　PLC 的性能指标

在对 PLC 性能进行描述时，经常用到位、数字、字节及字等术语。

位指二进制的一位，仅有 0、1 两种取值。一个位对应 PLC 的一个继电器，某位的状态为 0 或 1，分别对应继电器线圈的断电或通电。

4 位二进制数构成一个数字，这个数字可以是 0000~1001（十进制），也可以是 0000~1111（十六进制）。

2 个数字或 8 位二进制数构成一个字节。2 个字节构成一个字。在 PLC 术语中，字称为通道。一个字含 16 位，或者说一个通道含 16 个继电器。

PLC 的性能指标是指 PLC 所具有的技术能力，现介绍基本性能指标如下。

（1）编程语言种类

不同厂家的 PLC 编程语言不同，互相不兼容，而且可能拥有其中一种、两种或全部的编程方法。编程指令种类及条数越多，其功能就越强，即处理能力和控制能力也就越强。

（2）存储容量

存储容量是指用户程序存储器的容量，它通常以字为单位来计算。约定 16 位二进制数为一个字（注意：一般微处理器是以 8 位为一个字节的），每 1024 个字为 1KB。中小型 PLC 的存储容量一般在 8KB 以下，大型 PLC 的存储容量在 256KB~2MB 之间。

在 PLC 中，程序指令是按"步"存放的，每一条语句为一步，每一步占用两个字。而复杂的指令往往有若干步，因而用"步"来表示程序容量，往往以最简单的基本指令为单位，称为多少基本指令（步）。

若用字节表示，则一般小型机内存为 1KB 到几 KB，中型机为几 KB 至几百 KB，大型机为几百 KB 至 2MB。

（3）输入/输出（I/O）总点数

PLC 的输入/输出信号的最大数量表示 PLC 的最大规模。输入/输出点数越多，外部可接入的器件和输出的器件就越多，控制规模就越大。因此，I/O 点数是衡量 PLC 性能的重要指标之一。

PLC 的输入/输出量有开关量和模拟量两种。对于开关量，I/O 单元采用最大的 I/O 点数来表示；对于模拟量，I/O 单元采用最大的 I/O 通道数来表示。

（4）扫描速度

PLC 的扫描速度是指 PLC 执行程序的速度，是衡量 PLC 性能的重要指标，一般以执行 1KB 指令所需的时间来表示扫描速度，以 ms/KB 为单位。

（5）PLC 内部继电器的种类

PLC 内部继电器的种类很多，如输入继电器、输出继电器、辅助继电器、定时器、计数器、特殊继电器、数据寄存器、状态继电器等。

（6）扩展能力

PLC 的扩展能力包括以下两个方面：

① 大部分 PLC 用输入/输出扩展单元进行输入/输出点数的扩展；

② 用各种功能模块进行功能的扩展。

（7）工作环境

工作环境的温度为 0～50℃，湿度小于 85%。

（8）其他

① 自诊断功能、通信联网功能、监控功能、特殊功能模块、远程 I/O 能力等。

② 输入/输出方式，某些主要硬件（如 CPU、存储器）的型号等。

③ 智能单元的数量。

5.5　PLC 的分类

PLC 的种类很多，其功能、内存容量、控制规模、外形等方面差异较大，因此 PLC 的分类标准也不统一，但仍可按其 I/O 点数、结构形式、实现功能进行大致的分类。

1. 按输入/输出点数分类

（1）超小型 PLC。输入/输出点数在 64 点以下为超小型或微型 PLC，输入/输出的信号是开关量信号，实现功能以逻辑运算为主，并有计时和计数功能。结构紧凑，为整体结构。用户程序容量通常为 1～2KB。小型 PLC 由整体结构向小型模块化结构发展，使配置更加灵活，为了市场需要已开发了各种简易、经济的超小型微型 PLC，最小配置的 I/O 点数为 8～16，适应单机及小型自动控制的需要。

（2）小型 PLC。小于 256 点大于 64 点的为小型 PLC，其输入/输出点数在 64～256 之间，用户程序存储器容量为 2～4KB。其特点是体积小，结构紧凑，整个硬件融为一体，除了开关量 I/O 以外，还可以连接模拟量 I/O 及其他各种特殊功能模块。它能执行包括逻辑运算、计时、计数、算术运算、数据处理和传送、通信联网及各种应用指令。

（3）中型 PLC。中型 PLC 的输入/输出点数在 256～512 之间，兼有开关量和模拟量输入/输出，用户程序存储器容量一般为 2～8KB。I/O 的处理方式除了采用一般 PLC 通用的扫描处理方式外，还能在扫描用户程序的过程中，直接读输入，刷新输出。它可以连接各种特殊功能模块，控制功能和通信联网功能更强，指令系统更丰富，扫描速度更快，内存容量更大等。一般采用模块式结构形式。

（4）大型 PLC。大型 PLC 的输入/输出点数在 512～8192 之间，用户程序存储器容量达 8～64KB。控制功能更完善，自诊断功能强，通信联网功能强，有各种通信联网的模块，可以构成三级通信网，实现工厂生产管理自动化。大型 PLC 还可以采用三个 CPU 构成表决式系统，使机器的可靠性更高。

（5）超大型 PLC。超大型 PLC 的输入/输出点数在 8192 以上，用户程序存储器容量大于 64 KB。目前已有 I/O 点数达 14336 点的超大型 PLC，使用 32 位微处理器，多 CPU 并行工作和大容量存储器，功能很强大，采用模块式结构。

2. 按结构形式分类

按 PLC 的结构形式分类，通常可分为整体式和模块式两种。

（1）整体式。将电源、CPU、存储器、I/O 接口安装在同一机体内，具有结构紧凑、体积小、重量轻、价格低等优点。由于主机 I/O 点数固定，所以灵活性较差。一般小型 PLC 常采用这种结构。

（2）模块式。将 PLC 各部分分成若干个单独的模块，如电源模块、CPU 模块、输入模块、输出模块等，这种结构的特点是硬件上具有较高的灵活性，装配方便，便于扩展。用户可根据需要选配不同模块组成一个系统，构成不同控制规模和功能的 PLC，一般中型和大型 PLC 常采用这种结构。这种结构较复杂，造价较高。

3. 按实现的功能分类

按照 PLC 所能实现的功能的不同，可大致分为低档机、中档机、高档机三种。

（1）低档机。具有逻辑运算、定时、计数、移位、自诊断、监控等基本功能，低档机以逻辑运算为主，可实现逻辑、顺序、移位、计时、计数控制等功能。

（2）中档机。除具有低档机的功能外，还具有较强的模拟量输入/输出、算术运算、数据传送、比较、通信、子程序、远程 I/O、中断处理等功能。可完成既有开关量又有模拟量控制的任务。可用于复杂的逻辑运算及闭环控制场合。

（3）高档机。具有更强的数字处理能力，除具有中档机的功能外，增设带符号算术运算、位逻辑运算、矩阵运算、平方根运算及函数、表格、CRT 显示、打印等功能。高档机具有更强的通信联网功能，使运算能力更强，还具有模拟调节、联网通信、监视、记录和打印等功能，使 PLC 能进行智能控制、远程控制，可用于大规模过程控制系统，与其他计算机构成分布式生产过程综合控制管理系统，成为整个工厂的自动化网络。

5.6 PLC 的控制情况

PLC 广泛应用于石油、化工、钢铁、电力、建材、机械、汽车、轻纺、交通运输、环保及文化娱乐等各个行业，控制情况可归纳为过程控制、运动控制、开关量的逻辑控制、模拟量控制、数据处理、通信及联网等。

1. 过程控制

过程控制主要用于温度、压力、流量等模拟量的闭环控制。作为工业控制计算机，PLC 能编制各种各样的控制程序，完成闭环控制。PID 调节通常是闭环控制系统中用得较多的调节方法。大中型 PLC 都有 PID 模块，许多小型 PLC 也具有此功能模块。PID 处理一般是运行专用的 PID 子程序。过程控制在石油、石化、冶金、热处理、锅炉控制等场合得到广泛的应用。

2. 运动控制

PLC 可用于直线运动或圆周运动的控制。早期控制直接用于开关量 I/O 模块连接位置传感器和执行机构,现在通常采用专用的运动控制模块,可驱动步进电动机或伺服电动机的单轴或多轴位置控制模块。PLC 厂家的产品几乎都有运动控制功能,广泛用于各种机械、机床、机器人、电梯等场合。

5.7　PLC 的市场情况

2006 年中国 PLC 市场规模为 44.3 亿元,到 2010 年中国 PLC 市场规模达到了 68.4 亿元,相比 2009 年 53.9 亿元的市场规模,同比增长 26.7%。2006～2010 年 PLC 市场规模的复合增长率为 9.08%。随着"十二五"提升装备自动化的提出,PLC 市场处于持续增长状态,到 2013 年市场规模达到 90 亿元,2014 年 PLC 整体市场规模同比 2013 年增长 5.6%,2015 年 PLC 整体市场规模同比 2014 年增长 4.8%。其中西门子凭借其在 PLC 全线产品的优异表现,占据市场首位,三菱和罗克韦尔则分别凭借其在 OEM 市场和大型 PLC 市场的传统优势,分列市场第二、三位。欧姆龙依靠其高性价比产品及在中国市场的渠道优势,实现了 6.4% 的正增长,排在第四,Schneider 位居第五。台达也依靠其产品的经济性,深挖 OEM 市场,以其一直以 PLC 和变频器、HMI、伺服业务的互相配合的产品及解决方案式销售特色,创造了增长率 6.1% 的成绩,位居第六。PLC 市场规模见表 5-1。

表 5-1　PLC 市场规模

2006～2015 (年)	市场规模 (百万)	增长率
2006	4430	13.6%
2007	5000	12.9%
2008	5380	7.6%
2009	5392	0.2%
2010	6833	26.7%
2011	7822	14.5%
2012	8260	9.6%
2013	9025	9.3%
2014	9552	5.6%
2015	10010	4.8%

在未来五年内,中国 PLC 市场的综合年增长率预计将达到 14.1%。PLC 中国市场预期以 12.4% 的年复合增长率增长。

5.8　PLC 的发展趋势

（1）PLC 的扩展

随着 PLC 性价比的不断提高,其应用领域不断扩大。PLC 的应用范围已从传统的产业设备和机械的自动控制，扩展到具体应用领域，如中小型过程控制系统、远程维护服务系统、节能监视控制系统，以及与生活相关联的机器、与环境关联的机器，而且有急速上升的趋势。尤其是随着 PLC 和 DCS 相互渗透，两者的界限日趋模糊，PLC 有从传统的应用于离散的制造业向连续的流程工业扩展的趋势。

（2）PLC 在自动化领域的发展趋势

PLC 在工业自动化控制领域是一种很可靠、实用、耐用、高效、物美价廉的工具。随着计算机技术的不断发展，传感器的不断智能化，PLC 在今后的工业自动化控制领域将起到很有效的作用。

PLC 的未来发展不仅取决于产品本身的发展，还取决于 PLC 与其他控制系统和工厂管理设备的集成化。PLC 被集成到计算机集成制造系统（CIMS）中，把它的功能和资源与数控技术、机器人技术、CAD/CAM 技术、个人计算机系统、管理信息系统及分层软件系统结合起来。

PLC 的新技术包括：更好的操作界面、图形用户界面、人机界面，设备与硬件和软件的接口，支持人工智能化等。软件进展将使 PLC 采用广泛使用的通信标准与不同设备连接。在工厂的未来自动化发展中，PLC 将占据重要的地位，控制策略将被智能地分布开来，而不是集中起来，超级 PLC 将在需要复杂运算、网络通信和对小型 PLC 和机器控制的监控的应用中得到使用。

5.9 使用 PLC 应注意的问题

1．工作情况

（1）温度。PLC 要求工作温度在 0～55℃之间，安装时不能放在发热量大的元件下面，四周透风散热的空间应足够大。

（2）湿度。为了保证 PLC 的绝缘性能，空气的相对湿度应小于 85%（无凝露）。

（3）振动。应使 PLC 远离强烈的振动源，避免振动频率为 10～55Hz 的频繁或连续振动。当使用情况不可避免振动时，必须采用减振措施，如采用减振胶等。

（4）空气。避免有侵蚀和易燃的气体，如氯化氢、硫化氢等。对于空气中有较多粉尘或侵蚀性气体的环境，可将 PLC 安装在封闭性较好的控制室或控制柜中，并安装空气净化装置。

（5）电源。PLC 供电电源为 50Hz、220（1±10%）V 的交流电，对于电源线带来的干扰，PLC 自己具有足够的抵制能力。对于可靠性要求很高的场所或电源干扰极其严重的情况，可以安装一台带屏蔽层的变比为 1∶1 的隔离变压器，以减少设备与地之间的干扰。

2．安装与布线

（1）动力线、控制线和 PLC 的电源线和 I/O 线应分别配线，隔离变压器与 PLC 和 I/O 之间应采用双胶线连接。

（2）PLC 应远离强干扰源，如电焊机、大功率硅整流装置和动力设备，不能与高压电器安装在同一个开关柜内。

（3）PLC 的输入与输出最好分开走线，接地电阻应小于屏障层电阻的 1/10。

（4）交流输出线和直流输出线不要用同一根电缆，输出线应尽量远离高压线和动力线，避免并行。

3. PLC 的接地

良好的接地是保证 PLC 可靠工作的重要条件，可以避免偶然发生的电压冲击危害。PLC 的接地线与机器的接地端相接，接地线的截面积应不小于 $2mm^2$，接地电阻不小于 100Ω；若要用扩展单元，其接地点应与基本单元的接地点接在一起。为了抑制加在电源及输入端、输出端的干扰，应给 PLC 接上专用地线，接地点应与动力设备的接地点分开；若达不到这种要求，也必须做到与其他设备公共接地，制止与其他设备串联接地。接地点应尽量靠近 PLC。

 本章小结

本章主要介绍 PLC 的基础知识，包括定义、特点、基本组成、工作原理、性能指标和分类。最后对 PLC 的控制情况、市场情况和未来发展方向进行了概述。

可编程序控制器是一种新型的工业控制专用计算机，其特点是利用计算机对工业设备直接进行电气控制，产品种类层出不穷，但它们都具有相同的工作原理和工作过程，使用方法也大同小异。

PLC 是计算机技术与继电—接触器控制技术相结合的产物。它专为在工业环境下应用而设计，可靠性高，使用方便，应用广泛。是一种以微处理器为核心、用于控制的特殊计算机。PLC 的主要组成部件有中央处理器（CPU）、存储器、输入/输出（I/O）接口和电源等。

PLC 的工作原理与计算机的工作原理基本是一致的，在系统程序的管理下，PLC 采用集中采样、集中输出，按顺序循环扫描用户程序的方式工作。通过运行应用程序完成用户任务。PLC 的工作过程分为输入采样阶段、程序执行阶段、输出处理阶段三个阶段。

可编程序控制器的分类及性能指标：按性能指标分类有编程语言种类、存储容量、输入/输出（I/O）总点数、扫描速度、内部继电器的种类、扩展能力、工作环境等；按输入/输出点数分类有超小型 PLC、小型 PLC、中型 PLC、大型 PL、超大型 PLC；按构形式分类有整体式、模块式；按实现的功能分类有低档机、中档机、高档机。

习题与思考题

5-1　PLC 定义是什么？

5-2　PLC 的基本结构有哪些？

5-3　PLC 具有哪些功能？

5-4　PLC 内部继电器有哪些？

5-5　PLC 的主要特点有哪些？

5-6　PLC 可以应用在哪些领域？

5-7　PLC 的系统程序有哪三种类型？

5-8　内部辅助继电器的作用是什么？

5-9　PLC 微处理器主要任务是什么？

5-10　PLC 的程序是用什么方式表达的？

5-11　PLC 的分类方法有几种？如何分类？

5-12　PLC 有哪些主要功能？适用于什么场合？

5-13　PLC 常用的编程语言有哪些？各有什么特点？

5-14　整体式、模块式 PLC 一般应用于什么场合？

5-15　PLC 基本单元由哪几部分组成？各部分起什么作用？

5-16　与继电器控制系统相比，可编程序控制器有哪些优点？

5-17　与一般的计算机控制系统相比，可编程序控制器有哪些优点？

第6章　三菱 FX 系列 PLC

6.1　三菱 FX 系列 PLC 简介

PLC 的种类和规格很多，不同厂家生产的 PLC 的结构功能不尽相同，但它们的基本结构与工作原理大体相同。三菱公司是 PLC 的主要生产厂家之一，先后推出的 F_1、F_2、FX_2、FX_{1S}、FX_{2N}、FX_{2NC} 等系列 PLC 都是小型整体式结构，重量轻，具有很强的抗干扰能力和负载能力及优良的性价比，在我国应用较广泛。FX 系列 PLC 由基本单元、扩展单元和特殊单元组成。每台 PLC 都有基本单元，使用扩展单元可以增加 I/O 点数，使用特殊单元可以增加控制功能。

本章将介绍三菱 FX_{0S}、FX_{1S}、FX_{0N}、FX_{1N}、FX_{2N}、FX_{2NC} 等系列 PLC 的内部继电器、编号和性能等。图 6-1 是三菱 FX_{2N}-48MR 的输入、输出端子编号。

⏚	•	COM	COM	X0	X2	X4	X6	•	•	X10	X12	X14	X16	•	•	X20	X22	X24	X26	•
L	N	•	•	X1	X3	X5	X7	•	•	X11	X13	X15	X17	•	•	X21	X23	X25	X27	

（a）输入端子编号

Y0	Y2	•	Y4	Y6	•	•	Y10	Y12	•	Y14	Y16	•	•	Y20	Y22	Y24	Y26	•
COM1	Y1	Y3	COM2	Y5	Y7	•	COM3	Y11	Y13	COM4	Y15	Y17	•	COM5	Y21	Y23	Y25	Y27

（b）输出端子编号

图 6-1　三菱 FX_{2N}-48MR 输入、输出端子编号

为了满足用户不同的控制要求，FX 系列 PLC 有多种型号规格，其表示方法如下。

FX □□ - □　□　□　□
　　①　　 ②　③　④　⑤

① 系列名，如 0S、1S、0N、1N、2N、2NC 等。

② 输入/输出（I/O）点数。

③ 单元类型：M 为基本单元；E 为输入/输出混合扩展单元；EX 为扩展输入模块；EY 为扩展输出模块。

④ 输出方式：R 为继电器输出；S 为晶闸管输出；T 为晶体管输出。

⑤ 特殊品种：D 为 DC 电源，24V 直流输出；E 为 220/240V 交流电源；A 为 AC 电源，AC（AC 100～120V）输入或 AC 输出模块；H 为大电流输出扩展模块；V 为立式端子排的扩展模块；C 为接插口输入/输出方式；F 为输入滤波时间常数为 1ms 的扩展模块。

6.2　FX 系列 PLC 的内部继电器

6.2.1　输入/输出点数

1. FX$_{1S}$ 系列 PLC

FX$_{1S}$ 系列 PLC 是用于小规模系统的超小型 PLC，它只有 10～30 个 I/O 点，而且不能扩展，使用的电源有交流和直流两种。FX$_{1S}$ 系列 PLC 的输入/输出点数见表 6-1。

表 6-1　FX$_{1S}$ 系列 PLC 的输入/输出点数

AC 电源，24V 直流输入		DC 电源，24V 直流输入		输入点数	输出点数
继电器输出	晶体管输出	继电器输出	晶体管输出		
FX$_{1S}$-10MR	FX$_{1S}$-10MT	FX$_{1S}$-10MR	FX$_{1S}$-10MT	6	4
FX$_{1S}$-14MR	FX$_{1S}$-14MT	FX$_{1S}$-14MR	FX$_{1S}$-14MT	8	6
FX$_{1S}$-20MR	FX$_{1S}$-20MT	FX$_{1S}$-20MR	FX$_{1S}$-20MT	12	8
FX$_{1S}$-30MR	FX$_{1S}$-30MT	FX$_{1S}$-30MR	FX$_{1S}$-30MT	16	14

2. FX$_{1N}$ 系列 PLC

FX$_{1N}$ 系列 PLC 是用于小规模系统的超小型 PLC，它最大可构成 I/O 点数为 128，能扩展，使用的电源有交流和直流两种。FX$_{1N}$ 系列 PLC 的输入/输出点数见表 6-2。

表 6-2　FX$_{1N}$ 系列 PLC 输入/输出接点数

类型	AC 电源，24V 直流输入		DC 电源，24V 直流输入		输入点数	输出点数
	继电器输出	晶体管输出	继电器输出	晶体管输出		
基本单元	FX$_{1N}$-24MR	FX$_{1N}$-24MT	FX$_{1N}$-24MR	FX$_{1N}$-24MT	14	10
	FX$_{1N}$-40MR	FX$_{1N}$-40MT	FX$_{1N}$-40MR	FX$_{1N}$-40MT	24	16
	FX$_{1N}$-60MR	FX$_{1N}$-60MT	FX$_{1N}$-60MR	FX$_{1N}$-60MT	36	24
扩展单元	FX$_{0N}$-40ER AC（100～240V）				24	16
扩展模块	FX$_{0N}$-8EX（无）				8	
	FX$_{0N}$-8EYR（无）					8
	FX$_{0N}$-8EYT（无）					8

3. FX$_{2N}$ 系列 PLC

FX$_{2N}$ 系列 PLC 是用于小规模系统的小型 PLC，是 FX 系列中功能最强、运行速度最快的机型，用户存储器容量可扩展到 16 KB，I/O 点数最大可扩展到 256。

FX$_{2N}$ 内设时钟、时钟数据比较、加减、读出/写入等指令，可用于时间控制。

FX$_{2N}$ 还有矩阵输入、10 键输入、16 键输入、数字开关、方向开关、7 段显示器扫描显示等指令。

FX$_{2NC}$ 的性能指标与 FX$_{2N}$ 基本相同，FX$_{2NC}$ 的基本单元 I/O 点为 16/32/64/96，所不同的是 FX$_{2NC}$ 采用插件式输入/输出，用扁平电缆连接，体积更小。

FX$_{2N}$ 系列 PLC 的输入/输出点数见表 6-3。

表 6-3　FX$_{2N}$ 系列 PLC 输入/输出点数

型　　号			输 入 点 数	输 出 点 数	扩展模块
继电器输出	晶体管输出	可控硅输出			可用点数
FX$_{2N}$-16MR	FX$_{2N}$-16MT	FX$_{2N}$-16MS	X0～X7, 8 点	Y0～Y7, 8 点	24～32
FX$_{2N}$-32MR	FX$_{2N}$-32MT	FX$_{2N}$-32MS	X0～X17, 16 点	Y0～Y17, 16 点	24～32
FX$_{2N}$-48MR	FX$_{2N}$-48MT	FX$_{2N}$-48MS	X0～X27, 24 点	Y0～Y27, 24 点	48～64
FX$_{2N}$-64MR	FX$_{2N}$-64MT	FX$_{2N}$-64MS	X0～X37, 32 点	Y0～Y37, 32 点	48～64
FX$_{2N}$-80MR	FX$_{2N}$-80MT	FX$_{2N}$-80MS	X0～X47, 40 点	Y0～Y47, 40 点	48～64
FX$_{2N}$-128MR	FX$_{2N}$-128MT		X0～X77, 64 点	Y0～Y77, 64 点	48～64
带扩展：输入、输出合计 256 点			X0～X267, 184 点	Y0～Y267, 184 点	48～64

6.2.2　FX 系列 PLC 的性能

1. FX$_{0S}$、FX$_{1S}$ 系列 PLC 的性能

内置开关 RUN/STOP，内置用于调整定时器设定时间的模拟电位器（其中 FX$_{0N}$ 1 个、FX$_{1S}$ 2 个），FX$_{1S}$ 系列 PLC 内设时钟功能，可进行时间控制，如果装上显示模块，还可进行时间显示与设定。

FX$_{1S}$ 系列 PLC 还可选用 FX$_{1N}$ 系列的各种功能扩展板，具有计算机通信功能。

FX$_{0S}$、FX$_{1S}$ 系列 PLC 的性能见表 6-4。

表 6-4　FX$_{0S}$、FX$_{1S}$ 系列 PLC 的性能

项　　目	性　　能	FX$_{0S}$	FX$_{1S}$
用户存储器	程序存储容量	800 步（EEPROM）	2000 步（EEPROM）
	可选存储器	FX1N_EEPROM_8L（2K）	
指令种类	基本指令	20	27
	步进指令	2	2
	功能指令	35 种 50 条	85 种 167 条
运算速度	基本指令	1.6～3.6μs	0.55～0.7μs
	功能指令	几十 μs～几百 us	几十 μs～几百μs

2. FX$_{0N}$、FX$_{1N}$ 系列 PLC 的性能

FX$_{1N}$ 可兼用 FX$_{0N}$ 所有特殊模块与外围设备，可通过 RS-232C/422/485 接口与外部设备实现通信，装有 8 个选件板，通过模块可进行时间显示与设定。

FX$_{0N}$、FX$_{1N}$ 系列 PLC 的性能见表 6-5。

表 6-5　FX_{0N}、FX_{1N} 系列 PLC 的性能

项　目	性　能	FX_{0N}	FX_{1N}
用户存储器	程序存储容量	2K 步（EEPROM）	8K 步（EEPROM）
	可选存储器	FX-EEPROM-4（4K） FX-EEPROM-8（8K） FX-EPROM-8　（8K）	FX1N-EEPROM-8L
指令种类	基本指令	20	27
	步进指令	2	2
	功能指令	36 种 51 条	89 种 187 条
运算速度	基本指令	1.6～3.6 μs	0.55～0.7μs
	功能指令	几十 μs～几百 μs	几十μs～几百μs

3.　FX_{2N}、FX_{2NC} 系列 PLC 的性能

FX_{2N} 有多种模拟量输入/输出模块、位置控制模块、高速计数器模块、串行通信模块、脉冲输出模块或功能扩展板、模拟定时器扩展板等。使用这些特殊功能模块和功能扩展板可以进行模拟量控制、位置控制和联网通信等功能。

FX_{2N}、FX_{2NC} 系列 PLC 特殊功能模块说明见表 6-6。

表 6-6　FX_{2N}、FX_{2NC} 系列 PLC 特殊功能模块

型　号	功 能 说 明
FX_{2N}-4AD	4 通道 12 位模拟量输入模块
FX_{2N}-4AD-PT	供 PT-100 温度传感器用的 4 通道 12 位模拟量输入
FX_{2N}-4AD-TC	供热电偶温度传感器用的 4 通道 12 位模拟量输入
FX_{2N}-4DA	4 通道 12 位模拟量输出模块
FX_{2N}-3A	2 通道输入、1 通道输出的 8 位模拟量模块
FX_{2N}-1HC	2 相 50Hz 的 1 通道高速计数器
FX_{2N}-1PG	脉冲输出模块
FX_{2N}-10GM	有 4 点通用输入、6 点通用输出的 1 轴定位单元
FX-20GM 和 E-20GM	2 轴定位单元，内置 EEPROM
FX_{2N}-1RM-SET	可编程凸轮控制单元
FX_{2N}-232-BD	RS-232C 通信用功能扩展板
FX_{2N}-232IF	RS-232C 通信用功能模块
FX_{2N}-422-BD	RS-422 通信用功能扩展板
FX-485PC-IF-SET	RS-232C/485 变换接口
FX_{2N}-485-BD	RS-485C 通信用功能扩展板
FX-16NP/NT	MELSECNET/MINI 接口模块
FX_{2N}-8AV-BD	模拟量设定功能扩展板

FX_{2N} 有 3000 多点辅助继电器、1000 点状态寄存器、200 多点定时器、200 点 16 位加计

数器、35 点 32 位加/减计数器、8000 多点 16 位数据寄存器、128 点跳步指针、15 点中断指针。有 128 种功能指令，具有中断输入处理、修改输入滤波器常数、数学运算、浮点数运算、数据检索、数据排序、PID 运算、开平方、三角函数运算、脉冲输出、脉宽调制、ASCⅡ 码输出、串行数据传送、校验码、比较触头等功能指令。

6.2.3 输入/输出方式

1. 输入方式

PLC 的输入方式按输入电路电流来分有直流输入、交流输入、交/直流输入三种。直流输入接口电路如图 6-2 所示，直流电源由 PLC 内部提供，交流输入接口电路如图 6-3 所示，交/直流输入接口电路如图 6-4 所示。图 6-2、图 6-3、图 6-4 的输入信号经过光耦合器的隔离，提高了 PLC 的抗干扰能力。

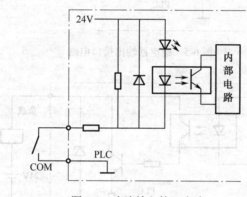

图 6-2　直流输入接口电路

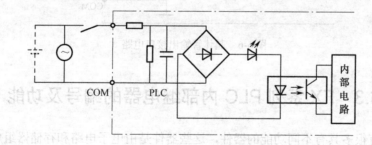

图 6-3　交流输入接口电路

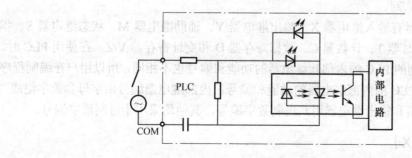

图 6-4　交/直流输入接口电路

2. 输出方式

PLC 的输出方式按负载使用的电源来分有直流输出、交流输出和交/直流输出三种方式。按输出开关器件的种类来分有继电器、晶体管和晶闸管三种输出方式。继电器输出接口电路如图 6-5 所示，晶体管输出接口电路如图 6-6 所示。

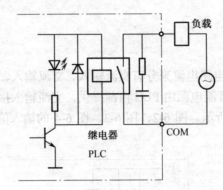

图 6-5　继电器输出接口电路

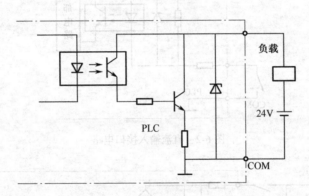

图 6-6　晶体管输出接口电路

6.3　FX 系列 PLC 内部继电器的编号及功能

PLC 内部有很多具有不同功能的器件，这些器件是由电子电路和存储器组成的，通常称为软组件或软元件。可将各个软组件理解为各个不同功能的内存单元，对这些单元的操作就相当于对内存单元的读/写。

PLC 的内部继电器有输入继电器 X、输出继电器 Y、辅助继电器 M、状态继电器 S、指针 P/I、常数 K/H、定时器 T、计数器 C、数据寄存器 D 和变址寄存器 V/Z。在使用 PLC 时，因不同厂家、不同系列的 PLC 的内部软继电器的功能和编号也不相同，所以用户在编制程序时，必须熟悉所选用 PLC 的内部继电器的功能和编号。内部继电器编号由字母和数字组成。

注意：输入继电器和输出继电器用八进制数字编号，其他均采用十进制数字编号。

1. 输入继电器（X）

输入继电器用来接收用户输入设备发来的输入信号，它的代表符号是"X"。一个输入继电器就是一个一位的只读存储器单元，它有两种状态：当外接的开关闭合时为 ON 状态，当开关断开时为 OFF 状态。在使用中，既可以用输入继电器的常开触头，也可以用输入继电器的常闭触头。但在程序中绝对不可能出现输入继电器的线圈，只能出现输入继电器的触头。每个输入继电器的常开与常闭触头可以反复使用，使用次数不受限制。

输入继电器线圈由外部输入信号来驱动，只有当外部信号接通时，对应的输入继电器才得电，不能用程序来驱动。输入继电器的状态用程序是无法改变的。

输入继电器的基本单元编号是固定不变的，扩展单元和扩展模块也是从与基本单元最靠近的顺序开始编号的。

FX 系列 PLC 的输入继电器以八进制数进行编号，编号范围：X000～X007、X010～X017、X020～X027、X030～X037、X040～X047 等。

2. 输出继电器（Y）

输出继电器用来将 PLC 内部信号输出传送给外部负载，它的代表符号是"Y"。一个输出继电器就是一个一位的可读/写的存储器单元，在读取时既可以用输出继电器的常开触头，也可以用输出继电器的常闭触头，可以无限次读取和写入，其断开或闭合受到程序的控制。每个输出继电器，不管是常开还是常闭触头都可以反复使用，使用次数不受限制。

输出继电器线圈由 PLC 内部程序来驱动，其线圈状态传送给输出单元，再由输出单元对应的硬接点来驱动外部负载。

输出继电器与输入继电器一样，基本单元的输出继电器编号也是固定的，扩展单元和扩展模块的编号还是按与基本单元最靠近的顺序开始编号。

FX 系列 PLC 的输出继电器以八进制数进行编号，编号范围：Y000～Y007、Y010～Y017、Y020～Y027、Y030～Y037、Y040～Y047 等。

3. 辅助继电器（M）

辅助继电器是 PLC 中数量最多的一种继电器，它的代表符号是"M"，其作用相当于继电器控制系统中的中间继电器，可以由其他各种软组件驱动，也可以驱动其他软组件。辅助继电器有常开和常闭两种触头，只有 ON 和 OFF 两种状态，触头的使用和输入继电器类似，在 ON 状态下，常开触头闭合，常闭触头断开；在 OFF 状态下，常开触头断开，常闭触头闭合。

辅助继电器没有输出触头，线圈由程序指令驱动，每个辅助继电器都有无限多对常开、常闭触头，触头不能直接驱动外部负载，外部负载只能由输出继电器驱动。

FX 系列 PLC 的辅助继电器有通用辅助继电器、保持辅助继电器和特殊辅助继电器三种。

（1）通用辅助继电器编号（按十进制数编号）

通用辅助继电器在通电之后，全部处于 OFF 状态。无论程序是如何编制的，一旦断电，再次通电之后，辅助继电器都处于 OFF 状态。

部分 FX 系列 PLC 通用辅助继电器编号见表 6-7。

表 6-7　部分 FX 系列 PLC 通用辅助继电器编号

FX$_{0S}$	FX$_{1S}$	FX$_{0N}$	FX$_{1N}$	FX$_{2N}$（FX$_{2NC}$）
M0～M495	M0～M383	M0～M383	M0～M383	M0～M499

（2）保持辅助继电器编号

保持用辅助继电器，当 PLC 断电后，这些继电器会保持断电之前的瞬间状态，再次通电之后能保持断电前的状态。其他特性与通用辅助继电器完全一样。

部分 FX 系列 PLC 保持辅助继电器编号见表 6-8。

表 6-8　部分 FX 系列 PLC 保持辅助继电器编号

FX$_{0S}$	FX$_{1S}$	FX$_{0N}$	FX$_{1N}$	FX$_{2N}$（FX$_{2NC}$）
M496～M511	M384～M511	M384～M511	M384～M1535	M500～M3071

（3）特殊辅助继电器（M8000～M8255）

特殊辅助继电器是具有某项特定功能的辅助继电器，这种特殊功能辅助继电器可分为两大类，即触头型和线圈型。

触头型特殊辅助继电器是反映 PLC 的工作状态或 PLC 为用户提供常用功能的器件，这些器件用户只能利用其触头，线圈由 PLC 自动驱动。

线圈型特殊辅助继电器是可控制的特殊功能辅助继电器，线圈由用户控制，当线圈得电后，驱动这些继电器，PLC 可做出一些特定的动作。如：

M8034= ON 时，禁止所有输出。

M8030= ON 时，熄灭电池欠电压指示灯。

M8050= ON 时，禁止 I0××中断。

注意：在 FX 系列中，不同型号 PLC 的特殊辅助继电器的数量是有差别的，在 256 个特殊辅助继电器中，PLC 未定义的不要在用户程序中使用。

4. 状态器（S）

状态（组件）器对步进顺控类的控制程序中起着重要的作用，共分为 5 种，前 4 种状态器要与步进指令 STL 配合使用，第 5 种状态组件专为报警指示所编程序的错误设置。当不用步进顺控指令时，可以作为辅助继电器 KM 在程序中使用。

状态组件有初始用状态器、返回原点用状态器（FX$_{2N}$）、普通状态器、保持状态器、报警用状态器（FX$_{2N}$）。

部分 FX 系列 PLC 状态组件编号见表 6-9。

表 6-9　部分 FX 系列 PLC 状态组件编号

	FX$_{0S}$	FX$_{1S}$	FX$_{0N}$	FX$_{1N}$	FX$_{2N}$（FX$_{2NC}$）
初始用	S0～S9	S0～S9	S0～S9	S0～S9	S0～S9
返回原点用					S10～S19
普通	S0～S63	S10～S127	S10～S127	S10～S999	S20～S499
保持		S0～S127	S0～S127	S0～S999	S500～S899
报警用					S900～S999

5. 定时器（T）

定时器在 PLC 中的作用，相当于电气系统中的通电延时时间继电器。定时器中有一个设定值寄存器（一个字长）、一个当前值寄存器（一个字长）和一个用来存储其输出触头的映像寄存器（一个二进制位），这三个量使用同一地址编号。但使用场合不一样，意义也不同。定时器可提供无数对的常开、常闭延时触头供编程用。通常 PLC 中有几十至数百个定时器。

定时器根据时钟脉冲累积计数而达到定时的目的。时钟脉冲有 1ms、10 ms、100 ms 三种，当所计数达到规定值时，输出触头动作。定时器可用常数 K 作为设定值，也可以用数据寄存器 D 的内容作为设定值。

定时器按特性的不同可分为通用定时器和积算定时器。

（1）通用定时器

通用定时器没有断电保持功能，即当输入电路断开或停电时定时器复位。通用定时器有 100 ms 和 10 ms 两种。

部分 FX 系列 PLC 通用定时器编号见表 6-10。

表 6-10　部分 FX 系列 PLC 通用定时器编号

	FX$_{0S}$	FX$_{1S}$	FX$_{0N}$	FX$_{1N}$	FX$_{2N}$（FX$_{2NC}$）
100ms	T0～T49	T0～T62	T0～T62	T0～T199	T0～T199
10ms	T24～T49	T32～T62	T32～T62	T200～T245	T200～T245
1ms			T63		

这里使用的数据寄存器应有断电保持功能。定时器的元件编号见表 6-10 中 FX$_{1N}$、FX$_{2N}$、FX$_{2NC}$，设定值和动作叙述如下。

100 ms 定时器：T0～T199 共 200 点，每个定时器设定值范围为 0.1～3276.7s。

10 ms 定时器：T200～T245 共 46 点，定时范围为 0.01～327.67s。

图 6-7 是通用定时器的工作原理图。当驱动输入 X000 接通时，定时器 T200 的当前值计数器对 10 ms 时钟脉冲进行累积计数，当设定值 K123 与该值相等时，定时器的输出触头接通，即输出触头在驱动线圈后的 123×0.01s 动作。当输入 X000 断开或发生断电时，计数器复位，输出触头也复位。通用定时器的工作过程如图 6-8 所示。

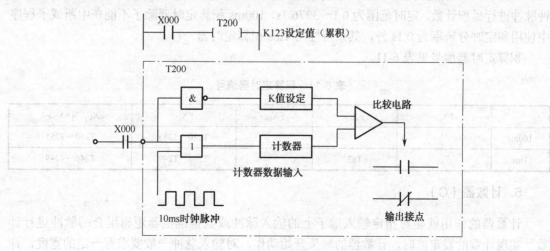

图 6-7　通用定时器的工作原理图

（2）积算定时器

积算定时器具有计数累积的功能。在定时过程中，若断电或定时器线圈 OFF，积算定时器将会保持当前的计数值，在通电或定时器线圈 ON 后会继续累积，使其当前值具有保持功能。积算定时器有两种：1ms 积算定时器和 100ms 积算定时器。这两种定时器除了定时分辨率不同外，在使用上也有区别。只有将积算定时器复位，当前值才变为 0。积算定时器应用如图 6-9 所示。

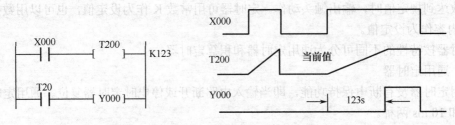

图 6-8　通用定时器的工作过程

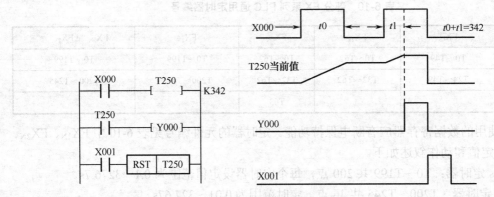

图 6-9　积算定时器应用

① 1ms 积算定时器。有 4 个 1 ms 积算定时器，地址为 T246～T249。对 1ms 时钟脉冲进行累积计数，定时范围为 0.001～32767s。1ms 积算定时器可以在子程序或中断中使用。

② 100ms 积算定时器。100ms 积算定时器共有 6 个，地址为 T250～T255。对 100ms 时钟脉冲进行累积计数，定时范围为 0.1～3276.7s，100ms 积算定时器除了不能在中断或子程序中使用和定时分辨率为 0.1s 外，其余特性与 1ms 积算定时器一样。

积算定时器编号见表 6-11。

表 6-11　积算定时器编号

	FX$_{0S}$	FX$_{1S}$	FX$_{0N}$	FX$_{1N}$	FX$_{2N}$（FX$_{2NC}$）
100ms				T250～T255	T250～T255
1ms		T63		T246～T249	T246～T249

6. 计数器（C）

计数器的作用就是对指定输入端子上的输入脉冲或其他继电器逻辑组合的脉冲进行计数。实现计数的设定值时，计数器的触头开始动作。对输入脉冲一般要求有一定的宽度，计数发生在输入脉冲的上升沿。所有的计数器都有一个常开触头和一个常闭触头。不管是常开还是常闭触头都可以反复使用，使用次数不受限制。

计数器按特性的不同可分为增量通用计数器、断电保持式增量通用计数器、通用双向计数器、断电保持式双向计数器和高速计数器。

部分 FX 系列 PLC 16 位加计数器编号见表 6-12，16 位加计数器的设定值为 1~32767。有两种 16 位加/减计数器：

通用型：C0~C99 共 100 点；

断电保持型：C100~C199 共 100 点，其设定值 K 在 1~32767 之间。

表 6-12　部分 FX 系列 PLC 16 位加计数器编号

	FX$_{0S}$	FX$_{1S}$	FX$_{0N}$	FX$_{1N}$	FX$_{2N}$（FX$_{2NC}$）
普通	C0~C13	C0~C15	C0~C15	C0~C15	C0~C99
保持	C14~C15	C16~C31	C16~C31	C16~C199	C100~C199

部分 FX 系列 PLC 32 位加/减可逆计数器编号见表 6-13。32 位双向计数器的设定值为 −2147483648~2147483647。有两种 32 位加/减计数器：

通用计数器：C200~C219 共 20 点；

保持计数器：C220~C234 共 15 点，设定值范围为−2147483648~+2147483647，加计数或减计数方向由特殊辅助继电器 M8200~M8234 设定。

表 6-13　部分 FX 系列 PLC 32 位加/减可逆计数器编号

	FX$_{0S}$	FX$_{1S}$	FX$_{0N}$	FX$_{1N}$	FX$_{2N}$（FX$_{2NC}$）
普通				C200~C219	C200~C219
保持				C220~C234	C220~C234

计数器的动作过程叙述如下。

（1）加计数器

图 6-10 所示为加计数器的动作过程。X011 为计数输入，X011 每接通一次，当前值加 1。当计数器的当前值输入达到第 10 次时，C0 的输出触头接通。之后即使输入 X011 再接通，计数器的当前值也保持不变。当复位输入 X010 接通，计数器当前值为 0，输出触头 C0 断开。

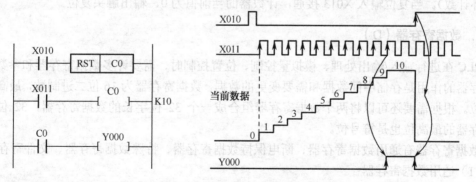

图 6-10　加计数器的动作过程

（2）加/减计数器

图 6-11 表示加/减计数器的动作过程。用 X014 作为计数输入，驱动 C200 线圈进行加计数或减计数。

当计数器的当前值由−6 变为−5（增加）时，其触头接通（置 1）；由−5 变为−6（减少）时，其触头断开（置 0）。

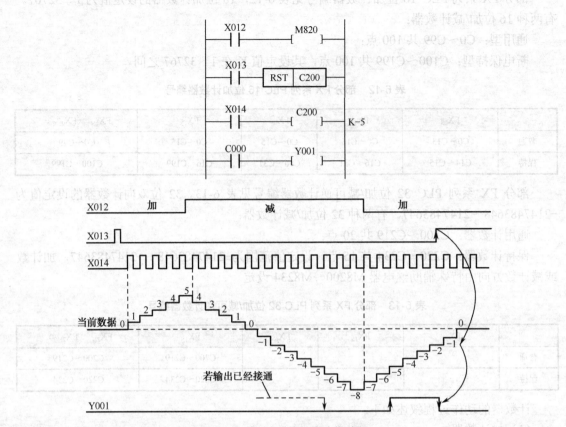

图 6-11 加/减计数器的动作过程

当前值的加/减与输出触头的动作无关。当从 2147483647 起再进行加计数时，当前值就成为-2147483648。同样从-2147483648 起进行减计数，当前值就成为 2147483647（该动作称为循环计数）。当复位输入 X013 接通，计数器的当前值为 0，输出触头复位。

7. 数据寄存器（D）

PLC 在进行输入/输出处理、模拟量控制、位置控制时，需要许多数据寄存器和参数。数据寄存器的作用是存储中间数据和需要变更的数据。数据寄存器为 16 位二进制数，最高位为符号位。根据需要还可以将两个数据寄存器组合成一个 32 位字长的数据寄存器，32 位的数据寄存器的最高位也是符号位。

数据寄存器有通用数据寄存器、断电保持数据寄存器、特殊数据寄存器、文件寄存器。

（1）通用数据寄存器

通用数据寄存器和普通计算机的数据寄存器相同，当对一个数据寄存器写入数据时，用后写入的数据覆盖该寄存器中原来存储的内容。

通用数据寄存器在 PLC 由运行（RUN）变为停止（STOP）时，其数据全部清零。若将特殊继电器 M8033 置 1，则 PLC 由运行变为停止时，数据可以保持。

（2）断电保持数据寄存器

断电保持数据寄存器的所有特性都与通用数据寄存器完全相同，断电保持数据寄存器只要不改写，原有数据就不会丢失，无论 PLC 运行与否，电源接通与否，都不会改变寄存器的内容。

（3）特殊数据寄存器

特殊数据寄存器用于 PLC 内各种元件的运行监视。尤其在调试过程中，可通过读取这些寄存器的内容来监控 PLC 的当前状态。这些寄存器有的可以读写，有的只能读不能写。未加定义的特殊数据寄存器，用户不能使用。

（4）文件寄存器

文件寄存器的作用是存储用户的数据文件，是存放大量数据的专用数据寄存器。PLC 运行时，用户的数据文件只能用编程器写入，不能在程序中用指令写入文件寄存器。但可以在程序中用 BMOV 指令将文件寄存器中的内容读到普通的数据寄存器中。

部分 FX 系列 PLC 数据寄存器编号见表 6-14。

表 6-14　部分 FX 系列 PLC 数据寄存器编号

	FX₀ₛ	FX₁ₛ	FX₀ₙ	FX₁ₙ	FX₂ₙ（FX₂ₙc）
16 位普通	D0～D29	D0～D127	D0～D127	D0～D127	D0～D199
16 位保持	D30、D31	D128～D255	D128～D255	D128～D7999	D200～D7999
16 位特殊	D8000～D8069	D8000～D8255	D8000～D8255	D8000～D8255	D8000～D8195

8. 变址寄存器（V/Z）

变址寄存器实际上是一种特殊用途的数据寄存器，其作用相当于计算机中的变址寄存器，用于改变元件的编号（变址）。

V、Z 都是 16 位的数据寄存器，与其他寄存器一样读写。需要 32 位操作时，可将 V、Z 串联使用（Z 为低位，V 为高位）。

部分 FX 系列 PLC 变址寄存器编号见表 6-15。

表 6-15　部分 FX 系列 PLC 变址寄存器编号

FX₀ₛ	FX₁ₛ	FX₀ₙ	FX₁ₙ	FX₂ₙ（FX₂ₙc）
V	V0～V7	V	V0～V7	V0～V7
Z	Z0～Z7	Z	Z0～Z7	Z0～Z7

9. 常数（K/H）

常数也可作为元件处理，它在存储器中占有一定的空间。PLC 最常用的常数有两种：一种是以 K 表示的十进制数，另一种是以 H 表示的十六进制数。如 K23 表示十进制的 23，H64 表示十六进制的 64。

10. 指针（P/I）

FX 系列 PLC 的指令中允许使用两种标号：一种为 P 标号，用于子程序调用或跳转；另一种为 I 标号，用于中断服务程序的入口地址。

P 标号有 64 个，用在跳转指令中，使用格式：CJP0～CJP63。从 P0 到 P63 不能随意指定，P63 相当于 END。

I 标号有 9 个，对应的外部中断信号的输入口为 X000～X005，共 6 个；内部中断的 I 指针格式共 3 个，设定时间为 10～99ms，每隔设定时间就会中断一次。

部分 FX 系列 PLC 指针编号见表 6-16。

表 6-16　部分 FX 系列 PLC 指针编号

	FX_{0S}	FX_{1S}	FX_{0N}	FX_{1N}	FX_{2N}（FX_{2NC}）
嵌套	N0～N7	N0～N7	N0～N7	N0～N7	N0～N7
跳转用	P0～P63	P0～P63	P0～P63	P0～P127	P0～P127

 本章小结

本章介绍了三菱 FX_{0S}、FX_{1S}、FX_{0N}、FX_{1N}、FX_{2N} 等系列 PLC 的内部继电器、编号和性能，并以 FX_{2N} 机型为例，详细介绍了 PLC 的硬件结构、主要模块性能及工作原理。

不同厂家、不同系列的 PLC，其内部软继电器（编程元件）的功能和编号也不相同。因此在使用 PLC 时，必须熟练掌握所选用 PLC 编程元件的功能、编号、使用方法及注意事项。FX_{2N} 系列 PLC 的等效编程元件包括输入继电器 X、输出继电器 Y、定时器 T、计数器 C、辅助继电器 M、状态继电器 S、数据寄存器 D、变址寄存器 V/Z、指针 P/I、常数 K/H 等。

FX_{2N} 系列 PLC 是由三菱公司推出的高性能小型可编程控制器，采用整体式和模块式相结合的叠装式结构，具有较高的性能价格比，应用广泛。FX_{2N} 系列 PLC 的技术指标包括一般技术指标、电源技术指标、输入技术指标、输出技术指标和性能技术指标等。其硬件配置包括基本单元、扩展单元、扩展模块、模拟量输入/输出模块、各种特殊功能模块及外部设备等。

 习题与思考题

6-1　FX_{2N} PLC 性能。

6-2　PLC 软组件含义。

6-3　PLC 的内部继电器有哪些？

6-4　数据寄存器主要作用是什么？

6-5　FX_{2N} 高速计数器有哪几种类型？

6-6　FX_{2N} 系列 PLC 特殊功能模块有哪些？

6-7　定时器在 PLC 中的作用相当于什么？

6-8　计数器 C200～C234 的计数方向如何设定？

6-9　FX 系列可编程控制器命名的基本格式是怎样的？

6-10　PLC 是如何分类的？三菱小型可编程控制器分几个系列？

6-11　有一台 FX_{2N}-32MR PLC，它最多可以接多少个输入信号？接多少个负载？它适用于控制交流与直流负载吗？

第7章 三菱 FX₂ₙ 系列 PLC 的

基本指令及编程

7.1 PLC 编程语言概述

PLC 常用编程语言有梯形图语言、助记符（语句表编程）语言、逻辑功能图语言、高级语言等。本章主要讲述梯形图语言和助记符语言。

1. 梯形图编程语言

梯形图沿续了继电器控制电路的形式，它是在电路控制系统中常用的继电—接触器逻辑控制基础上简化了符号演变而来的，形象、直观、实用。

梯形图的设计应注意以下几点。

① 梯形图中每个梯级流过的不是物理电流，而是"概念电流"，从左流向右，其两端没有电源。这个"概念电流"只是形象地描述用户程序执行中应满足线圈接通的条件。

② 梯形图中的触头只有常开和常闭触头，通常是 PLC 内部继电器触头或内部寄存器、计数器等的状态。不同 PLC 内每种触头有自己特定的号码标记，以示区别。

③ 梯形图按从左到右、从上到下的顺序排列。每一逻辑行起始于左母线，然后是触头的串、并联，最后是线圈与右母线相连。最左边的竖线称为起始母线（也称做左母线），最后以继电器线圈结束。

④ 输入继电器用于接收外部的输入信号，而不能由 PLC 内部其他继电器的触头来驱动。因此梯形图中只出现输入继电器的触头，而不出现其线圈。输出继电器输出程序执行结果给外部输出设备。

⑤ 梯形图中的继电器线圈，如输出继电器、辅助继电器线圈等，它的逻辑动作只有线圈接通以后才能使对应的常开或常闭触头动作。

⑥ 梯形图中的触头可以任意串联或并联，但继电器线圈只允许并联而不能串联。

⑦ 当梯形图中的输出继电器线圈得电时，就有信号输出，但不是直接驱动输出设备，而要通过输出接口的继电器，由晶体管或晶闸管实现。

⑧ PLC 是按循环扫描方式沿梯形图的先后顺序执行程序的，同一扫描周期中的结果保留在输出状态寄存器中，所以输出点的值在用户程序中可作为条件使用。

⑨ 程序结束时，一般要有结束标志 END。

2. 助记符编程语言

助记符语言表示一种与计算机汇编语言相类似的编程方式，但比汇编语言直观，编程简单，比汇编语言易懂易学。要将梯形图语言转换成助记符语言，必须先弄清楚所用 PLC 的型号及内部各种器件的标号、使用范围及每条助记符的使用方法。一条指令语句是由步序、指令语和作用器件编号三部分组成的。

3. 逻辑功能图

逻辑功能图也是 PLC 的一种编程语言。这种编程方式采用半导体逻辑电路的逻辑框图来表达。框图的左边画输入，右边画输出。控制逻辑常用"与"、"或"、"非"三种逻辑功能来表达。

4. 高级语言

对大型 PLC 设备，为了完成比较复杂的控制，有时采用 BASIC 等计算机高级语言，使 PLC 的功能更强大。

不同厂家和类型的 PLC 的梯形图、指令系统和使用符号有些差异，但编程的基本原理和方法是相同或相似的。只要掌握了一种 PLC 的编程语言和方法，其他类型 PLC 的编程语言和方法就容易掌握了。

7.2 FX$_{2N}$ 系列 PLC 的技术特点

① FX$_{2N}$ 系列 PLC 采用一体化箱体结构，其基本单元将 CPU、存储器、输入/输出接口及电源等都集成在一个模块内，结构紧凑，体积小巧，成本低，安装方便。

② FX$_{2N}$ 是 FX 系列中功能最强、运行速度最快的 PLC。FX$_{2N}$ 的基本指令执行时间高达 0.08μs，比 FX$_2$ 长 4 倍，超过了许多大中型 PLC。

③ FX$_{2N}$ 的用户存储器容量可扩展到 16KB；I/O 点数最大可扩展到 256 点；FX$_{2N}$ 内装时钟，有时钟数据的比较、加减、读出/写入指令，可用于时间控制。

④ FX$_{2N}$ 有多种特殊功能模块，如模拟量输入/输出模块、高速计数器模块、脉冲输出模块、位置控制模块、RS-232C/RS-422/RS-485 串行通信模块或功能扩展板、模拟定时器扩展板等，使用这些特殊功能模块和功能扩展板，可以实现模拟量控制、位置控制和联网通信等功能。

⑤ FX$_{2N}$ 有 3000 多点辅助继电器、1000 点状态继电器、200 多点定时器、200 点 16 位加计数器、35 点 32 位加/减计数器、8000 多点 16 位数据寄存器、128 点跳步指针、15 点中断指针。

⑥ FX$_{2N}$ 具有中断输入处理、修改输入滤波器常数、数学运算、浮点数运算、数据检索、数据排序、PID 运算、开平方、三角函数运算、脉冲输出、脉宽调制、ACL 码输出、串行数据传送、校验码、比较触头等功能指令。

⑦ FX$_{2N}$ 还有矩阵输入、10 键输入、16 键输入、数字开关、方向开关、7 段显示器扫描显示等方便指令。

⑧ FX$_{2NC}$ 的性能指标与 FX$_{2N}$ 基本相同，FX$_{2NC}$ 的基本单元的 I/O 点为 16/32/64/96，所不同的是 FX$_{2NC}$ 采用插件式输入/输出，用扁平电缆连接，体积更小。

7.3 FX₂ₙ系列 PLC 的基本指令

FX 系列 PLC 产品很多，本节以 FX₂ₙ 机型为例，介绍 FX 系列 PLC 的指令系统。

FX₂ₙ 系列 PLC 提供了基本指令 27 条、步进指令 2 条和应用指令 128 种 298 条。基本指令用于触头的逻辑运算、输入/输出操作、定时及计数等。这些指令可以从编程器上用与其助记符相对应的键输入。使用基本逻辑指令可以编制出开关量控制系统的用户程序。

7.3.1 LD、LDI、OUT 指令

（1）指令用法

① LD（Load）取指令。表示第一个常开触头与母线连接指令。即以常开触头开始逻辑运算的指令，如图 7-1 所示梯形图中的 X000 常开触头，在分支处也可使用。

② LDI（Load Inverse）取反指令。表示第一个常闭触头与母线连接指令。即以常闭触头开始逻辑运算的指令，如图 7-1 中的 X001 常闭触头，在分支处也可使用。

③ OUT（Out）线圈驱动指令。用于将逻辑运算的结果驱动一个指定的线圈，也称做输出指令。

（2）指令说明

① LD 和 LDI 两条指令用于触头与母线相连。在分支开始处，这两条指令作为分支的起点指令，也可以与 ANB 指令、ORB 指令配合使用。操作目标元件是 X、Y、M、T、C、S。

② OUT 指令用于将运算结果驱动输出继电器、辅助继电器、定时器、计数器、状态继电器和功能指令的线圈，但是不能用来驱动输入继电器。操作目标元件是 Y、M、T、C、S 和功能指令线圈 F。

③ OUT 指令可以并行输出，在梯形图中相当于线圈是并联的。注意：输出线圈不能串联使用。

④ 当 OUT 指令的目标元件是定时器 T 和计数器 C 时，必须紧跟设置常数 K 值，K 分别表示定时器的定时时间或计数器的计数次数，时间常数 K 的设定要占用一步，如图 7-2 中 T1 的时间常数设置为 K10。

⑤ OUT 是多程序步指令，要视目标元件而定。OUT 指令可以连续使用多次。

LD、LDI、OUT 指令的使用示例如图 7-1、图 7-2 所示。

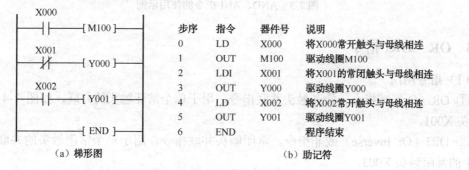

步序	指令	器件号	说明
0	LD	X000	将X000常开触头与母线相连
1	OUT	M100	驱动线圈M100
2	LDI	X001	将X001的常闭触头与母线相连
3	OUT	Y000	驱动线圈Y000
4	LD	X002	将X002常开触头与母线相连
5	OUT	Y001	驱动线圈Y001
6	END		程序结束

（a）梯形图　　　　　　　　　　　　（b）助记符

图 7-1　LD、LDI、OUT 指令的使用示例（一）

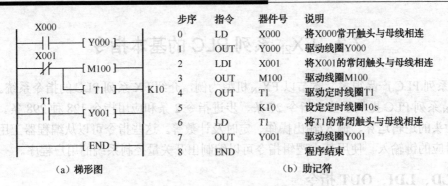

步序	指令	器件号	说明
0	LD	X000	将X000常开触头与母线相连
1	OUT	Y000	驱动线圈Y000
2	LDI	X001	将X001的常闭触头与母线相连
3	OUT	M100	驱动线圈M100
4	OUT	T1	驱动定时线圈T1
5		K10	设定定时线圈10s
6	LD	T1	将T1的常闭触头与母线相连
7	OUT	Y001	驱动线圈Y001
8	END		程序结束

（a）梯形图　　　　　　　　　　（b）助记符

图 7-2　LD、LDI、OUT 指令的使用示例（二）

7.3.2　AND、ANI 指令

（1）指令用法

① AND（And）与指令。用于单个常开触头串联指令。

② ANI（And Inverse）与非指令。用于单个常闭触头串联指令。

（2）指令说明

① AND 与 ANI 指令用于单个触头串联，它们串联触头的个数理论上没有限制，也就是说这两条指令可以多次重复使用。这两条指令的操作目标元件是 X、Y、M、T、C、S。

② 在执行 OUT 指令后，通过触头对其他线圈使用 OUT 指令，称为连续输出（或纵接输出），只要电路设计顺序正确，连续输出可以多次重复。

AND 与 ANI 指令的使用示例如图 7-3 所示。

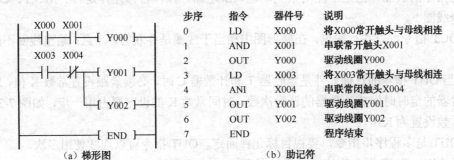

步序	指令	器件号	说明
0	LD	X000	将X000常开触头与母线相连
1	AND	X001	串联常开触头X001
2	OUT	Y000	驱动线圈Y000
3	LD	X003	将X003常开触头与母线相连
4	ANI	X004	串联常闭触头X004
5	OUT	Y001	驱动线圈Y001
6	OUT	Y002	驱动线圈Y002
7	END		程序结束

（a）梯形图　　　　　　　　　　（b）助记符

图 7-3　AND、ANI 指令的使用示例

7.3.3　OR、ORI 指令

（1）指令用法

① OR（Or）或指令。常开触头并联指令，用于单个常开触头的并联，如图 7-4 中的常开触头 X001。

② ORI（Or Inverse）或非指令。常闭触头并联指令，用于单个常闭触头的并联，如图 7-4 中的常闭触头 X003。

（2）指令说明

① OR 和 ORI 指令设定的并联，是从 OR 和 ORI 一直并联到前面最近的 LD 和 LDI 指令上。这种支路并联的数量理论上不受限制。

② OR 和 ORI 指令只能用于单个触头并联连接。这两条指令的操作目标元件是 X、Y、M、S、T、C。

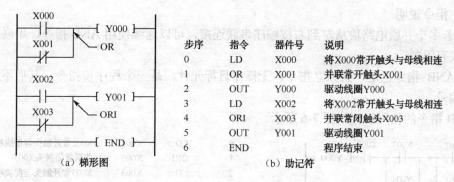

步序	指令	器件号	说明
0	LD	X000	将X000常开触头与母线相连
1	OR	X001	并联常开触头X001
2	OUT	Y000	驱动线圈Y000
3	LD	X002	将X002常开触头与母线相连
4	ORI	X003	并联常闭触头X003
5	OUT	Y001	驱动线圈Y001
6	END		程序结束

(a) 梯形图　　　　　　　　(b) 助记符

图 7-4　OR、ORI 指令的使用示例

7.3.4　ORB 指令

（1）指令用法

ORB（Or Block）是块或指令，它是将两个或两个以上串联电路块并联连接的指令，用于多触头电路块之间的并联连接。

（2）指令说明

① ORB 指令后面不带操作数，即为独立指令。其指定的步长为一个程序步。

② 两个以上的触头串联连接的电路称为串联电路块。串联电路块并联时，各电路块分支的开始用 LD 或 LDI 指令，分支结尾用 ORB 指令。

③ 如果需将多个串联电路块并联，则在每一电路块后面加上一条 ORB 指令。用这种办法编程对并联电路块的个数没有限制。

ORB 指令的使用示例如图 7-5 所示。

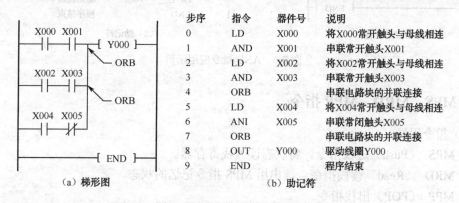

步序	指令	器件号	说明
0	LD	X000	将X000常开触头与母线相连
1	AND	X001	串联常开触头X001
2	LD	X002	将X002常开触头与母线相连
3	AND	X003	串联常开触头X003
4	ORB		串联电路块的并联连接
5	LD	X004	将X004常开触头与母线相连
6	ANI	X005	串联常闭触头X005
7	ORB		串联电路块的并联连接
8	OUT	Y000	驱动线圈Y000
9	END		程序结束

(a) 梯形图　　　　　　　　(b) 助记符

图 7-5　ORB 指令的使用示例

7.3.5　ANB 指令

（1）指令用法

ANB（And Block）是块与指令。它是将并联电路块的始端与前一个电路串联连接的指令。两个或两个以上触头并联的电路称做并联电路块，并联电路块串联连接时要用 ANB 指令。

在与前一个电路串联时，用 LD 与 LDI 指令做分支电路的始端，分支电路的并联电路块完成之后，再用 ANB 指令来完成两电路的串联。

（2）指令说明

① 若多个并联电路块从左到右按顺序串联连接，可以连续使用 ANB 指令，串联的电路块个数没有限制。

② ANB 指令也是一条独立指令，无操作目标元件，是一个程序步指令，其后不跟任何软组件编号。

ANB 指令的使用示例如图 7-6 所示。

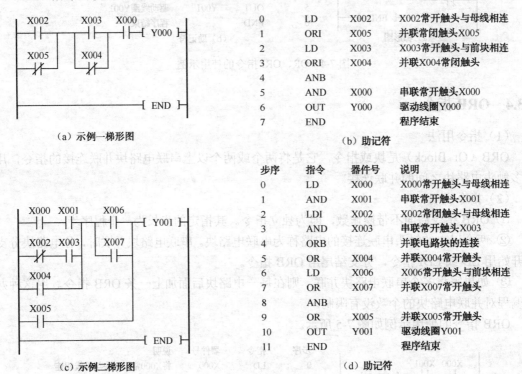

0	LD	X002	X002常开触头与母线相连
1	ORI	X005	并联常闭触头X005
2	LD	X003	X003常开触头与前块相连
3	ORI	X004	并联X004常闭触头
4	ANB		
5	AND	X000	串联常开触头X000
6	OUT	Y000	驱动线圈Y000
7	END		程序结束

（a）示例一梯形图　　　　（b）助记符

步序	指令	器件号	说明
0	LD	X000	X000常开触头与母线相连
1	AND	X001	串联常开触头X001
2	LDI	X002	X002常闭触头与母线相连
3	AND	X003	串联常开触头X003
4	ORB		并联电路块的连接
5	OR	X004	并联X004常开触头
6	LD	X006	X006常开触头与前块相连
7	OR	X007	并联X007常开触头
8	ANB		
9	OR	X005	并联X005常开触头
10	OUT	Y001	驱动线圈Y001
11	END		程序结束

（c）示例二梯形图　　　　（d）助记符

图 7-6　ANB 指令应用示例

7.3.6　MPS、MRD、MPP 指令

（1）指令用法

① MPS（Push）进栈指令。将状态读入栈寄存器。

② MRD（Read）读栈指令。读出用 MPS 指令记忆的状态。

③ MPP（POP）出栈指令。

这组指令可将触头的状态先进栈保护，当后面需要触头的状态时，再出栈恢复，确保后面电路正确连接。

（2）指令说明

① FX 系列 PLC 中有 11 个存储运算中间结果的存储区域，称为栈存储器。

② 使用进栈指令 MPS 时，当时的运算结果压入栈的第一层存储，栈中原来的数据依次向下一层推移。

③ 使用出栈指令 MPP 指令,各数据依次向上层推移,最上层的数据在读出后就从栈内消失。

④ MRD 是最上层所存数据的读出专用指令,读出时,栈内数据不会发生移动。

⑤ MPS、MRD、MPP 指令均无操作目标元件,是一个程序步指令。

⑥ MPS、MPP 指令应该配对使用,而且连续使用应少于 11 次。

MPS、MRD、MPP 指令的使用如图 7-7、图 7-8 所示。

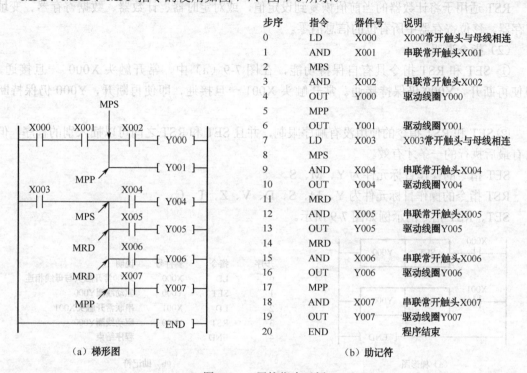

步序	指令	器件号	说明
0	LD	X000	X000常开触头与母线相连
1	AND	X001	串联常开触头X001
2	MPS		
3	AND	X002	串联常开触头X002
4	OUT	Y000	驱动线圈Y000
5	MPP		
6	OUT	Y001	驱动线圈Y001
7	LD	X003	X003常开触头与母线相连
8	MPS		
9	AND	X004	串联常开触头X004
10	OUT	Y004	驱动线圈Y004
11	MRD		
12	AND	X005	串联常开触头X005
13	OUT	Y005	驱动线圈Y005
14	MRD		
15	AND	X006	串联常开触头X006
16	OUT	Y006	驱动线圈Y006
17	MPP		
18	AND	X007	串联常开触头X007
19	OUT	Y007	驱动线圈Y007
20	END		程序结束

（a）梯形图　　　　　　　　　　　　　　　　（b）助记符

图 7-7　一层栈指令示例

步序	指令	器件号	说明
0	LD	X000	X000常开触头与母线相连
1	MPS		
2	AND	X001	串联常开触头X001
3	MPS		
4	AND	X002	串联常开触头X002
5	OUT	Y000	驱动线圈Y000
6	MPP		
7	AND	X003	串联常开触头X003
8	OUT	Y001	驱动线圈Y001
9	MPP		
10	AND	X004	串联常开触头X004
11	MPS		
12	AND	X005	串联常开触头X005
13	OUT	Y002	驱动线圈Y002
14	MPP		
15	AND	X006	串联常开触头X006
16	OUT	Y004	驱动线圈Y004
17	END		程序结束

（a）梯形图　　　　　　　　　　　　　　　　（b）助记符

图 7-8　二层栈指令示例

7.3.7　SET、RST 指令

（1）指令用法

① SET（Set）置位指令。使操作保持 ON 的指令。

② RST（Reset）复位指令。使操作保持 OFF 的指令。

RST 适用于将计数器的当前值恢复到设定值，或对定时器、计数器、数据寄存器、变址寄存器、移位寄存器中所有位的信息清零。

（2）指令说明

① SET 和 RST 指令具有自保持功能，在图 7-9（a）中，常开触头 X000 一旦接通，即使再断开，Y000 仍保持接通。常开触头 X001 一旦接通，即使再断开，Y000 仍保持断开。

② SET 和 RST 指令的使用没有顺序限制，并且 SET 和 RST 之间可以插入别的程序，但只有最后执行的一条才有效。

SET 指令的操作目标元件为 Y、M、S。

RST 指令的操作目标元件为 Y、M、S、D、V、Z、T、C。

SET、RST 指令的示例如图 7-9 所示。

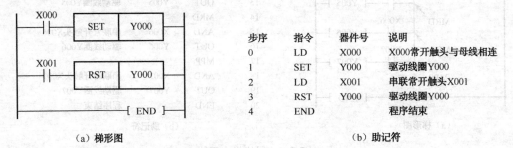

步序	指令	器件号	说明
0	LD	X000	X000常开触头与母线相连
1	SET	Y000	驱动线圈Y000
2	LD	X001	串联常开触头X001
3	RST	Y000	驱动线圈Y000
4	END		程序结束

（a）梯形图　　　　　　　　　　　　　（b）助记符

图 7-9　SET、RST 指令示例

7.3.8　PLS、PLF 指令

（1）指令用法

① PLS 脉冲输出指令，上升沿有效。

② PLF 脉冲输出指令，下降沿有效。

这两个指令用于目标元件的脉冲输出，当输入信号跳变时产生一个宽度为扫描周期的脉冲。

（2）指令说明

① 使用 PLS 指令，元件 Y、M 仅在驱动输入接通后的一个扫描周期内动作。而使用 PLF 指令，元件 Y、M 仅在驱动输入断开后的一个扫描周期内动作。

② 特殊继电器 M 不能用做 PLS 或 PLF 的目标元件。

③ PLS 指令在输入信号上升沿产生脉冲输出，而 PLF 在输入信号下降沿产生脉冲输出，这两条指令都是 2 程序步，它们的目标元件是 Y 和 M。其使用示例如图 7-10 所示。

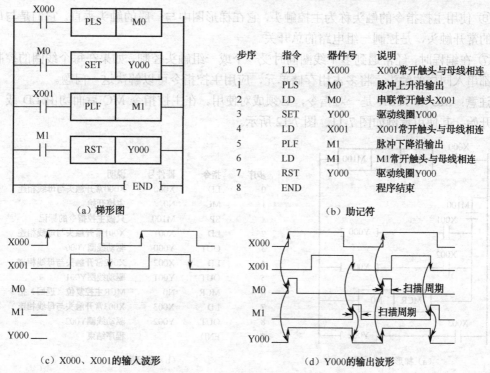

步序	指令	器件号	说明
0	LD	X000	X000常开触头与母线相连
1	PLS	M0	脉冲上升沿输出
2	LD	M0	串联常开触头X001
3	SET	Y000	驱动线圈Y000
4	LD	X001	X001常开触头与母线相连
5	PLF	M1	脉冲下降沿输出
6	LD	M1	M1常开触头与母线相连
7	RST	Y000	驱动线圈Y000
8	END		程序结束

（a）梯形图　　　　　　　　　　　　　　　　（b）助记符

（c）X000、X001的输入波形　　　　　　　　（d）Y000的输出波形

图 7-10　PLS、PLF 指令使用示例

7.3.9　MC、MCR 指令

（1）指令用法

① MC（Master Control）主控开始指令，公共串联触头的连接指令（公共串联触头另起新母线）。

② MCR（Master Control Reset）主控复位指令，MC 指令的复位指令。

这两个指令分别设置主控电路块的起点和终点。

（2）指令说明

① 当输入接通时，执行 MC 与 MCR 之间的指令，如图 7-11 中 X000 接通时执行该指令。当输入断开时，MC 与 MCR 指令间各元件将为如下状态：计数器、累计定时器、用 SET/RST 指令驱动的元件将保持当前的状态；非累计定时器及用 OUT 指令驱动的软组件将处在断开的状态。

② 与主控触头相连的触头必须用 LD 或 LDI 指令。使用 MC 指令后，母线移到主控触头的后面，MCR 使母线回到原来的位置。

③ 使用不同的 Y、M 元件号，可多次使用 MC 指令。但若使用同一软组件号，将同 OUT 指令一样，会出现双线圈输出。

④ 在 MC 指令内再使用 MC 指令，此时嵌套级的编号（0～7）就顺次由小增大。返回时用 MCR 指令，嵌套级的编号则顺次由大减小。

⑤ MC 指令是 3 程序步，MCR 指令是 2 程序步，两条指令的操作目标元件是 Y、M，但不允许使用特殊辅助继电器 M。

⑥ 使用主控指令的触头称为主控触头，它在梯形图中与一般的触头垂直。它们是与母线相连的常开触头，是控制一组电路的总开关。

⑦ 在编程时，经常遇到多个线圈同时受一个或一组触头控制。如果在每个线圈的控制电路中都串入同样的触头，将多占用存储单元，应用主控指令可以解决这一问题。

注意： MC 和 MCR 是一对指令，必须成对使用。在主控指令 MC 后面均由 LD 或 LDI 指令开始。其使用示例如图 7-11、图 7-12 所示。

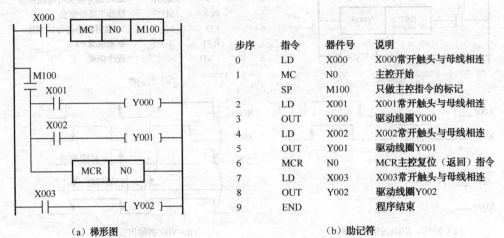

步序	指令	器件号	说明
0	LD	X000	X000常开触头与母线相连
1	MC	N0	主控开始
	SP	M100	只做主控指令的标记
2	LD	X001	X001常开触头与母线相连
3	OUT	Y000	驱动线圈Y000
4	LD	X002	X002常开触头与母线相连
5	OUT	Y001	驱动线圈Y001
6	MCR	N0	MCR主控复位（返回）指令
7	LD	X003	X003常开触头与母线相连
8	OUT	Y002	驱动线圈Y002
9	END		程序结束

（a）梯形图　　　　　　　　（b）助记符

图 7-11　MC、MCR 指令示例（一）

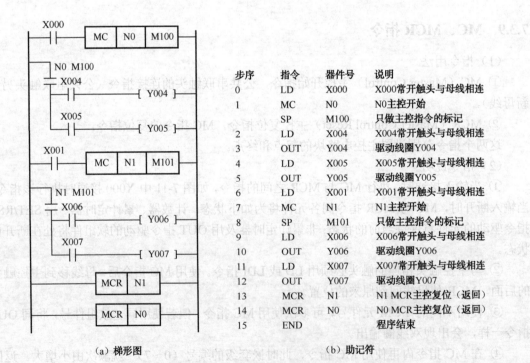

步序	指令	器件号	说明
0	LD	X000	X000常开触头与母线相连
1	MC	N0	N0主控开始
	SP	M100	只做主控指令的标记
2	LD	X004	X004常开触头与母线相连
3	OUT	Y004	驱动线圈Y004
4	LD	X005	X005常开触头与母线相连
5	OUT	Y005	驱动线圈Y005
6	LD	X001	X001常开触头与母线相连
7	MC	N1	N1主控开始
8	SP	M101	只做主控指令的标记
9	LD	X006	X006常开触头与母线相连
10	OUT	Y006	驱动线圈Y006
11	LD	X007	X007常开触头与母线相连
12	OUT	Y007	驱动线圈Y007
13	MCR	N1	N1 MCR主控复位（返回）
14	MCR	N0	N0 MCR主控复位（返回）
15	END		程序结束

（a）梯形图　　　　　　　　（b）助记符

图 7-12　MC、MCR 指令示例（二）

7.3.10 NOP 指令

（1）指令用法

NOP（Non-Processing）是空操作指令，用于删除一条指令。空操作指令使该步序做空操作。恰当地使用 NOP 指令，会给用户带来许多方便。

（2）指令说明

① 在程序中事先插入 NOP 指令，以备改动或追加程序时，可使步序编号的更改次数减到最少。

② 用 NOP 指令替代已写入指令，可修改电路。LD、LDI、AND、AN1、OR、ORI、ORB 和 ANB 等指令若换成 NOP 指令，可以改变电路。

a. 指定某些步序编号内容为空。相当于指定存储器中某些单元内容为空，留做以后修改程序用。

b. 短接电路中某些触头。必要时可用 NOP 指令把电路中某些触头短接。

如图 7-13（a）中用 NOP 指令短接 X001、X002 触头。图 7-13（b）中用 NOP 指令短接 X000 和 X001 触头，这时步序 0 号 LD、1 号 OR、4 号 ANB 指令改为 NOP 指令，相当于串联触头被短路。

c. 删除某些触头。必要时可用 NOP 指令删除电路中某些触头。如图 7-13（c）中，用 NOP 指令删除触头 X000 和 X001，这时步序 0 号 LD、1 号 AND、4 号 ORB 都要用 NOP 指令。

注意，使用 NOP 指令时，会使电路构成发生改变，往往容易出现错误，使修改后的电路不合理，造成梯形图出错，因此尽可能少用或不用该指令，且使用时要特别引起重视。如用 NOP 指令短接图 7-13（c）中触头 X000 时，必须同时把 AND X001 改为 LD。

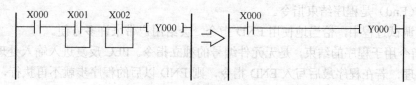

（a）短接触头 X001、X002

步序	指令	器件号		步序	指令	器件号
0	LD	X000		0	LD	X000
1	AND	X001		1	NOP	
2	AND	X002		2	NOP	
3	OUT	Y000		3	OUT	Y000

（b）短接触头 X000、X001

图 7-13 NOP 指令使用示例

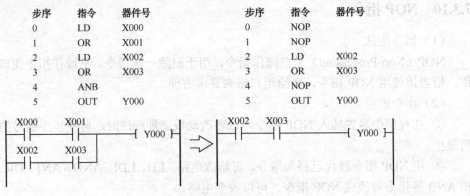

步序	指令	器件号		步序	指令	器件号
0	LD	X000		0	NOP	
1	OR	X001		1	NOP	
2	LD	X002		2	LD	X002
3	OR	X003		3	OR	X003
4	ANB			4	NOP	
5	OUT	Y000		5	OUT	Y000

(c) 删除触头 X000、X001

步序	指令	器件号		步序	指令	器件号
0	LD	X000		0	NOP	
1	AND	X001		1	NOP	
2	LD	X002		2	LD	X002
3	AND	X003		3	AND	X003
4	ORB			4	NOP	
5	OUT	Y000		5	OUT	Y000

(d) 梯形图

图 7-13　NOP 指令使用示例（续）

7.3.11　END 指令

END（End）是程序结束指令。

在程序调试过程中，恰当地使用 END 指令，会给用户带来许多方便。

END 指令用于程序的结束，是无元件编号的独立指令。PLC 反复进入输入处理、程序运算、输出处理，若在程序最后写入 END 指令，则 END 以后的程序步就不再执行，直接进行输出处理。

END 指令的另一个用处是分段程序调试。在程序调试过程中，可分段插入 END 指令，再逐段调试，在该段程序调试好后，依次删去 END 指令，直到全部程序调试完为止。

若用户程序中没有 END 指令，将从用户程序存储器的第一步执行到最后一步。将 END 指令放在用户程序结束处，只执行第一条指令至 END 指令之间的程序。

7.3.12　步进指令

（1）步进指令及步进梯形图

STL（Step Ladder）为步进触头指令，RET（Return）为步进返回指令。

在使用步进指令时，用状态转换图设计步进梯形图，如图 7-14 所示。状态转换图中的每个状态表示顺序工作的一个操作，因此步进指令常用于控制时间和位移等顺序的操作过程。

步进触头只有常开触头，没有常闭触头。STL 指令的梯形图符号用─┤├─表示，连接步进触头的其他继电器触头用 LD 或 LDI 指令表示，该指令的作用为激活某个状态，在梯形图上体现为从主母线上引出的状态触头。该状态的所有操作均在子母线上进行。STL 指令在梯形图中的使用情况如图 7-14、图 7-15 所示。

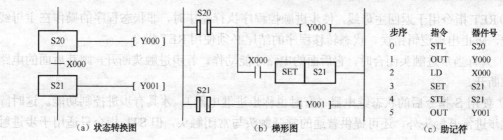

图 7-14 STL、RET 指令使用示例（一）

从状态转换图中可见，每一状态提供三个功能：驱动负载、指定转换条件、置位新状态（同时转移源自动复位）。当步进触头 S20 闭合时，输出继电器 Y000 线圈接通。当 X000 闭合时，新状态置位（接通），步进触头 S21 也闭合。这时原步进触头 S20 自动复位（断开），这就相当于把 S20 的状态转到 S21，这就是步进转换作用。其他状态继电器之间的状态转移过程基本相同。

（2）步进指令的使用说明

① 步进触头需与梯形图左母线连接。使用 STL 指令后，凡是以步进触头为主体的程序，最后必须用 RET 指令返回母线。步进返回指令的用法如图 7-15 所示。因此，步进指令具有主控功能。

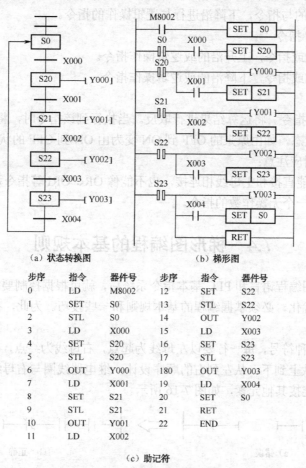

（a）状态转换图   （b）梯形图

步序	指令	器件号	步序	指令	器件号
0	LD	M8002	12	SET	S22
1	SET	S0	13	STL	S22
2	STL	S0	14	OUT	Y002
3	LD	X000	15	LD	X003
4	SET	S20	16	SET	S23
5	STL	S20	17	STL	S23
6	OUT	Y000	180	OUT	Y003
7	LD	X001	19	LD	X004
8	SET	S21	20	SET	S0
9	STL	S21	21	RET	
10	OUT	Y001	22	END	
11	LD	X002			

（c）助记符

图 7-15 STL、RET 指令使用示例（二）

② RET 指令用于返回主母线，使步进顺控程序执行完毕时，非状态程序的操作在主母线上完成，防止出现逻辑错误。状态转移程序的结尾必须使用 RET 指令。

③ 只有当步进触头闭合时，它后面的电路才能动作。若步进触头断开，则其后面的电路将全部断开。

④ 使用 S 指令后的状态继电器（有时也称步进继电器），才具有步进控制功能。这时除了提供步进常开触头外，还可提供普通的常开触头与常闭触头，但 STL 指令只适用于步进触头。

7.3.13 其他基本指令

在 27 个基本指令中，以下 7 个基本指令不常用，一般只要掌握前面 20 个基本指令就可以了。下面简单介绍一下这 7 个基本指令。

（1）LDP、LDF 指令

LDP：上升沿的取指令，用于在输入信号的上升沿接通一个扫描周期。

LDF：下降沿的取指令，用于在输入信号的下降沿接通一个扫描周期。

（2）ANDP、ANDF 指令

ANDP：上升沿的与指令，上升沿进行与逻辑操作的指令。

ANDF：下降沿的与指令，下降沿进行与逻辑操作的指令。

（3）ORP、ORF 指令

ORP：上升沿的或指令，上升沿的或逻辑操作指令。

ORF：下降沿的或指令，下降沿的或逻辑操作指令。

（4）INV 指令

INV：逻辑取反指令。将运算结果进行取反。当执行到该指令时，将 INV 指令之前的运算结果变为相反的状态，如由原来的 OFF 到 ON 变为由 ON 到 OFF 的状态。

INV 指令的使用应注意：

① INV 指令不能直接和主母线相连接，也不能像 OR、ORI 等指令那样单独使用。

② INV 指令是一个无操作数的指令。

7.4 梯形图编程的基本规则

在掌握了梯形图编程语言和 PLC 基本指令系统后，就可根据控制要求进行编程。为了使编程准确、快速和优化，必须掌握编程的基本规则和一些技巧。为此，在编辑梯形图时，要注意以下几点。

① 梯形图的各种符号，每一行要以左母线为起点，右母线为终点，在画图时可以省去右母线。梯形图按照从上到下、从左到右的顺序设计，继电器线圈与右母线直接连接，在右母线与线圈之间不能连接其他元素，如图 7-16 所示。

（a）错误　　　　　　　　　　　　　　　　　（b）正确

图 7-16 确定线圈位置放置

② 在并联连接支路时，应将有多触头的支路放在上方，如图 7-17（b）所示，这样编排可以少写一条 ORB 指令。

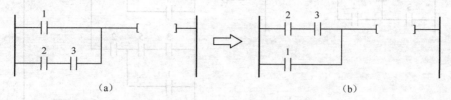

图 7-17　电路块并联的编排

③ 触头和线圈的常规位置。触头应画在水平线上，不能画在垂直分支线上。梯形图的左母线与线圈间一定要有触头，而线圈与右母线间不能有任何触头，因此，应根据从上到下、从左到右顺序的原则和对输出线圈 Y 的几种可能控制路径画成图 7-18（b）所示的形式。

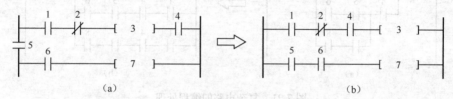

图 7-18　垂直触头的编排

④ 输出线圈、内部继电器线圈及运算处理框必须写在一行的最右端，它们的右边不允许再有任何的触头存在。

⑤ 输入继电器、输出继电器、辅助继电器、定时器、计数器和状态继电器的触头可以多次使用，不受限制。

⑥ 在梯形图中，每行串联的触头数和每组并联电路的并联触头数，虽然理论上没有限制，但在使用图形编程器时，要受到屏幕尺寸的限制，每行串联触头数最好不要超过 11 个。

⑦ 继电器的输入线圈是由输入点上的外部输入信号控制驱动的，因此梯形图中继电器的输入触头用来表示对应点上的输入信号。

⑧ 在并联电路中，触头最多的电路编排在左边，这样才会使编制的程序简洁明了，语句较少，如图 7-19（b）所示，可省去一条 ANB 指令。

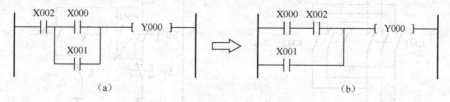

图 7-19　电路块并联的串联编排

⑨ 对桥式电路的编程。桥式电路不能直接编程，必须画相应的等效梯形图，如图 7-20（a）所示，图中触头 5 有双向"能流"通过，这是不可编程的电路，因此必须根据逻辑功能，对该电路进行等效变换成可编程的电路。图 7-20（b）是对桥式电路的处理。

⑩ 对复杂电路的编程处理。如果电路结构复杂，用 ANB、ORB 等难以处理，可以重复使用一些触头改画出等效电路，这样能使编程清晰明了，简便可行，不易出错。如图 7-21（a）所示的电路，可等效变换成图 7-21（b）所示的电路。

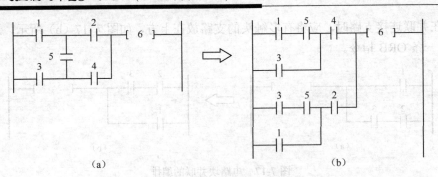

图 7-20　对桥式电路的处理

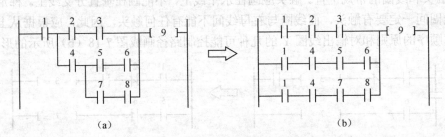

图 7-21　复杂电路的编程处理

7.5　基本指令举例——三相异步电动机正、反转控制

设计一个三相异步电动机正、反转 PLC 控制系统，并说明基本指令的应用。其控制电路如图 7-22 所示，动作顺序如图 7-23 所示。

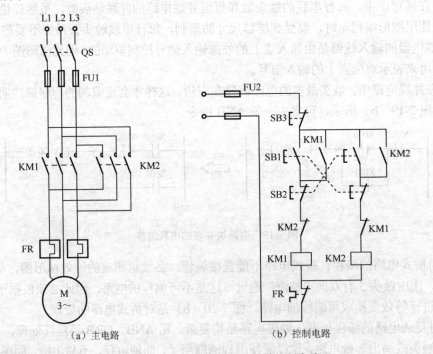

（a）主电路　　　　　　　　　（b）控制电路

图 7-22　三相异步电机正、反转控制电路

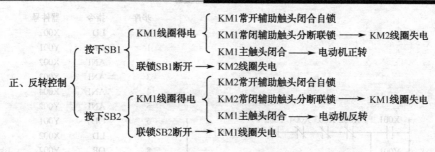

图 7-23　三相异步电动机正、反转控制电路的动作顺序

参照图 7-22 和图 7-23，设计 PLC 控制三相异步电动机正、反转系统的步骤如下。

（1）功能要求

① 当接上电源时，电动机 M 不动作。

② 当按下 SB1 正转启动按钮后，电动机 M 正转；再按 SB3 停止按钮后，电动机 M 停转。

③ 当按下 SB2 反转启动按钮后，电动机 M 反转；再按 SB3 停止按钮后，电动机 M 停转。

④ 热继电器触头 FR 动作后，电动机 M 因过载保护而停止。

（2）输入/输出端口设置

输入/输出端口设置见表 7-1。

表 7-1　三相异步电动机正、反转 PLC 控制 I/O 端口分配表

输　　　入			输　　　出		
名　　称	输　入　点		名　　称	输　出　点	
正转启动按钮	SB1	X001	正转接触器	KM1	Y001
反转启动按钮	SB2	X002	反转接触器	KM2	Y002
停止按钮	SB3	X003			
热继电器触头	FR	X004			

（3）梯形图

三相异步电动机正、反转 PLC 控制系统的梯形图如图 7-24（a）所示，其动作顺序完全符合图 7-23 的要求，只要按表 7-1 的 I/O 分配做相应替换即可。

（4）指令表

指令表如图 7-24（b）所示。

（5）接线图

接线图如图 7-25 所示。

为了防止出现正、反转启动按钮同时被按下，可在梯形图中设定互锁，将常闭触头 X001 和 Y001 串联在反转电路中，而将常闭触头 X002 和 Y002 串联在正转电路中。另外，在 PLC 的外部也设置了如图 7-25 所示的用实际常闭触头组成的互锁。

注意：输入外部控制信号的常闭触头，在编制梯形图时要特别引起注意，否则将造成编程错误。

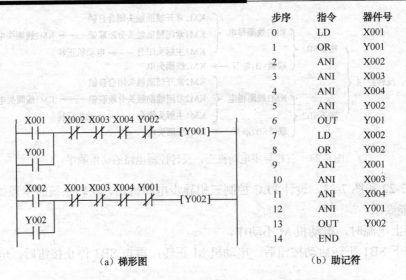

步序	指令	器件号
0	LD	X001
1	OR	Y001
2	ANI	X002
3	ANI	X003
4	ANI	X004
5	ANI	Y002
6	OUT	Y001
7	LD	X002
8	OR	Y002
9	ANI	X001
10	ANI	X003
11	ANI	X004
12	ANI	Y001
13	OUT	Y002
14	END	

（a）梯形图　　　　　　　　　　　　　（b）助记符

图 7-24　三相异步电动机正、反转控制电路的梯形图和助记符

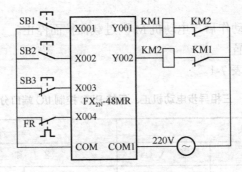

图 7-25　PLC 控制的接线图

现以电动机正、反转控制电路为例，进行分析说明。

从图 7-25 中可见，由于 SB3、FR 的常闭触头和 PLC 的公共端 COM 已接通，在 PLC 内部电源作用下输入继电器 X003、X004 线圈已接通，而在图 7-24（a）中的常闭触头 X003、X004 已断开，当按下启动按钮 SB1 时，输出继电器 Y001 是不会动作的，电动机不启动。

解决这类问题的方法有两种：一是把图 7-24（a）中常闭触头 X003、X004 改为常开触头 X003、X004，如图 7-26 所示；另一种方法是把停止按钮 SB3、FR 改为常开触头，如图 7-27 所示，这样就可采用图 7-24（a）所示的梯形图，不易出错。

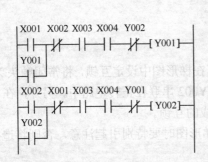

图 7-26　把常闭触头 X003、X004 改为常开触头

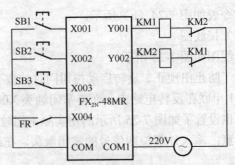

图 7-27　把停止按钮 SB3、FR 改为常开触头

在图 7-28（b）中停止按钮 SB2 是常闭触头，在图 7-29 中把停止按钮 SB2 改为常开触头，这样就可采用常规的方法画梯形图了。通常采用这种方法比较简单，不易出错。

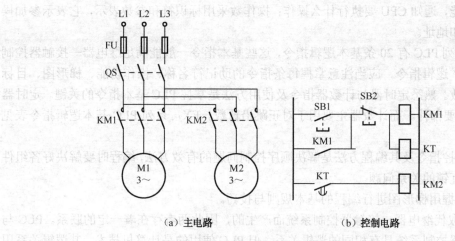

（a）主电路　　　　　　　　　　　　（b）控制电路

图 7-28　继电器控制电路图

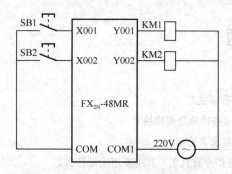

图 7-29　PLC 控制接线图

本章小结

本章主要介绍了三菱 FX$_{2N}$ 系列 PLC 的编程语言、编程方法和基本逻辑指令，它们是学习 PLC 的基础。要熟练掌握各种指令在梯形图和语句表编程中的使用方法，特别是要理解定时器和计数器的工作原理，这对初步掌握 PLC 编程及解决实际工程应用问题具有重要作用。

（1）三菱 FX$_{2N}$ 系列 PLC 的编程组件及技术参数见附录，供编程时查阅。

对于其他 FX 系列 PLC（如 FX$_{0S}$、FX$_{1S}$、FX$_{0N}$、FX$_{1N}$、FX$_{2NC}$）也基本相同，个别差异可在附录中查阅。若要更详细的内容，请查阅相应的用户手册。

（2）PLC 可用多种形式的编程语言来编写用户程序，如梯形图语言、助记符（语句表）语言、逻辑功能图语言、高级语言等。梯形图和助记符是两种最常用的 PLC 编程语言。

① 采用梯形图编程很直观形象、容易掌握。用梯形图编程时使用了软组件，如软定时器、软计数器、软继电器等，它们是 PLC 内部的编程组件，与 PLC 内部存储单元的位相对应。这些存储单元的位状态可无数次读出，可以说是"取之不尽"的，因此软触头在编程时可以反复使用。

② 助记符语言以汇编语言的格式来表示控制程序的程序设计语言。助记符指令可在小型编程器中输入和修改，尤其适合现场调试。助记符指令是由操作码和操作数组成的：操作码表示指令的功能，通知 CPU 要执行什么操作；操作数采用标识符和参数表示，它表示参加操作的数的类别和地址。

③ FX$_{2N}$ 系列 PLC 有 20 条基本逻辑指令，这些基本指令一般能满足继电器—接触器控制问题。对于基本逻辑指令，应当注意掌握每条指令的助记符名称、操作功能、梯形图、目标组件和程序步数。熟悉定时器与计数器指令及使用方法是掌握 PLC 基本指令的关键。定时器是 PLC 中的重要部件。而计数器主要用于对正跳沿计数。FX$_{2N}$ 系列 PLC 基本逻辑指令表见附录 B。

④ 步进顺控指令及其编程方法是解决顺序控制问题的有效方法，编程时要解决好各组件之间的联锁、互锁的关系问题。

⑤ 熟练掌握用梯形图进行编程的基本规则与技巧。

PLC 是为取代继电器—接触器控制系统而产生的，因此两者存在着一定的联系。PLC 与继电器—接触器控制系统具有相同的逻辑关系，但 PLC 使用的是计算机技术，其逻辑关系用程序实现，而不是实际电路。

 习题与思考题

7-1 什么叫软元件？

7-2 PLC 的主要技术指标有哪些？

7-3 FX 系列 PLC 主要有哪些特殊功能模块？

7-4 对复杂电路的编程通常怎么处理？

7-5 FX$_{2N}$ 系列 PLC 的步进指令有几条？其主要用途是什么？

7-6 FX$_{2N}$ 系列 PLC 定时器有几种类型？它们各自有哪些特点？

7-7 FX$_{2N}$ 系列 PLC 辅助继电器有什么作用？用在什么场合？

7-8 FX 系列 PLC 的基本单元、扩展单元和扩展模块三者之间有什么区别？

7-9 根据指令表画出对应的梯形图。

(1)

```
0  LD   X000
1  OR   Y000
2  ANI  X001
3  OUT  Y000
4  END
```

(2)

```
0  LD   X000      6   OUT  Y001
1  OUT  Y000      7   LDI  X001
2  LDI  X000      8   OR   X002
3  AND  X001      9   ORI  X003
4  OUT  M0        10  OUT  Y002
5  ANI  X002      11  END
```

(3)

```
0  LD   X000      7   OR   X006
1  AND  X001      8   LD   X005
2  LD   X002      9   OR   X007
3  AND  X003      10  ANB
4  ORB            11  OUT  Y001
5  OUT  Y000      12  END
6  LD   X004
```

(4)

```
0  LD   X000      7   PLF  M1
1  SET  Y000      8   LD   M0
2  LD   X001      9   OR   T001
3  RST  Y000      10  ANI  M1
4  LD   X002      11  OUT  Y001
5  PLS  M0        12  END
6  LD   X003
```

(5)

0	LD	X000	11	ORB
1	MPS		12	ANB
2	LD	X001	13	OUT Y001
3	OR	X002	14	MPP
4	ANB		15	AND X007
5	OUT	Y000	16	OUT Y002
6	MRD		17	LD X010
7	LD	X003	18	OR X011
8	AND	X004	19	ANB
9	LD	X005	20	OUT Y003
10	AND	X006	21	END

(6)

0	LD	X000	9	ORB
1	AND	X001	10	ANB
2	LD	X002	11	LD M100
3	ANI	X003	12	AND M101
4	ORB		13	ORN
5	LD	X004	14	AND M102
6	AND	X005	15	OUT Y000
7	LD	X006	16	END
8	AND	X007		

(7)

0	LD	X000	13	OR Y001
1	OR	Y000	14	MPS
2	ANI	X001	15	OUT T0
3	ANI	X002		K 20
4	ANI	Y001	16	MRD
5	OUT	Y000	17	ANI T0
6	LD	X001	18	ANI Y002
7	OR	Y001	19	OUT Y003
8	ANI	X000	20	MPP
9	ANI	X002	21	AND T0
10	ANI	Y000	22	ANI Y003
11	OUT	Y001	23	OUT Y002
12	LD	Y000	24	END

(8)

0	LD	X000	6	ORB
1	OR	X001	7	OR X006
2	LD	X002	8	ANB
3	AND	X003	9	OR X003
4	LDI	X004	10	OUT Y001
5	AND	X005	11	END

7-10　根据梯形图写出指令表程序。

(1)

(2)

(3)

(4)

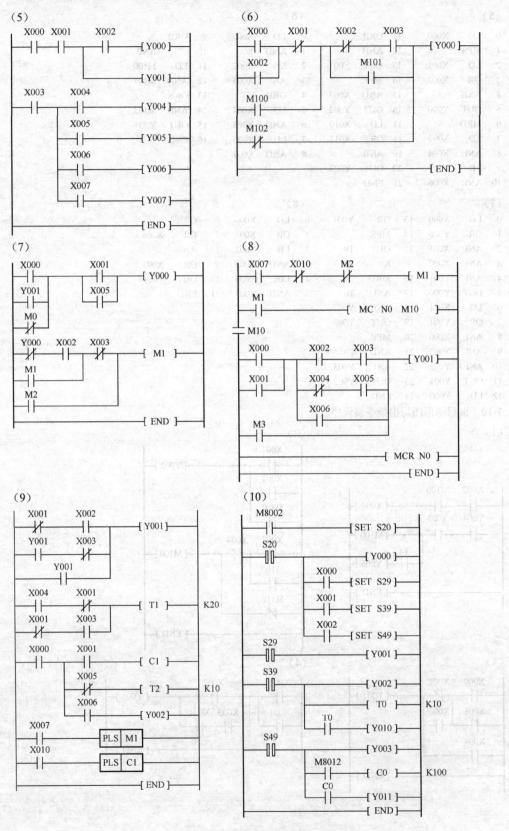

第8章 三菱FX₂ₙ系列PLC的功能指令及应用

基本指令和步进指令已经能满足开关量控制要求，功能指令又可拓宽 PLC 的应用范围。功能指令表示格式与基本指令不同。功能指令用编号 FNC00～FNC246 表示，并给出对应的助记符（大多用英文名简称或缩写表示）。如 FNC20 的助记符是 ADD，功能是二进制加法。使用简易编程器时输入 FNC20，若采用智能编程器或在计算机上编程时也可输入助记符 ADD。本章将介绍 FX 系列 PLC 的功能指令。

功能指令的表示格式如图 8-1 所示。大多数功能指令有 1～4 个操作数，有的功能指令没有操作数；[S]表示源操作数，[D]表示目标操作数；如果可使用变址功能，用[S.]和[D.]表示。用 n 和 m 表示其他操作数，它们常用来表示常数 K 和 H。FX 系列 PLC 功能指令如表 8-1 所示。

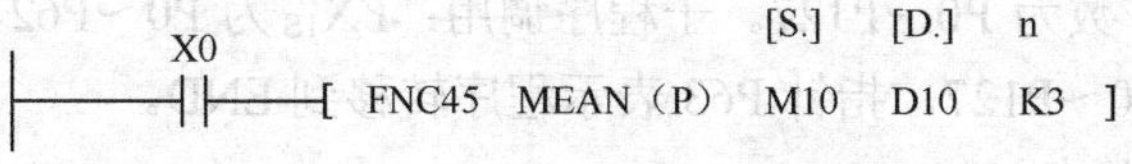

		0	LD X0
	[S.] [D.] n	1	FNC 45
X0		2	D0
├─┤├─────[FNC45 MEAN（P） M10 D10 K3]	3	D10
		5	K3
（a）格式		（b）指令	

图 8-1 功能指令表示格式

图 8-1 的含义如下。

$$[(D0)+(D1)+(D2)]\div 3 \to (D10)$$

表 8-1 FX 系列 PLC 功能指令说明

编　号	分　类	FX₂ₙ	FX₃ᵤ	编　号	分　类	FX₂ₙ	FX₃ᵤ
FNC00～FNC09	程序流程控制	√	√	FNC110～FNC139	浮点运算	√	√
FNC10～FNC19	数据传送与比较	√	√	FNC140～FNC149	数据处理	√	√
FNC20～FNC29	算术和逻辑运算	√	√	FNC150～FNC159	点位控制指令	√	√
FNC30～FNC39	循环与移位	√	√	FNC160～FNC169	时钟运算	√	√
FNC40～FNC49	数据处理	√	√	FNC170～FNC179	葛雷码变换	√	√
FNC50～FNC59	高速处理	√	√	FNC180～FNC189	其他	x	√
FNC60～FNC69	方便指令	√	√	FNC190～FNC199	数据块处理	x	√
FNC70～FNC79	外部设备 I/O	√	√	FNC200～FNC209	字符串处理	x	√
FNC80～FNC89	外部设备 SER	√	√	FNC210～FNC219	数据表处理	x	√
FNC90～FNC99	FX 外部单元	√	√	FNC220～FNC249	触头比较	√	√
FNC100～FNC109	数据传送	x	√	FNC250～FNC269	数据处理	x	√

编 号	分 类	FX₂N	FX₃U	编 号	分 类	FX₂N	FX₃U
FNC270～FNC274	变频器通信	x	√	FNC280～FNC289	高速处理	x	√
FNC275～FNC279	数据传送	x	√	FNC290～FNC299	扩展寄存器控制	x	√

注：√表示有此功能，x 表示无此功能。

8.1 程序流程控制指令（FNC00～FNC09）

FX 系列 PLC 的功能指令中程序流向控制指令共有 10 条，功能号是 FNC00～FNC09，程序流向控制指令的控制程序是顺序逐条执行的，但是在许多场合下却要求按照控制要求改变程序的流向。这些场合是条件跳转、子程序调用与返回、中断调用与返回、循环、警戒时钟与主程序结束。

1. 条件跳转指令

条件跳转指令为 CJ，编号为 FNC00。

条件跳转指令 CJ 或 CJ（P）后跟标号，其用法是当跳转条件成立时跳过一段程序，跳转至指令中所标明的标号处继续执行，跳过程序段中不执行的指令，即使输入元件状态发生改变，输出元件的状态仍然维持不变。若条件不成立则继续顺序执行。操作元件指针 FX₁S 为 P0～P63；FX₁N、FX₂N、FX₂NC 操作数为 P0～P127。子程序调用：FX₁S 为 P0～P62，FX₁N、FX₂N、FX₂NC 操作数为 P0～P62，P0～P127，指针 P63 表示程序转移到 END。

在使用跳转指令时应注意以下几点：

（1）在编写跳转程序的指令表时，标号可以设在相关的跳转指令之后或之前，标号需占一行，在同一程序中一个指针标号只允许使用一次，不允许在两处或多处使用同一标号。

（2）CJ（P）指令表示脉冲执行方式，跳转只执行一个扫描周期，但若用辅助继电器 M8000 作为跳转指令的工作条件，跳转就成为无条件跳转。因为在 PLC 运行时 M8000 为 ON。

（3）跳转可用来执行程序初始化工作。在跳转执行期间，即使被跳过程序的驱动条件改变，但其线圈仍保持跳转前的状态，因为跳转期间根本没有执行这段程序。

（4）若在跳转开始时定时器和计数器已在工作，则在跳转执行期间它们将停止工作，到跳转条件不满足后又继续工作。但对于正在工作的定时器和高速计数器不管有无跳转仍连续工作。

（5）若积算定时器和计数器的复位（RST）指令在跳转区外，即使它们的线圈被跳转，但对它们的复位仍然有效。

（6）由于跳转指令具有选择程序段的功能，在同一程序且位于因跳转而不会被同时执行程序段中的同一线圈不被视为双线圈。

2. 条件跳转指令应用

条件跳转指令 CJ 使用示例如图 8-2（a）所示，当 P10 为 ON 时，程序跳转至标号 X010 处，执行图 8-2（b）所示的程序；当为 OFF 时，跳转不执行，程序按原顺序执行。利用 CJ、CJ（P）指令可以缩短运算周期，当 X000 接通时，则从第 1 步跳转到 P8；X000 断开时，从 P8 后一步跳转到 P9，指令只有 16 位运算，占 3 个程序步，如图 8-3 所示。

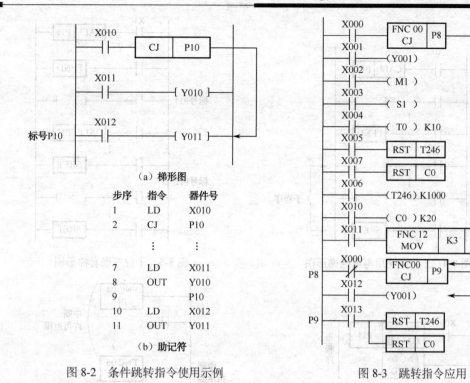

(a) 梯形图

步序	指令	器件号
1	LD	X010
2	CJ	P10
⋮	⋮	
7	LD	X011
8	OUT	Y010
9		P10
10	LD	X012
11	OUT	Y011

(b) 助记符

图 8-2　条件跳转指令使用示例

图 8-3　跳转指令应用

3. 子程序调用与返回指令的使用

调用子程序指令 CALL，编号为 FNC01，操作数为 P0～P127，此指令占用 3 个程序步。

子程序返回指令 SRET，编号为 FNC02，无操作数，占用 1 个程序步。编程时子程序的标号应写在主程序结束指令 FEND 之后，CALL 子程序必须以 SRET 指令结束。如图 8-4 所示，当 X0 接通（X0 为 ON）时，CALL P10 指令使程序执行 P10 子程序，在子程序执行到 SRET 指令后程序返回到 CALL 指令的下一条指令处执行。当 X0 断开（X0 为 OFF）时，则程序按顺序执行。在子程序中还可以多次使用 CALL 子程序，形成子程序嵌套。子程序嵌套层数不能超过 5，指令只有 16 位运算，占 3 个程序步。如图 8-5 所示程序中，CALL 指令共有 2 层嵌套。使用子程序调用与返回指令时应注意：

（1）转移标号不能重复，也不可与跳转指令的标号重复；

（2）子程序可以嵌套调用，最多可 5 级嵌套。

4. 子程序指令与主程序结束指令

子程序指令 FNC01 CALL 与主程序结束指令 FEND 配合使用，编号是 FNC06，无操作数。如图 8-6 所示，X001 接通瞬间，只执行 CALL（P）P11 指令一次后跳转到 P11，在执行 P11 子程序过程中，若执行 P12 的调用指令，则调用 P12 的子程序，用 SRET 指令向 P11 的子程序跳转。而 P11 子程序中的 SRET 则返回主程序。这样在子程序内最多可允许 4 次调用指令，整体而言可进行 5 层嵌套。

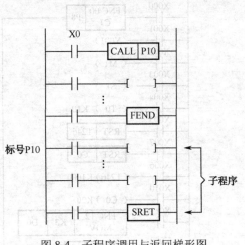

图 8-4　子程序调用与返回梯形图

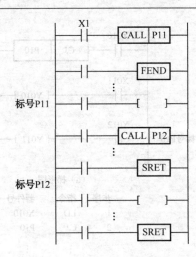

图 8-5　子程序嵌套梯形图

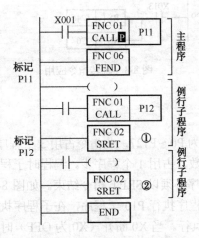

图 8-6　子程序指令应用示例

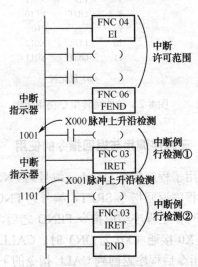

图 8-7　中断指令的执行过程及应用示例

5. 中断指令

中断返回指令 IRET，编号为 FNC03，无操作数；中断允许指令 EI，编号为 FNC04，无操作数；中断禁止指令 DI，编号为 FNC05，无操作数。中断指令的执行过程及应用示例如图 8-7 所示，PLC 平时为禁止中断状态，如果用 EI 指令允许中断，则在扫描过程中如果 X000 或 X001 接通时上升沿执行中断程序①、②后返回主程序。而中断指针必须在主程序结束指令 FEND 后作为标记。外部中断常用来引入发生频率高于机器扫描频率的外控制信号，或用于处理那些需快速响应的信号。

另外，子程序与中断程序要采用 T192～T199 定时器，这种定时器在执行线圈指令或执行 END 指令时计时。

6. 监视定时器指令

监视定时器指令 WDT，编号为 FNC07，无操作数。在顺序控制程序中，执行监视用定时器指令，当可编程序控制器的运算周期（0～END 及 FEND 指令执行时间）超过 200ms 时，可编程序控制器的 CPU 出错，使指示灯点亮，同时停止工作，因此，在编程过程中可插入使用该指令。如图 8-8 所示，将 240ms 程序一分为二，在这中间编写 WDT 指令，则前后两个部分都在 200ms 以下。

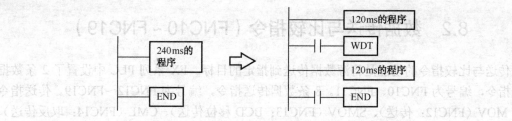

图 8-8　监视定时器指令应用

7.　循环指令

循环范围开始指令为 FOR，编号为 FNC08，操作数[S.]可取 K、H、KnX、KnY、KnM、KnS、T、C、D、V、Z；[D.]可取 KnY、KnM、KnS、T、C、D、V、Z。

循环范围结束指令为 NEXT，编号为 FNC09。

循环指令包括循环开始指令 FOR 和循环结束指令 NEXT。

循环开始指令 FOR 和循环结束指令 NEXT 组成了一对循环指令。循环指令可以反复执行某一段程序，但要将这一段程序放在 FOR-NEXT 之间，待执行完指定的循环次数后，才执行 NEXT 下一条指令。配对后的 FOR-NEXT 不能再与其他的 FOR-NEXT 配对。图 8-9 是三重循环，按照循环程序的执行次序由内向外计算各循环次数。

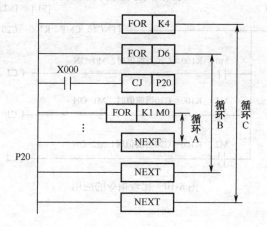

图 8-9　三重循环

（1）循环 A 执行的次数

循环 A 次数是 K1M0，由辅助继电器组成的数据作为循环次数。

（2）循环 B 执行次数

第二层的循环 B 次数由 D6 指定，循环 B 包含了整个循环 A，所以整个循环 A 都要被启动。

（3）循环 C 执行次数

最外层的循环 C 次数由 K4 指定，循环 C 包含了整个循环 B。

注意循环指令的操作方法：

① FOR 和 NEXT 指令必须成对使用，缺一不可，FOR 在前，NEXT 在后。
② FOR、NEXT 循环指令最多可以嵌套 5 层。
③ 利用 CJ 指令可以跳出 FOR-NEXT 循环体。

8.2　数据传送与比较指令（FNC10～FNC19）

传送与比较指令的功能是将源数据传送到指定的目标。FX 系列 PLC 中设置了 2 条数据比较指令，编号为 FNC10、FNC11。8 条数据传送指令，编号为 FNC12～FNC19。传送指令包括 MOV（FNC12：传送）、SMOV（FNC13：BCD 移位传送）、CML（FNC14：取反传送）、BMOV（FNC15：数据块传送）、FMOV（FNC16：多点传送）、XCH（FNC17：数据交换）、BCD（FNC18：BCD 转换）、BIN（FNC19：二进制数转换）。

1. 比较指令

比较指令格式为 FNC10（16/32）（D）CMP（P）[S1.][S2.][D.]。

CMP 指令的功能是将源操作数[S1.]和[S2.]的数据进行比较，结果送到目标操作元件[D.]中。比较指令应用如图 8-10 所示。当 X0 为 ON 时，将十进制数 100 与计数器 C2 的当前值比较，比较结果送到 M0～M2 中，若 K100>C20 的当前值时，M0 为 ON；若 K100=C20 的当前值时，M1 为 ON；若 K100<C20 的当前值时，M2 为 ON。当 X0 为 OFF 时，不进行比较，M0～M2 的状态保持不变。16 位 7 步，32 位 13 步。CMP 操作数[S1.][S2.]可取 K、H、KnX、KnY、KnM、KnS、T、C、D、V、Z；[D.]可取 Y、M、S，占 3 点。

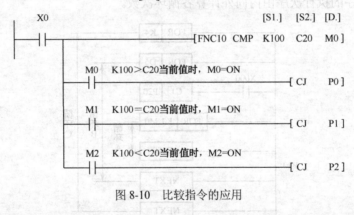

图 8-10　比较指令的应用

2. 区间比较指令

区间比较指令格式为 FNC11（16/32）（D）ZCP（P）[Sl.][S2.][S.][D.]。

ZCP 指令的功能是将一个源操作数[S.]的数值与另两个源操作数[S1.]和[S2.]的数据进行比较，结果送到目标操作元件[D.]中，源数据[S1.]不能大于[S2.]。区间比较指令应用如图 8-11 所示。当 X0 为 ON 时，执行 ZCP 指令，将 C30 的当前值与 K100 和 K120 比较，比较结果送到 M0～M2 中。若 K100>C30 的当前值，M0 为 ON；若 K100≤C30 的当前值≤K120，M1 为 ON；若 K120<C30 的当前值，M2 为 ON。当 X0 为 OFF 时，ZCP 指令不执行，M0～M2 的状态保持不变。指令16 位运算占 7 个程序步，32 位运算占 17 个程序步。ZCP 操作数[S1.][S2.][S.]可取 K、H、KnX、KnY、KnM、KnS、T、C、D、V、Z；[D.]可取 Y、M、S，占 3 点。

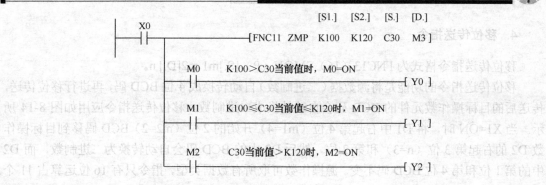

图 8-11 区间比较指令的使用

3. 传送指令

传送指令格式为 FNC12（16/32）（D）MOV（P）[S.][D.]。

传送指令应用如图 8-12 所示。当 X0=ON 时，执行连续执行型指令，数据 K100 被自动转换成二进制数且传送给 D10。当 X0=OFF 时，不执行指令，但数据保持不变；当 X1=ON 时，T0 当前值被读出且传送给 D20；当 X2=ON 时，数据 K100 传送给 D30，定时器 T20 的设定值被间接指定为 10s。当 M0 闭合时，T20 开始计时；MOV（P）为脉冲执行型指令，当 X5 由 OFF 变为 ON 时指令执行一次，（D10）的数据传送给（D12），其他时刻不执行；当 X5=OFF 时，指令不执行，但数据也不会发生变化；X3=ON 时，（D1、D0）的数据传送给（D11、D10），当 X4=ON 时，将（C235）的当前值传送给（D21、D20）。注意：运算结果以 32 位输出的应用指令、32 位二进制立即数及 32 位高速计数器当前值等数据的传送，必须使用（D）MOV 或（D）MOV（P）指令。其中[S.]为源数据，[D.]为目标软组件。该数据传送指令的功能是将源数据传送到指定的目标。指令 16 位运算占 5 个程序步，32 位运算占 9 个程序步。MOV 操作数[S.]可取 K、H、KnX、KnY、KnM、KnS、T、C、D、V、Z；[D.]可取 KnX、KnY、KnM、KnS、T、C、D、V、Z。

如图 8-13 所示，可用 MOV 指令等效实现由 X0～X3 对 Y0～Y3 的顺序控制。

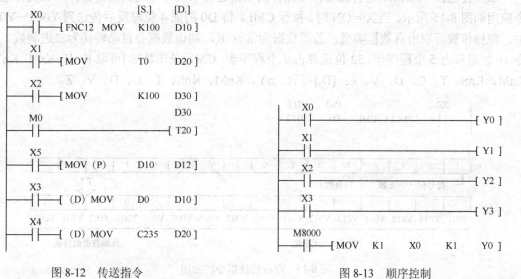

图 8-12 传送指令　　图 8-13 顺序控制

4. 移位传送指令

移位传送指令格式为 FNC13（16）SMOV（P）[S.]m1 m2[D.] n。

移位传送指令的功能是将源数据（二进制数）自动转换成 4 位 BCD 码，再进行移位传送，传送后的目标操作数元件的 BCD 码会自动转换成二进制数。移位传送指令应用如图 8-14 所示。当 X1=ON 时，将 D1 中右起第 4 位（m1=4）开始的 2 位（m2=2）BCD 码移到目标操作数 D2 的右起第 3 位（n=3）和第 2 位。然后 D2 中的 BCD 码会自动转换为二进制数，而 D2 中的第 1 位和第 4 位 BCD 码不变。源操作数可取所有数据类型，指令只有 16 位运算占 11 个程序步。SMOV 操作数[S.]可取 KnH、KnY、KnM、KnS、T、C、D、V、Z；m1、m2、n 可取 K、H，m1、m2、n 范围为 1～4；[D.]可取 KnY、KnM、KnS、T、C、D、V、Z。

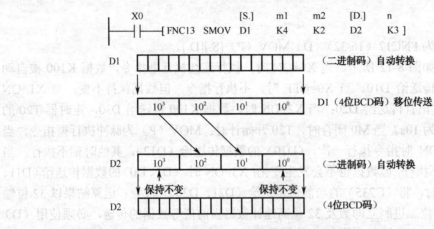

图 8-14 移位传送指令的应用

5. 取反传送指令

取反传送指令格式为 FNC14（16/32）（D）CML（P）[S.] [D.]。

取反传送指令 CML 是将源操作数元件的数据逐位取反并传送到指定目标。取反传送指令应用如图 8-15 所示。当 X0=ON 时，执行 CML，将 D0 的低 4 位取反后传送到 Y003～Y000 中。源操作数可取所有数据类型，若源数据为常数 K，则该数据会自动转换为二进制数。指令 16 位运算占 5 个程序步，32 位运算占 9 个程序步。CML 操作数[S.]可取 K、H、KnH、KnY、KnM、KnS、T、C、D、V、Z；[D.]可取 KnY、KnM、KnS、T、C、D、V、Z。

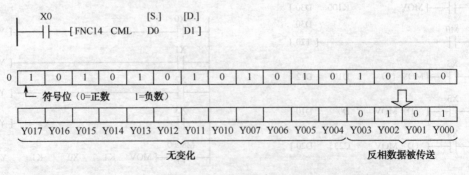

图 8-15 取反传送指令的应用

6. 块传送指令

块传送指令格式为 FNC15（16）BMOV（P）[S.][D.]n。

块传送指令 BMOV 是将源操作数指定元件开始的 n 个数据组成数据块传送到指定的目标。传送顺序既可从高元件号开始，也可从低元件号开始，传送顺序自动决定。若用到需要指定位数的位元件，则源操作数和目标操作数的指定位数应相同。若元件号超出允许范围，数据则仅传送到允许范围的元件。在位元件中进行传送时，源和目标操作数要有相同的位数，当传送地址号重叠时，为防止在传送过程中数据丢失（被覆盖），要先把重叠地址号中的内容送出，然后再送入数据。采用①～③的顺序自动传送。该指令可以采用连续/脉冲执行方式。指令只有 16 位运算占 7 个程序步。BMOV 操作数[S.]可取 KnX、KnY、KnM、KnS、T、C、D；[D.]可取 KnY、KnM、KnS、T、C、D；n 可取 K、H、D，n 不超过 512。块传送指令应用如图 8-16 所示。

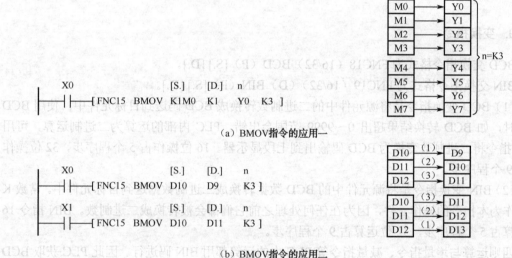

（a）BMOV指令的应用一

（b）BMOV指令的应用二

图 8-16　块传送指令的应用

7. 多点传送指令

多点传送指令格式为 FNC16（16/32）（D）FMOV（P）[S.][D.]n。

多点传送指令 FMOV 是将源操作数中的数据传送到指定目标开始的 n 个元件中，传送后 n 个元件中的数据完全相同。多点传送指令应用如图 8-17 所示。当 X0=ON 时，将 K0 传送到 D0～D9 中去。指令 16 位操作占 7 个程序步，32 位操作则占 13 个程序步；若元件号超出允许范围，数据仅送到允许范围的元件中。FMOV 操作数[S.]可取 KnH、KnY、KnM、KnS、T、C、D、V、Z；n 可取 K、H，n 不超过 512。

```
       X0                    [S.]    [D.]    n
    ───┤├───┤FNC16  FMOV   K0      D0     K10 ]
```

图 8-17　多点传送指令应用

8. 数据交换指令

数据交换指令格式为 FNC17（16/32）(D) XCH (P) [D1.] [D2.]。

数据交换指令 XCH 是将数据在指定的目标元件之间交换。数据交换指令应用如图 8-18 所示。当 X0=ON 时，将 D10 和 D11 中的数据相互交换。数据交换指令一般采用脉冲执行方式，否则在每一次扫描周期都要交换一次。16 位运算时占 5 个程序步，32 位运算时占 9 个程序步。XCH 操作数[D1.] [D2.]可取 KnY、KnM、KnS、T、C、D、V、Z。

执行前（D10）=100→执行后（D10）=101

执行前（D11）=101→执行后（D11）=100

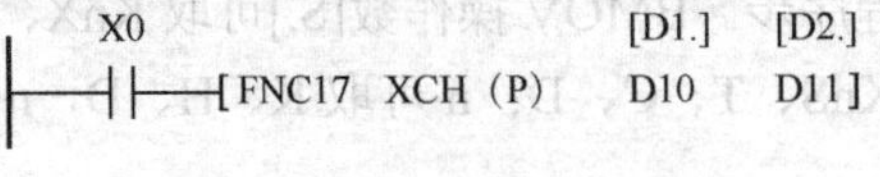

```
      X0                        [D1.]    [D2.]
  ─────┤ ├────[FNC17  XCH (P)    D10      D11 ]
```

图 8-18　数据交换指令的应用

9. 变换指令

BCD 交换指令格式为 FNC18（16/32）BCD (P) [S.] [D.]。

BIN 交换指令格式为 FNC19（16/32）(D) BIN (P) [S.] [D.]。

（1）BCD 变换指令是将源元件中的二进制数转换成 BCD 码送到目标元件中。使用 BCD 指令时，如 BCD 转换结果超出 0～9999 范围会出错。PLC 内部的运算为二进制运算，可用 BCD 指令将二进制数变换为 BCD 码输出到七段显示器。16 位操作占 5 个程序步，32 位操作则占 9 个程序步。

（2）BIN 变换指令是将源元件中的 BCD 数据转换成二进制数据送到目标元件中。常数 K 不能作为本指令的操作元件，因为在任何处理之前它们都会被转换成二进制数。BIN 指令 16 位运算占 5 个程序步，32 位运算占 9 个程序步。

四则运算与增量指令、减量指令等 PLC 内的运算都用 BIN 码进行。因此 PLC 获取 BCD 数字开关信息时要使用 FNC19（BCD→BIN）转换传送指令。BCD 的七段显示器输出时使用 FNC18（BIN→BCD）转换传送指令。FNC72、FNC74、FNC75 指令能自动地进行 BCD/BIN 转换。BCD、BIN 操作数[S.]可取 KnH、KnY、KnM、KnS、T、C、D、V、Z；[D.]可取 KnY、KnM、KnS、T、C、D、V、Z。变换指令应用如图 8-19 所示。

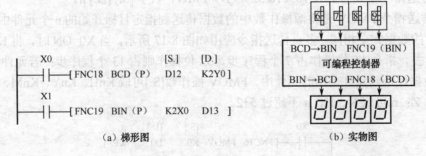

图 8-19　数据变换指令的应用

8.3　算术和逻辑运算指令（FNC20～FNC29）

FX 系列 PLC 设置了 10 条算术和逻辑运算指令，其功能编号为 FNC20～FNC29。在这些指令中，源操作数可以取所有的数据类型，指令 16 位运算占 7 个程序步，32 位运算占 13 个程序步。FNC29 还有求补码功能。

1. 加、减运算指令

（1）加法指令

加法指令 ADD，格式为 FNC20（16/32）（D）ADD（P）[S1.][S2.][D.]。

它是将两个源地址中的二进制数相加，结果送到指定的目标地址中去。图 8-20 所示为加法指令的应用示例。当 X0=ON 时，执行（D10）+（D12）→（D14）；当 X1=ON 时，执行（D0）+K1→（D0）。指令 16 位运算占 7 个程序步，32 位运算占 13 个程序步。ADD 操作数 [S1.][S2.]可取 K、H、KnX、KnY、KnM、KnS、T、C、D、V、Z；[D.]可取 KnY、KnM、KnS、T、C、D、V、Z。

```
       X0    FNC20  [S1.]  [S2.]  [D.]         X1    FNC20       [S1.] [S2.] [D.]
    ───┤ ├───[ADD   D10    D12    D14]      ───┤ ├───[ADD (P)    D0    K1    D0]
```

图 8-20　加法指令的应用示例

（2）减法指令

减法指令 SUB 格式为 FNC21（D）SUB（P）[S1.][S2.][D.]。

它是将两个源地址中的二进制数相减，结果送到指定的目标地址中去。减法指令的应用示例如图 8-21 所示。当图中的 X0=ON 时，执行（D10）−（D12）→（D14）；当 X1=ON 时，执行（D1，D0）−1→（D1，D0），指令 16 位运算占 7 个程序步，32 位运算占 13 个程序步。SUB 操作数[S1.][S2.]可取 K、H、KnX、KnY、KnM、KnS、T、C、D、V、Z；[D.]可取 KnY、KnM、KnS、T、C、D、V、Z。

```
       X0                 [S1.]  [S2.]  [D.]          X1                      [S1.] [S2.] [D.]
    ───┤ ├───[FNC21  SUB  D10    D12    D14 ]      ───┤ ├───[FNC21 (D) SUB (P) D0   K1    D0 ]
```

图 8-21　减法指令的应用示例

加法指令 ADD 和减法指令 SUB 使用时，数据为有符号二进制数，最高位为符号位（0 为正，1 为负）；加法指令有三个标志：零标志（M8020）、借位标志（M8021）和进位标志（M8022）。当运算结果为 0，零标志 M8020 置 1；当运算结果超过 32767（16 位运算）或 2147483647（32 位运算），则进位标志 M8022 置 1；当运算结果小于−32767（16 位运算）或 −2147483647（32 位运算），借位标志 M8021 置 1。

（3）乘法指令

二进制乘法指令 MUL 格式为 FNC22 MUL [S1.][S2.][D.]。

它是将两个源地址中的二进制数相乘，将结果（32 位）送到指定的目标地址中。乘法指令的数据均为有符号数。当 X0=ON 时，将二进制 16 位数[S1.]、[S2.]相乘，结果送[D.]中。乘法指令的应用示例如图 8-22 所示。D 为 32 位，即（D0）×（D2）→（D5，D4），乘积的低 16 位数据送到 D4 中，高 16 位数据送到 D5 中；当 X1=ON 时，（D1，D0）×（D3，D2）→（D7，D6，D5，D4）（32 位乘法）。指令 16 位运算占 7 个程序步，32 位运算占 13 个程序步。MUL 操作数[S1.][S2.]可取 K、H、KnH、KnY、KnM、KnS、T、C、D、Z；[D.]可取 KnY、KnM、KnS、T、C、D。

```
X0              [S1.]  [S2.]  [D.]
├──┤ ├──[FNC22 MUL  D0    D2    D4 ]      (D0)  ×  (D2)  →  (D5, D4)
                                          16位      16位      32位

X1              [S1.]  [S2.]  [D.]
├──┤ ├──[FNC22 (D) MUL  D0   D2   D4]   (D1, D0) × (D3, D2) → (D7, D6, D5, D4)
                                          32位      32位       64位
```

图 8-22　乘法指令的应用示例

（4）除法指令

二进制除法指令 DIV 格式为 FNC23 DIV [S1.][S2.][D.]。

它是将[S1.]除[S2.]的商送到指定的目标地址中，余数送到[D.]的下一个元件。除法指令应用示例如图 8-23 所示。当执行 16 位除法运算时，X0=ON，（D0）÷（D2）→（D4）商，（D5）余数（16 位除法）；当执行 32 位除法运算时，X1=ON，（D1，D0）÷（D3，D2）→（D5，D4）商，（D7，D6）余数（32 位除法）。指令 16 位运算占 7 个程序步，32 位运算占 13 个程序步。

```
X0              [S1.]  [S2.]  [D.]     被除数   除数    商      余数
├──┤ ├──[FNC23 DIV  D0    D2    D4 ]    (D0)  ÷ (D2) → (D4)···· (D5)
                                         16位    16位   16位    16位

X1              [S1.]  [S2.]  [D.]     被除数   除数    商      余数
├──┤ ├──[FNC23 (D) DIV  D0   D2   D4]  (D1, D0)÷(D3, D2)→(D7, D4)····(D7, D6)
                                        32位    32位   32位    32位
```

图 8-23　除法指令的应用

乘法和除法指令使用时，16 位运算占 7 个程序步，32 位运算为 13 个程序步；32 位乘法运算中，如用位元件做目标，则只能得到乘积的低 32 位，高 32 位将丢失，这种情况下应先将数据移入字元件再运算；除法运算中将位元件指定为[D.]，则无法得到余数，除数为 0 时发生运算错误。DIV 操作数[S1.][S2.]可取 K、H、KnH、KnY、KnM、KnS、T、C、D、V、Z；[D.]可取 KnY、KnM、KnS、T、C、D。

（5）加 1、减 1 指令

加 1 指令 INC 和减 1 指令 DEC 格式为 FNC24 [D.]和 FNC25 [D.]。

INC 和 DEC 这两条指令分别是当条件满足则将指定元件的内容加 1 或减 1。二进制加 1、减 1 指令的应用示例如图 8-24 所示。X0 每次由 OFF 变为 ON 时，D10 中的数增加 1，X1 每次由 OFF 变为 ON 时，D11 中的数减 1。当 X0=ON 时，（D10）+1→（D10）；当 X1=ON 时，（D11）−1→（D11）。若指令是连续指令，则每个扫描周期均做一次加 1 或减 1 运算。指令 16 位运算占 3 个程序步，32 位运算占 5 个程序步。INC 操作数[D.]可取 KnY、KnM、KnS、T、C、D、V、Z。DEC 操作数[D.]可取 KnY、KnM、KnS、T、C、D、V、Z。

如图 8-25 所示，将计数器 C0～C9 的当前值转换成 BCD 向 K4Y000 输出。预先通过复位输入 X010 清除 Z；X011 每导通一次时，依次输出 C0、C1…C9 的当前值。

```
        X0                              [D.]
        ┤├──────[FNC24  INC（P）  D10 ]
        X1                              [D.]
        ┤├──────[FNC25  DEC（P）  D11 ]
```

图 8-24 加 1、减 1 指令应用示例

```
        X0                      [S1.] [S2.] [D.]
        ┤├──────[FNC12  MOV（P）  K0  Z  ]          0    →    (Z)

        M1
        ┤├

        X11
        ┤├──────[FNC18  BCD（P）  C0  Z  K4Y000]    (C0 Z)  →  (K4Y000)
                                                   BIN       BCD
              ┤──[FNC24  INC（P）  Z      ]        (Z)+1   →   (Z)

              ┤──[FNC10  CMP（P）  K10  Z  M0 ]    (Z)=10时，M1=ON（接通）
```

图 8-25 加 1 指令应用实例

2. 逻辑运算指令

逻辑运算指令梯形图如图 8-26 所示。

```
        X0                      [S1.] [S2.] [D.]
        ┤├──────[FNC26  WAND  D10  D12  D14 ]
        X1
        ┤├──────[FNC27  WOR   D20  D22  D24 ]
        X2
        ┤├──────[FNC28  WXOR  D30  D32  D34 ]
        X3
        ┤├──────[FNC29  NEG   D6  ]
```

图 8-26 逻辑运算指令梯形图

（1）逻辑与指令 WAND 格式为 FNC26 WAND [S1.][S2.][D.]。

逻辑与指令是将指定的两个源地址中的二进制数按位进行与逻辑运算，将结果送到指定的目标地址中。当 X0=ON 时，[S1.]指定的 D10 和[S2.]指定的 D12 内数据按位对应，进行逻辑与运算，结果存于由[D.]指定的元件 D14 中，指令 16 位运算占 7 个程序步，32 位运算占 13 个程序步。WAND 操作数[S1.][S2.]可取 K、H、KnX、KnY、KnM、KnS、T、C、D、Z；[D.]可取 KnY、KnM、KnS、T、C、D、V、Z。

（2）逻辑或指令 WOR 格式为 FNC27 WOR [S1.][S2.][D.]。

逻辑或指令是将指定的两个源地址中的二进制数按位进行或逻辑运算，将结果送到指定的目标地址中。

当 X1=ON 时，[S1.]指定的 D20 和[S2.]指定的 D22 内数据按位对应，进行逻辑或运算，结果存于由[D.]指定的元件 D24 中。指令 16 位运算占 7 个程序步，32 位运算占 13 个程序步。WOR 操作数[S1.][S2.]可取 K、H、KnX、KnY、KnM、KnS、T、C、D、Z；[D.]可取 KnY、

KnM、KnS、T、C、D、V、Z。

（3）逻辑异或指令 WXOR 格式为 FNC28 WXOR [S1.][S2.][D.]。

逻辑异或指令 WXOR 是对源操作数位进行逻辑异或运算，将结果送到指定的目标地址中。当 X2=ON 时，[S1.]指定的 D30 和[S2.]指定的 D32 内数据按位对应，进行逻辑异或运算，结果存于由[D.]指定的元件 D34 中，指令 16 位运算占 7 个程序步，32 位运算占 13 个程序步。WXOR 操作数[S1.][S2.]可取 K、H、KnX、KnY、KnM、KnS、T、C、D、V、Z；[D.]可取 KnY、KnM、KnS、T、C、D、V、Z。

（4）求补指令 NEG 格式为 FNC29 NEG [D.]。

求补指令 NEG 是将[D.]指定的元件内容的各位先取反再加 1，将其结果再存入原来的元件中。指令 16 位运算占 3 个程序步，32 位运算占 5 个程序步。使用 NEG 指令的连续执行时，D6 的内容每个周期都会发生变化。因此，推荐使用脉冲执行型。

*8.4 循环与移位指令（FNC30~FNC33）

1. 循环与移位指令

循环右移指令格式为 FNC30（16/32）（D）ROR（P）[D.] n。

循环左移指令格式为 FNC31（16/32）（D）ROL（P）[D.] n。

指令功能为 16 位或 32 位数据的各位信息左右回转。ROR、ROL 左、右回转指令应用示例如图 8-27 所示。ROR 指令执行时，操作数[D.]中的数据向右移动 n 位，最后一次移出来的那一位存入 M8022 中。ROL 指令执行时，操作数[D.]中的数据向左移动 n 位，最后一次移出来的那一位同时存入 M8022 中。使用 ROR/ROL 指令，目标元件中指定位元件的组合只有在 K4（16位）和 K8（32 位指令）时有效；16 位指令占 5 个程序步，32 位指令占 9 个程序步。用连续指令执行时，循环移位操作每个周期执行一次。ROR 操作数[D.]可取 KnY、KnM、KnS、T、C、D、V、Z；n 可取 K、H，移位量 n≤16（16 位），n≤32（32 位）。ROL 操作数[D.]可取 KnY、KnM、KnS、T、C、D、V、Z；n 可取 K、H，移位量 n≤16（16 位），n≤32（32 位）。

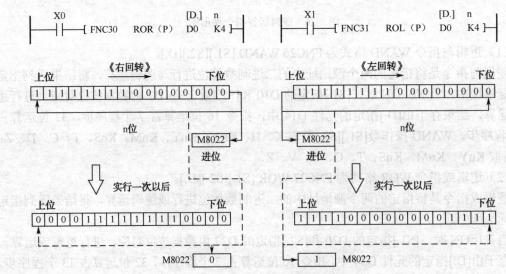

图 8-27 ROR、ROL 左右回转指令应用示例

2. 带进位的循环移位指令

循环右移指令格式为 FNC32（16/32）（D）RCR（P）[D.] n。

循环左移指令格式为 FNC33（16/32）（D）RCL（P）[D.] n。

带进位右、左循环移位指令的应用示例如图 8-28 所示。执行这两条指令时，各位数据连同进位（M8022）向右（或向左）循环移动 n 位。使用 RCR/RCL 指令时，目标元件中指定位元件的组合只有 K4（16 位）和 K8（32 位指令）时有效；16 位指令占 5 个程序步，32 位指令占 9 个程序步。用连续指令执行时，循环移位操作每个周期执行一次。RCR 操作数[D.] 可取 KnY、KnM、KnS、T、C、D、V、Z；n 可取 K、H 移位量，n≤16（16 位），n≤32（32 位）。RCL 操作数[D.]可取 KnX、KnY、KnM、KnS、T、C、D、V、Z；n 可取 K、H，移位量 n≤16（16 位）、n≤32（32 位）。

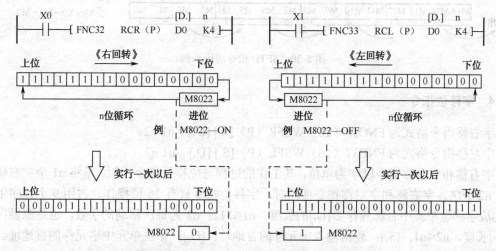

图 8-28　带进位右、左循环移位指令的应用示例

3. 位移位指令

位右移指令格式为 FNC34（16）SFTR（P）[S.][D.] n1 n2。

位左移指令格式为 FNC35（16）SFTL（P）[S.][D.] n1 n2。

位移位 SFTR、SFTL 指令使位元件中的状态成组向右（或向左）移动。n1 个目标位元件中的数据向右或向左移动 n2 位，n2 指定移位位数。n1 构成位移位单元的目标操作数[D.]的长度，即 n1≤1024；n2 每次移动的位数，也是源操作数[S.]的长度，即 n2≤n1；n1 和 n2 的关系及范围因机型不同而有差异，一般为 n2≤n1≤1024。[S.]为移位的源位元件首地址；[D.]为移位的目标位元件首地址，n1 指定位元件的长度（个数），n2 为目标位元件移动的位数。该指令可以采用连续/脉冲执行方式，只有 16 位操作占 7 个程序步。SFTR、SFTL 操作数[S.]可取 X、Y、M、S，[D.]可取 Y、M、S；n1、n2 可取 K、H，n2≤n1≤1024。右移位指令应用示例如图 8-29 所示，左移位指令应用示例如图 8-30 所示。

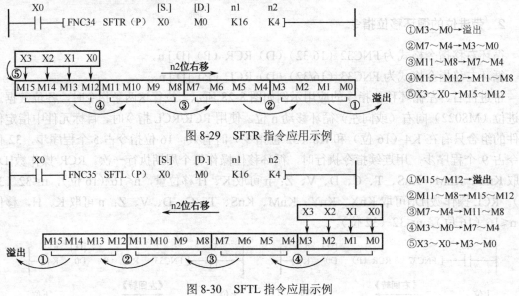

图 8-29　SFTR 指令应用示例

图 8-30　SFTL 指令应用示例

4. 字移位指令

字右移指令格式为 FNC36（16）WSFR（P）[S.] [D.]　n1 n2。

字左移指令格式为 FNC37（16）WSFL（P）[S.] [D.]　n1 n2。

字右移和字左移指令以字为单位，其工作的过程与位移位指令相似，是将 n1 个字右移或左移 n2 个字。字右移和字左移指令使用时，字移位指令只有 16 位操作，占用 9 个程序步。n1 构成字移位单元中目标操作数[D.]的长度，n1≤512；n2 为每次移动的字数，也是源操作数 [S.]的长度，n2≤n1；[S.]：数据输入字元件的首地址；[D.]：移位单元中字元件的首地址。n1 和 n2 的关系为 n2≤n1≤512。WSFR、WSFL 操作数[S.]可取 KnX、KnY、KnM、KnS、T、C、D；[D.]可取 KnY、KnM、KnS、T、C、D；n1、n2 可取 K、H，n2≤n1≤512。这两条指令的应用示例如图 8-31、图 8-32 所示。

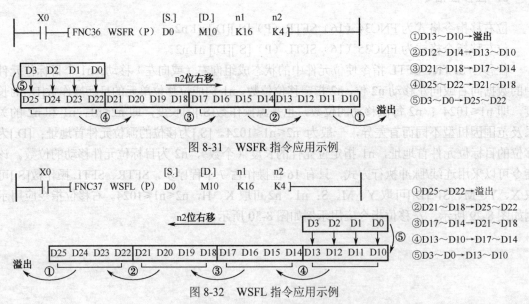

图 8-31　WSFR 指令应用示例

图 8-32　WSFL 指令应用示例

注意：

① 该指令可以采用连续/脉冲执行方式。

② 如果指定位软元件进行字移位时，指定的源操作数和目标操作数的位数应相同，如图 8-33 中源操作数 K1X0 和目标操作数 K1Y0 具有相同的位数 K1，因为 n2=K2，源操作数是由 X0～X7 组成的 2 位数据；又因为 n1=K4，因此目标操作数是由 Y0～Y17 组成的 4 位数据。当 X0 由 OFF→ON 时，执行位元件的字右移指令。

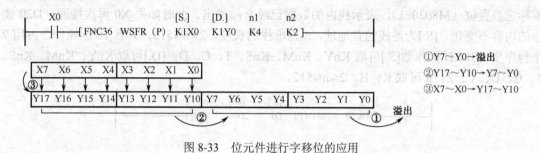

图 8-33　位元件进行字移位的应用

5. 先入先出写入指令

先入先出写入指令格式为 FNC38（16）SFWR（P）[S.][D.] n。

指令的应用如图 8-34 所示。先入先出写入指令是先入先出控制的数据写入指令，把[S.] 中的数据依次写入以[D.]为堆栈首地址的 n 个堆栈地址中去，在目标操作数 D1～D10 组成的堆栈中，D1 中的内容为指针 P1，表示数据的存储点的次数，在执行此指令之前要先置 0。D2～D10 为存放数据的堆栈，其中 D2 为栈底。当 X0 由 OFF→ON 时，先将 D0 中的数据压入栈底 D2，再将 D1 的指针数加 1（P1=1）。当 X0 再次接通时，D0 的数据压入下一个数据寄存器 D3，D1 的指针数再加 1（P1=2）。以此类推，当指针的内容为 n−1（P1=9）时，栈内的数据寄存器已经全部压入数据，进位标志置位（M8022=1），表示堆栈已经装满，此时如果 X0 再次接通，也不再将数据压入堆栈，指令变成无处理。[D.]为堆栈的首地址；n 为堆栈的长度，2≤n≤512。只有 16 位操作，占用 7 个程序步。SFWR 操作数[S.]可取 K、H、KnX、KnY、KnM、KnS、T、C、D、V、Z；[D.]可取 KnY、KnM、KnS、T、C、D；n 可取 K、H，2≤n≤512。

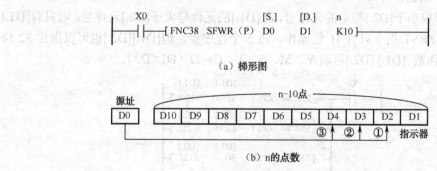

（a）梯形图

（b）n 的点数

图 8-34　先入先出写入指令的应用

6. 先入先出读出指令

先入先出读出指令格式为 FNC39（16）SFRD（P）[S.] [D.] n。

先入先出读出指令的应用如图 8-35 所示。先入先出读出指令是先入先出控制的数据读出指令，是把以源操作数[S.]为堆栈首地址的（n-1）个数据依次读到目标操作数[D.]中去，在源操作数 D1～D10 组成的堆栈中，D1 仍然为指针 P1，在执行该指令之前，先把指针置入数据 n-1，表示弹出数据的次数，D2～D10 为存放数据的堆栈，D2 仍为栈底。

当 X0 由 OFF→ON 时，先将栈底 D2 中的数据弹出送入目标操作数 D20，然后 D3～D10 的数据依次右移一个字，再将指针 D1 的数据减 1。当 X0 再次接通时，按上述动作重复执行，使数据总是从 D2 读出送入 D20 中去，直至指针 D1 的数据等于 0 时，不再弹出数据，同时零标志被置位（M8020-1），表示栈内的数据已经全部弹出。此时如果 X0 再次接通，D20 读出的内容不变化。[S.]为堆栈的首地址，n 为堆栈的长度，2≤n≤512。只有 16 位操作，占用 7 个程序步。SFRD 操作数[S.]可取 KnY、KnM、KnS、T、C、D；[D.]可取 KnY、KnM、KnS、T、C、D、V、Z；n 可取 K、H，2≤n≤512。

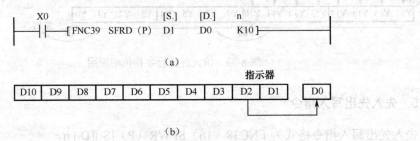

图 8-35　先入先出读出指令的应用

*8.5　数据处理指令（FNC41～FNC49 指令）

1. 区间复位指令

区间复位指令格式为 FNC40（16）ZRST（P）[D1.][D2.]。

区间复位指令是将指定范围内的同类元件成批复位。区间复位指令的应用如图 8-36 所示。当 M8002 由 OFF→ON 时，位元件 M500～M599 成批复位，字元件 C235～C255 也成批复位。整体复位状态 S0～S127。

[D1.]的元件号应小于[D2.]指定的元件号，若[D1.]的元件号大于[D2.]元件号，则只有[D1.]指定元件被复位。ZRST 指令只有 16 位操作，占 5 个程序步，但[D1.][D2.]也可以指定 32 位计数器。ZRST 操作数 [D1.][D2.]可取 Y、M、S、T、C，D（D1≤D2）。

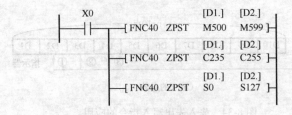

图 8-36　区间复位指令的应用

2. 译码（解码）指令

译码（解码）指令格式为 FNC41（16）DECO（P）[S.][D.] n。

n：参与操作的源操作数有 n 位，目标操作数有 2^n 位。[D.]为位元件时，n=1～8；[D.]为字元件时，n=1～4。当 X0=ON 时，每个扫描周期都对 X2～X0 进行译码，其结果使 M10～M17 中某一位置位。当 X2X1X0=011 时，（1+2-3）M13=1；当 X2X1X0=111 时，（4+2+1=7）M17=1；当 X2X1X0=000 时，M10=1。DECO 操作数[S.]可取 K、H、X、Y、M、S、T、C、D、V、Z；[D.]可取 Y、M、S、T、C、D。译码（解码）指令应用如图 8-37 所示。

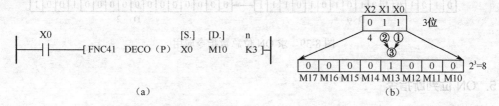

图 8-37 译码（解码）指令的应用

3. 编码指令

编码指令格式为 FNC42（16）ENCO（P）[S.][D.] n。

n 表示参与该操作的源操作数有 2^n 位，目标操作数有 n 位。[S.]为位元件时，n=1～8；[S.]为字元件时，n=1～4。编码指令应用如图 8-38 所示。当 X0=ON 时，对 M10～M17（2^3=8 位）进行编码，其结果存入 D10 的低 3（n=K3）位中；M13=1，因此 D10 中的数为 3（1+2=3）。若源操作数[S.]中为 1 的个数多于 1 个，最高位的"1"有效，低位的"1"忽略不计。若全为"0"，则运算出错。DECO 和 ENCO 指令使用时，n=0 时，不做处理，可以采用连续/脉冲执行方式；当 X0=OFF 时，不执行上述指令，且编码输出无变化。只有 16 位操作，占用 7 个程序步。操作数[S.]可取 X、Y、M、S、T、C、D、V、Z；[D.]可取 T、C、D、V、Z；n 可取 K、H，1≤n≤8。

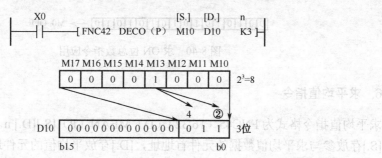

图 8-38 编码指令应用

4. 求 ON 位总数指令

求 ON 位总数指令格式为 FNC43（16/32）（D）SUM（P）[S.][D.]。

当源操作数中无"1"时，零标志置位（M8020=1）。还可以进行 16/32 位操作，16 位运算占 5 个程序步，32 位运算占 9 个程序步。进行 32 位操作时，目标操作数中高 16 位总为"0"。可以采用连续/脉冲执行方式。

求 ON 位总数指令应用如图 8-39 所示。当 X0 接通时，将 D0 中 1 的个数存入 D2 中，当 D0 中无 1 时，位标志 M8020 特殊辅助继电器会动作。如使用 32 位指令，则目标操作数的高位字为 0。SUM 操作数[S.]可取 K、H、KnX、KnY、KnM、KnS、T、C、D、V、Z；[D.]可取 KnY、KnM、KnS、T、C、D、V、Z。

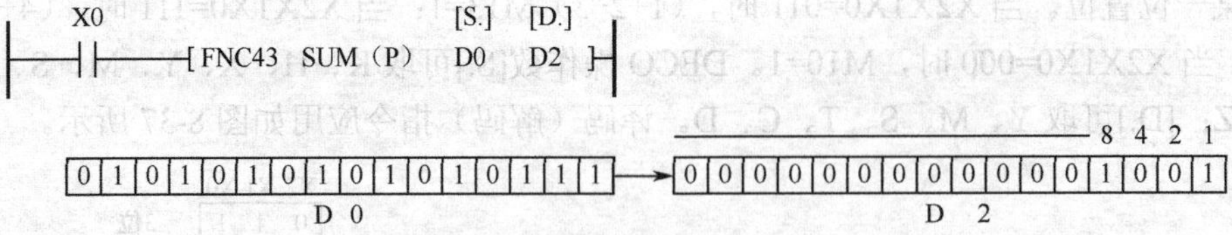

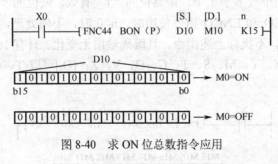

图 8-39 求 ON 位总数指令应用

5. ON 位判断指令

ON 位判断指令格式为 FNC44（16/32）（D）BON（P）[S.][D.]。

该指令为判断指定位是置位还是复位的指令。n 为源操作数中指定判断的位数；当 X0=OFF 时，M0 的内容不变，可以用复位指令复位。可以 16/32 位操作，进行 16 位操作时，n=0～15；进行 32 位操作时，n=0～31。可以采用连续/脉冲执行方式。

ON 位判断指令应用如图 8-40 所示。当 X0 接通时，判断 D10 中的第 n（此处 n=15）位是否为 1，若为 1 则 M0 接通。此时即使 X0 断开，M0 状态也不变化。16 位运算占 7 个程序步，32 位运算占 13 个程序步。BON 操作数[S.]可取 K、H、KnX、KnY、KnM、KnS、T、C、D、V、Z；[D.]可取 Y、M、S；n 可取 K、H；n=0～15（16 位），n=0～31（32 位）。

图 8-40 求 ON 位总数指令应用

6. 求平均值指令

求平均值指令格式为 FNC45（16/32）（D）MEAN（P）[S.][D.] n。

[S.]存放参与求平均值数据的元件首地址，[D.]存放平均值的元件地址，n 指定求平均值的数据个数。将 n 点的源操作数的平均值存入目的操作数。余数自动舍去，超过软元件编号时，则在可能的范围内取 n 的最小值。求平均值指令的应用如图 8-41 所示。求平均值指令为代数平均值，且 D10 中存入平均值的整数，余数自动舍去；可以采用连续/脉冲执行方式；可以进行 16/32 位操作。16 位运算占 7 个程序步，32 位运算占 13 个程序步。MEAN 操作数[S.]可取 KnX、KnY、KnM、KnS、T、C、D；[D.]可取 KnY、KnM、KnS、T、C、D、V、Z；n 可取 K、H；n=1～64。

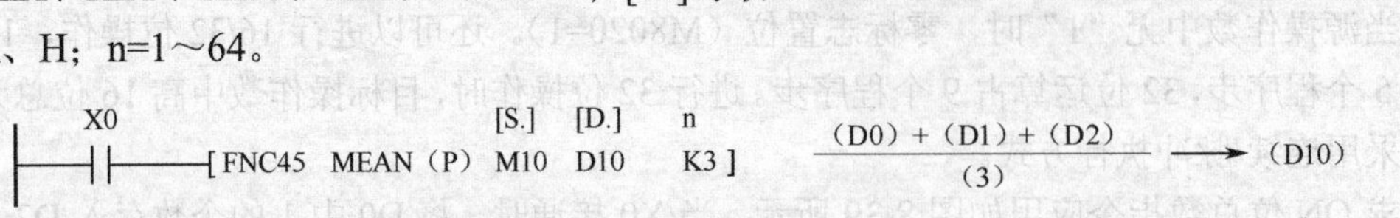

$$\frac{(D0)+(D1)+(D2)}{(3)} \longrightarrow (D10)$$

图 8-41 求平均值指令的应用

7. 报警器置位/复位指令

报警器置位指令格式为 FNC46（16）ANS（P）[S.] m [D.]。

报警器复位指令格式为 FNC47（16）ANR（P）。

[S.]指定报警定时器元件号，范围为 T0～T199（单位：100ms）；m 为报警定时器的设定值，取值范围为 1～32767，也表示 ANS 定时时间为 0.1～3276.7s；[D.]指定故障诊断用状态器的地址号，范围为 S900～S999。

报警器置位/复位指令应用如图 8-42 所示。由 X0、X1 构成 ANS 指令的控制线路，报警定时器的定时时间为 10×100ms=1s（1000ms）；当 X0、X1 同时接通 1s 以上时，S900 接通；以后即便 X0 或 X1 断开，定时器复位，S900 仍保持。只要当 X2=ON 时，S900=0（复位）。

执行 ANR 指令时，S900～S999 中被置位的报警器复位。若多个报警器置位，先将最低编号的报警器复位。若连续执行 ANR 指令，按状态器 S 的编号顺序从小到大复位；ANR 指令可以采用连续/脉冲执行方式。若将 X2 再次接通，则下一编号的状态被复位。若采用连续执行型指令，则在各扫描周期中按顺序复位。ANS 指令只有 16 位运算占 7 个程序步，ANR 指令也只有 16 位运算占 1 个程序步。ANS 报警器置位操作数[S.]范围为 T0～T199；[D.]范围为 S900～S999；m 可取 K、H，m=1～32767（单位 100ms）。报警器复位指令无操作数。

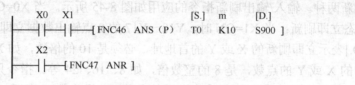

图 8-42　报警器置位/复位指令的应用

8. 求二进制平方根指令

求二进制平方根指令格式为 FNC48（16/32）（D）SQR（P）[S.] [D.] n。

[S.]为负数时，出错标志置位（M8067=1），不执行该指令。计算结果的整数存入目标操作数[D.]中，小数部分会自动舍去，同时借位标志置位。SQR 指令 16 位运算占 5 个程序步，32 位运算占 9 个程序步。操作数[S.]可取 K、H、D；[D.]可取 D。求二进制平方根指令的应用如图 8-43 所示。

X0
[FNC48 SQR（P）　D10　D12]
[S.]　[D.]

图 8-43　求二进制平方根指令的应用

9. 二进制转换浮点数

二进制转换浮点数格式为 FNC49（16/32）（D）FLT（P）[S.] [D.]。

此指令为二进制整数→二进制浮点数转换指令。二进制转换浮点数指令如图 8-44 所示。当 X0 有效时，将存进 D10 中的数据转换成浮点数并存进 D12 中。使用 FLT 指令时，源和目标操纵数均为[D.]，16 位操作占 5 个程序步，32 位操作占 9 个程序步。FLT 操作数[S.]可取 D；[D.]可取 D。

```
      X0                    [S.]    [D.]
  ┤├─────┤FNC49  FLT   D10   D12├┤
```
整数　　　　　二进制浮点数
(D10)　　→　　(D13　D12)

```
      X0                        [S.]    [D.]
  ┤├─────┤FNC49  (D) FLT   D10   D12├┤
```
整数　　　　　二进制浮点数
(D11，D10)　→　(D13，D12)

图 8-44　求二进制平方根指令的应用

*8.6　高速处理指令（FNC50～FNC59）

1. 输入/输出刷新指令

输入/输出刷新指令格式为 FNC50（16）REF（P）[D.] n。

FX 系列 PLC 采用集中输入/输出的方式。假如需要最新的输入信息及希望立即输出结果则必须使用该指令。刷新指令是在程序开始处理之后读入最新输入状态或在结束指令执行之前将某操作结果立即输出，实现最新输入信息存储和运算结果即时输出。刷新指令有输入刷新和输出刷新两种。输入/输出刷新指令的应用如图 8-45 所示。当 X0=ON 时，X10～X17 的 8 点输入状态立即刷新；当 X1=ON 时，Y10～Y17 的 8 点输出数据立即送输出端子，实现输出刷新。[D.]表示立即刷新的 X 或 Y 的首地址，必须是 10 的倍数，如 X0、X10、X20 等。n 为立即刷新的 X 或 Y 的点数，是 8 的整数倍，如 8、16、24 等。指令只进行 16 位运算，占 5 个程序步，该指令可以采用连续/脉冲执行方式。REF 操作数[D.]可取 X、Y；n 可取 K、H，n 为 8 的倍数。

```
      X0           [D.]   n               X1           [D.]   n
  ┤├─────┤FNC50 REF  X10  K8├┤       ┤├─────┤FNC50 REF  Y0   K24├┤
```

图 8-45　输入/输出刷新指令指令的应用

2. 滤波调整指令

滤波调整指令格式为 FNC51（16）REFF（P）n。

滤波调整指令是专门用于开关量输入的指令。通常的 PLC 都设置 10ms 输入滤波 RC 电路。而当电子无触头开关没有抖动噪声、可以高速输入时，输入端的 RC 滤波器反而成为高速输入的障碍。在 FX 系列 PLC 中 X0～X17 使用了数字滤波器，用 REFF 指令可调节其滤波时间，范围在 0～60ms 之间进行修改。即使指令使数字滤波器时间常数为最小值"0"时，其滤波时间仍有 50μs。滤波调整指令的应用如图 8-46 所示。X0=ON 时，X0～X7 的滤波时间常数设置为 1ms，并完成输入刷新。当 X0=OFF 时，不执行该指令，X0～X7 的滤波时间常数为 10ms。REFF 指令只有 16 位运算占 3 个程序步。REFF 操作数 n 可取 K、H、X（X0～X17），n=0～60（滤波系数，单位为 ms）。

3. 矩阵输入指令

矩阵输入指令格式为 FNC52（16）MTR（P）[S.][D1.][D2.] n。

利用 MTR 指令可以构成由连续排列的 8 点输入与 n 点输出组成的 8 列 n 行的输入矩阵。

矩阵输入指令的应用如图 8-47 所示。由 X20～X27 这 8 个输入点和 Y20、Y21、Y22 这 3 个输出点组成 8 列×3 行矩阵；当 X0=ON 时，3 个输出端依次接通；当 Y20=ON 时，以中断方式读入第 1 列的输入数据，8 个开关量输入状态，存入 M30～M37 中；当 Y21=ON 时，以中断方式读入第 2 列开关输入状态，存入 M40～M47 中；以此类推，当 Y22=ON 时，读入第 3 列输入状态，存入 M50～M57 中。

[S.]表示矩阵输入的首地址，共有 8 点；[D1.]表示 n 个选通输出端的首地址，并且指定为晶体管输出方式；[D2.]表示矩阵的 8×n 个状态存放元件的首地址；n 表示矩阵的行数。MTR 指令只有 16 位运算占 9 个程序步。MTR 操作数[S.]可取 X；[D1.]可取 Y；[D2.]可取 Y、M、S；n 可取 K、H，K=2～8，H=2～8。

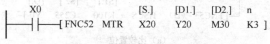

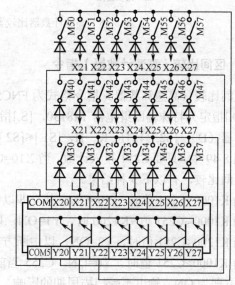

图 8-46　滤波调整指令的应用　　　　　　　　图 8-47　矩阵输入指令的应用

4. 比较置位/比较复位指令

比较置位（高速计数器）指令格式为 FNC53（32）（D）HSCS [S1.][S2.][D.]。

比较复位（高速计数器）指令格式为 FNC54（32）（D）HSCR [S1.][S2.][D.]。

高速计数器置位指令应用于高速计数器的置位，计数器当前值达到预置值时，计数器的输出触头立即动作。它采用了中断方式使置位和输出立即执行而与扫描周期无关。

在图 8-48（a）中高速计数器 C235 对高速输入端 X0 输入的计数脉冲上升沿进行计数，将 C235 的计数当前值与常数 K100 进行比较，当高速计数器 C235 的当前值由 99 变为 100 或由 101 变为 100 时，立即以中断方式将 Y0 置 1，并以刷新方式将 Y0 输出端接通。在图 8-48（b）中 C235 对 X0 的脉冲计数，将高速计数器 C235 的当前值与常数 K200 进行比较，当 C235 的当前值由 199 变为 200 或由 201 变为 200 时，立即以中断方式将 Y10 复位，并以刷新方式将 Y10 的输出端切断。HSCS、HSCR 指令只有 32 位运算占 13 个程序步。注意几点：

① 该指令是 32 位的高速计数器专用指令，占 13 个程序步。

② HSCS、HSCR、HSZ 指令在脉冲输入时以中断方式动作，若没有脉冲输入，即使满足了比较条件，输出也不会动作。

③ 外部复位标志为 M8025。当 M8025=1 时，所有相关的高速比较指令（HSCS、HSCR、HSZ）只有在高速计数器的复位输入为 ON 时执行。

④ HSCS 指令中目标操作数[D.]可以指定 I010～I060 的计数器中断指针。

⑤ HSCR 指令中目标操作数[D.]可以选用与[S2.]相同的高速计数器。

HSCS/ HSCR 操作数[S1.]可取 X、H、KnX、KnY、KnM、KnS、T、C、D、Z；[S2.]可取 C（C235～C255），[D.]可取 Y、M、S。比较置位/比较复位指令的应用如图 8-48 所示。

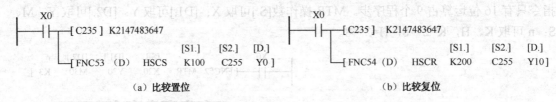

（a）比较置位 　　　　　　　　　　　　　　　　（b）比较复位

图 8-48　高速计数器比较置位/比较复位指令的应用

5. 区间比较（高速计数器）指令

区间比较（高速计数器）指令格式为 FNC55（32）（D）HSZ [S1.][S2.] [S.] [D.]。

[D.]指定为特殊辅助继电器 M8130，[S.]指定为高速计速器 C235～C255，[S1.]只对应数据寄存器（D），[S2.]只对应 K、H，[S1.]≤[S2.]。

图 8-49 中，只要 C251 投入计数，当 X10=ON 时，C251 的计数当前值与 K1000 和 K1200 进行区间比较，有以下 3 种结果。

当 K1000＞C251 值时，Y0=ON，并立即以中断方式输出刷新；

当 K1000≤C251 值＜K1200 时，Y1=ON，以中断方式输出刷新；

当 K1200＜C251 值时，Y2=ON，以中断方式输出刷新；

当 K1000＞C251 值时，Y0=ON，C255 当前值由 999→1000 或 1999→2000 时，输出 Y1 或 Y2 立即为 ON。输出不受扫描周期的影响。

HSZ 指令为 32 位操作，占 17 个程序步。HSZ 操作数[S1.][S2.]可取 K、H、KnX、KnY、KnM、KnS、T、C、D、Z；[S.]可取 C（C235～C255）；[D.]可取 Y、M、S。区间比较指令的应用如图 8-49 所示。

6. 脉冲密度指令

脉冲密度指令格式为 FNC56（16/32）（D）SPD（P）[S1.][S2.] [D.]。

脉冲密度指令的功能是检测给定时间内从编码器输入的脉冲个数，并计算出速度。[S1.]表示脉冲发生器有 X0～X5 六个输入脉冲信号，发生器每转产生 n 个脉冲；[S2.]表示计数时间，也是测量周期，单位为 ms；[D.]由 3 个相邻元件组成，首地址[D.]存放测量周期内输入的脉冲数；第二个元件存放正在进行的测量周期内已经输入的脉冲数；第三个元件存放在正在进行测量周期内还剩余的时间。SPD 指令只有 16 位，占 7 个程序步。

当指定计数输入脉冲的输入点为 X0，计数时间为 100ms，即测量周期为 100ms。

当 X10=ON 时，在 D1 中对 X0 的输入脉冲计数，100ms 后 D1 的计数结果将存入 D0 中，然后 D1 复位重新进行下一个周期内计数脉冲。计数 D2 计入测量周期内计数当前值的剩余时间。SPD 操作数[S1.]可取 X（X0～X5）；[S2.]可取 K、H、KnX、KnY、KnM、KnS、T、C、D、V、Z；[D.]可取 T、C、D、V、Z。脉冲密度指令的应用如图 8-50 所示。

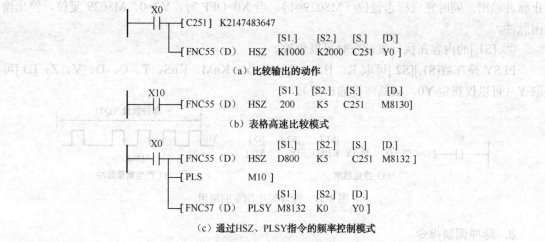

（a）比较输出的动作

（b）表格高速比较模式

（c）通过 HSZ、PLSY 指令的频率控制模式

图 8-49　区间比较指令的应用

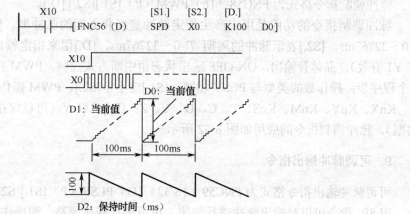

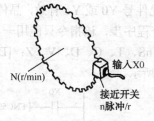

图 8-50　脉冲密度指令的应用

7. 脉冲输出指令

脉冲输出指令格式为 FNC57（16/32）（D）PLSY（P）[S1.][S2.]　[D.]。

PLSY 用来产生指定数目的脉冲。[S1.]用来指定输出脉冲的频率，频率范围为 1～1000Hz。[S2.]指定输出的脉冲个数（16 位指定范围 1～32767，32 位指定范围 1～2147483647）。指定脉冲数为"0"时，则产生无穷多个脉冲。[D.]用来指定脉冲输出元件地址号 Y0 或 Y1，必须采用晶体管输出方式。脉冲的占空比为 50%，脉冲以中断方式输出。指定脉冲输出完后，完成标志 M8029 置 1。PLSY 指令 16 位运算占 7 个程序步，32 位运算占 13 个程序步。

① 脉冲输出指令的应用如图 8-51 所示。当 X0=ON 时，执行 PLSY 指令，以中断方式从 Y0 输出占空比为 50%、频率为 1000Hz 的脉冲；输出脉冲达到（D0）指定的脉冲个数时，停止脉冲输出，同时完成标志置位（M8029=1）。当 X0=OFF 时，Y0=0，M8029 复位，停止输出脉冲。

② [S1.]的内容在执行该指令时可以更改。

PLSY 操作数[S1.][S2.]可取 K、H、KnX、KnY、KnM、KnS、T、C、D、V、Z；[D.]可取 Y（可以仅指定 Y0，限晶体管输出型）。

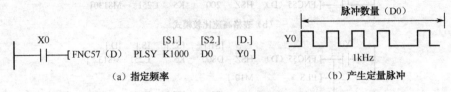

（a）指定频率　　　　　　　　　　　　　　（b）产生定量脉冲

图 8-51　脉冲输出指令的应用

8. 脉冲调制指令

脉冲调制指令格式为 FNC58（16）PWM（P）[S1.][S2.] [D.]。

脉冲调制指令的功能是用来产生指定脉冲宽度和周期的脉冲串。[S1.]表示脉冲宽度为 t=0～32767ms，[S2.]表示脉冲的周期 T=0～32767ms，[D.]用来指定输出脉冲的元件号（Y0 或 Y1 有效），晶体管输出，ON/OFF 输出状态由中断方式控制。PWM 指令只有 16 位操作，7 个程序步；操作数的类型与 PLSY 相同；[S1.]应小于[S2.]。PWM 操作数[S1.][S2.]可取 K、H、KnX、KnY、KnM、KnS、T、C、D、V、Z；[D.]可取 Y（可以仅指定 Y0，限晶体管输出型）。脉冲调制指令的应用如图 8-52 所示。

9. 可调脉冲输出指令

可调脉冲输出指令格式为 FNC59（16/32）（D）PLSR（P）[S1.][S2.] [D.]。

PLSR 指令可以对输出脉冲进行加速，也可进行减速调整。源操作数和目标操作数的类型和 PLSY 指令相同，输出脉冲的元件号 Y0 或 Y1 有效，晶体管输出，PLSR 指令有 16 位运算占 7 个程序步，32 位运算占 17 个程序步，该指令只能用一次。PLSR 操作数[S1.][S2.][S3.]可取 K、H、KnX、KnY、KnM、KnS、T、C、D、V、Z；[D.]可取 Y（限晶体管输出型）。可调脉冲输出指令的应用如图 8-53 所示。

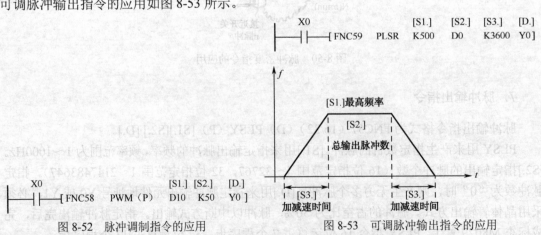

图 8-52　脉冲调制指令的应用　　　　　　　　图 8-53　可调脉冲输出指令的应用

*8.7　方便指令（FNC60 ~ FNC69）

FX 系列共有 10 条方便指令：状态初始化指令 FNC60 IST、数据查找指令 FNC61 SER、绝对式凸轮顺控指令 FNC62 ABSD、增量式凸轮顺控指令 FNC63 INCD、示教定时器指令 FNC64 TIMR、特殊定时器指令 FNC65 STMR、交替输出指令 FNC66 ALT、斜坡信号输出指令 FNC67 RAMP、旋转工作台控制指令 FNC68 ROTC 和数据排序指令 FNC69 SORT。

1. 状态初始化指令

状态初始化指令格式为 FNC60（16）IST [S.][D1.][D2.]。

IST 指令与 STL 指令结合使用，专门用来开发具有多种工作方式的顺序控制编程，STL 指令用于设计顺序控制，如机械手的控制。状态初始化指令应用如图 8-54 所示。PLC 上电后，M8000 接通，执行 IST 指令。指令指定自动方式中用到的状态最小号为 S20，状态最大号为 S29。输入点 X20～X17 的功能是固定的。该指令只有 16 位运算占 7 个程序步。

```
        M8000              [S.]  [D1.] [D2.]
  ├──────┤ ├────[FNC60  IST  X20  S20  S29 ]
```

图 8-54　状态初始化指令的应用

当 M8000 由 OFF→ON 时，5 个输入运行方式和 3 个输入信号如下。

X20 各个操作；　　　　　　　　X21 原点复归；

X22 单步；　　　　　　　　　　X23 循环运行一次；

X24 连续运行；　　　　　　　　X25 原点复归开始；

X26 自动开始；　　　　　　　　X27 停止。

当 M8000=ON 时，特殊辅助继电器和状态元件将自动进入受控状态，其功能如下：

M8040：转移禁止状态；　　　　S0：各个操作初始化状态；

M8041：状态转移开始；　　　　S1：原点复位操作的初始化状态；

M8042：产生启动脉冲；　　　　S2：自动运行的初始化状态；

M8043：回原点完成；　　　　　M8044：检测机器的原点条件；

M8045：输出复位禁止；　　　　M8046：STL 状态动作；

M8047：STL 监控有效。

当 M8000=OFF 时，这些元件的状态保持不变。IST 指令使用注意：

（1）输入信号 X20～X24 必须用五挡旋转开关，保证这组信号不能有 2 个或 2 个以上的输入信号同时为 ON 状态。

（2）在实际设计程序时，根据需要确定状态继电器的使用范围。对于 X 的编号，只要首位元件号确定之后，后面的 8 个连续元件号及它们的功能也就确定了。

（3）IST 指令必须写在第一个 STL 指令出现之前，且该指令在一个程序中只能使用一次。

（4）使用 IST 指令时，S0～S9 为状态初始化元件，S10～S19 为回零状态使用元件，如果不使用该指令，这些元件可以作为普通状态使用。

IST 操作数[S.]可取 X、Y、M，[D1.][D2.]可取 S（S20～S899），[D1.]<[D2.]。

2. 数据查找指令

数据查找指令格式为 FNC61（16/32）（D）SER（P）[S1.][S2.][D.] n。

SER 指令执行时，对从源操作数[S1.]开始的几个数据进行检索，检索与源操作数[S2.]相同的数据，并将结果存入目的操作数[D.]中。在源操作数[D.]开始的 5 点元件中，如图 8-55 所示，存入相同数据及最大值、最小值的位置，不存在相同数据时，源操作数[D.]开始的连续 3 点均为 0，即（D10）～（D12）=0。该指令 16 位运算占 7 个程序步，32 位运算占 17 个程序步。SER 操作数[S1.]可取 KnX、KnY、KnM、KnS、T、C、D；[S2.]可取 K、H、KnX、KnY、KnM、KnS、T、C、D、V、Z；[D.]可取 KnY、KnM、KnS、T、C、D；n 可取 K、H、D，n=1～256（16 位），n=1～128（32 位）。数据查找 SER 指令的用法如图 8-55 所示。

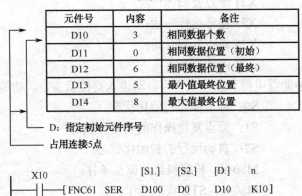

被检索元件	被检索数据例	比较数值	数据的位置	最大值	同一辈	最小值
D100	ID1000-8100		0			
D101	ID1083-8110		1			
D102	ID1020-8100		2		同一	
D103	ID1000-8.98		3			
D104	ID1040-8023		4			
D105	ID1050-6.66	D0-K000	5			最小
D106	ID1061-6000		6		同一	
D107	ID1071-8.95		7			
D108	ID1081-8200		8	最大		
D109	ID1090-8.85		9			

（Si.）指定起始元件序号　　　　　　　　　　（Si.）指定的元件顺序
　　　　　　　　　　　　　　　（Si.）指定元件内容
n指定被检索数据个数

检索结果表

元件号	内容	备注
D10	3	相同数据个数
D11	0	相同数据位置（初始）
D12	6	相同数据位置（最终）
D13	5	最小值最终位置
D14	8	最大值最终位置

D：指定初始元件序号
占用连接5点

```
 X10        [S1.] [S2.] [D.]  n
──┤├──[FNC61  SER  D100  D0  D10  K10]
```

图 8-55　数据查找 SER 指令的应用

3. 凸轮控制指令

凸轮控制（绝对式）指令格式为 FNC62（16/32）（D）ABSD [S1.] [S2.][D.] n。

绝对式凸轮顺控指令 ABSD 用来产生一组对应于计数值在 360°范围内变化的输出波形，X1 为 1 度 1 个脉冲的旋转角度信号，输出点的个数由 n 决定，图 8-56 中 n 为 4，表明[D.]由 M0～M3 共 4 点输出。预先通过 MOV 指令将对应的数据写进 D300～D307 中，关断点数据放进奇数元件，开通点数据写进偶数元件。当执行条件 X0 由 OFF→ON 时，M0～M3 将得到如图 8-56（b）所示的波形，通过改变 D300～D307 的数据可改变波形，由 n 决定输出对象的点数。当 X0→OFF，则各输出点状态不变。该指令 16 位运算占 9 个程序步，32 位运算占 17 个程序步，指令只能使用一次。ABSD 操作数[S1.]可取 KnX、KnY、KnM、KnS、T、C、D；[S2.]可取 C，两个连续计数器；[D.]可取 Y、M、S（n 个连续元件）；n 可取 K、H，n≤64。

凸轮控制（绝对式）指令应用如图 8-56 所示。

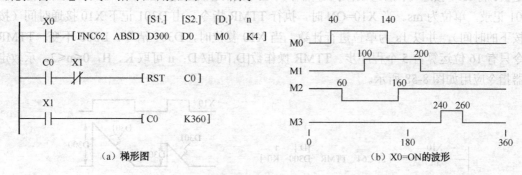

图 8-56　凸轮控制 ABSD 指令的应用

凸轮控制（增量式）指令格式为 FNC63（16）INCD　[S1.] [S2.][D.] n。

INCD 也用来产生一组对应于计数值变化的输出波形。如图 8-57（b）所示，n 有 4 个输出，分别为 M0～M3，它们的 ON/OFF 状态受凸轮提供的脉冲个数控制。使 M0～M3 为 ON 状态的脉冲个数分别存放在 D300～D303 中（用 MOV 指令写入）。预先使用传送命令将 D300=20、D301=30、D302=10、D303=40 时的数据写入[S1.]中。当计数器 C0 当前值依次达到 D300～D303 的设定值时会自动复位。C1 用来计复位的次数，M0～M3 根据 C1 的值依次动作。由 n 指定的最后一段完成后，标志 M8029 置 1，以后周期性重复。当 X0=OFF，则 C0、C1 均复位，同时 M0～M3 变为 OFF，当 X0 再接通后重新开始工作。该指令只有 16 位运算占 9 个程序步。INCD 操作数[S1.]可取 KnX、KnY、KnM、KnS、T、C、D；[S2.]可取 C，两个连续计数器；[D.]可取 Y、M、S；n 可取 K、H，n≤64（n 个连续元件）。凸轮控制（增量式）指令应用如图 8-57 所示。

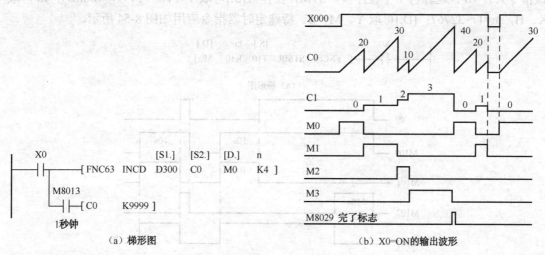

图 8-57　凸轮控制 INCD 指令的应用

4. 示教定时器指令

示教定时器指令格式为 FNC64（16）TTMR [D.] n。

示教定时器 TTMR 指令执行时，[D.]只能选数据寄存器 D，共有相邻两个。n 指定倍率，取值范围为 0、1、2，分别表示以 1s、0.1s、0.01s 单位计数。可以用一只按钮来调整定时器设定值。将 X10 接通时间乘以系数 10^n 后作为定时器的预定值存入 D300 中，X10 接通时间由 D301 记录，单位为 ms。当 X10=ON 时，执行 TTMR 指令，由 D301 记下 X10 接通时间（按钮按下的时间），并以 1s 为单位进行计数。当 X10 复位时，D301 清零，D300 不变。TTMR 指令只有 16 位运算占 5 个程序步。TTMR 操作数[D.]可取 D；n 可取 K、H，$0 \leqslant n \leqslant 2$。示教定时器指令应用如图 8-58 所示。

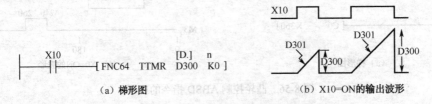

（a）梯形图　　　　　（b）X10=ON 的输出波形

图 8-58　示教定时器指令的应用

5. 特殊定时器指令

特殊定时器指令格式为 FNC65（16）STMR [S.] m [D.]。

STMR 指令可以制作延时定时器、单触发定时器、闪烁定时器。其中，[S.]指定定时器地址，定时器编号范围为 T0～T199；[D.]指定 Y、M、S 的 4 个连续软元件的首元件，首元件为延时定时器，第 2 个元件为单触发定时器，第 3、4 个元件为闪烁定时器；m 指定定时器[S.]的定时设定值，指定范围 m=1～32767。图 8-59 中 T10 的定时时间为 100ms×100=10s。当 X0=ON 时，执行 STMR 指令。M100 为延时定时器；M101 为单脉冲定时器，脉宽为 10s；M102、M103 为闪烁定时器。当 X0=OFF 时，T10 复位，M100、M101、M103 经设定时间后变为 OFF。该指令只有 16 位运算占 7 个程序步。STMR 操作数[S.]可取 T（T0～T199，100ms）；m 可取 K、H，m=1～32767；[D.]可取 Y、M、S。特殊定时器指令应用如图 8-54 所示。

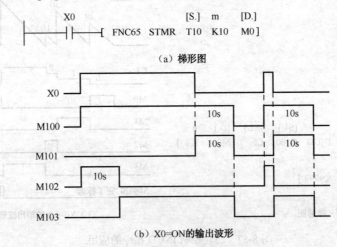

（a）梯形图

（b）X0=ON 的输出波形

图 8-59　特殊定时器指令的应用

6. 交替输出指令

交替输出指令格式为 FNC66（16）ALT（P）[D.]。

ALT 指令使用时执行交替输出，即每执行一次 ALT 指令，[D.]的状态变化一次。当 X0 每次由 OFF→ON 时，M0 的状态变化一次，而每次 M0 由 OFF→ON 时，M1 的状态变化一次。当使用连续执行方式，X0 每次接通 M0 都会变为相反状态。ALT 指令只有 16 位运算占 3 个程序步。ALT 操作数[D.]可取 Y、M、S。交替输出指令应用如图 8-60 所示。

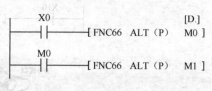

图 8-60　交替输出指令的应用

7. 斜坡信号输出指令

斜坡信号输出指令格式为 FNC67（16）RAMP[S1.][S2.][D.] n。

RAMP 用于输出不同斜率的斜坡信号。其中，[S1.]指定斜坡信号的起始值，[S2.]指定终止值。指令执行时，目的操作数[D.]中的数据由[S1.]指定的数据开始向[S2.]指定的数据缓慢变化，移动的时间为 n 个扫描周期。RAMP 指令与模拟输出相结合可实现软启动控制。RAMP 指令只有 16 位运算占 9 个程序步。RAMP 操作数[S1.] [S2.][D.]可取 D，两个连续元件；n 可取 K、H，n=1～32767。斜坡信号输出指令应用如图 8-61 所示。

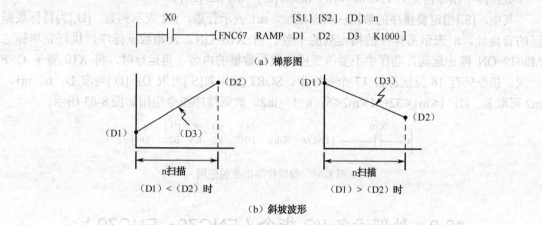

图 8-61　斜坡信号输出指令的应用

8. 旋转工作台控制指令

旋转工作台控制指令格式为 FNC68（16）ROTC[S.]　m1 m2 [D.]。

ROTC 指令是为取放 m1 分割的工作台上的工件，按照要求取放的窗口就近旋转工作台的指令。图 8-62（b）为取放 m1=10 分割的旋转工作台上的工件。

指定调用条件的指定寄存器：在 D200 之后的 D201 中设定希望调用的窗口号码；此外，在 D201 之后的 D202 中设定希望调用的窗口号码。根据已指定的元件可以得到正/反转、高速/低速/停止等输出。指令只有 16 位运算占 9 个程序步。ROTC 操作数[S.]可取 D，3 个连续元件；[D.]可取 Y、M、S；m1、m2 可取 K、H，m1=2～32767，工作台分割数；m2=0～32767，低速区间数，m1≥m2。旋转工作台控制指令应用如图 8-62 所示。

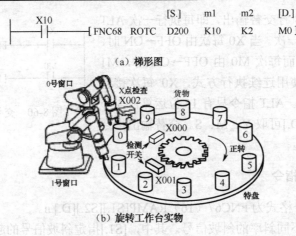

图 8-62　旋转工作台控制指令的应用

9. 数据排序指令

数据排序指令格式为 FNC69（16）SORT[S.]　m1 m2 [D.] n。

其中，[S.]指定要排序的数据区的首地址，m1 表示行数，m2 表示列数，[D.]为目标数据区的首地址，n 表示需排序的指定列的个数。当 X10=ON，开始数据排序，执行完毕标志 M8029=ON 停止运动。动作中不要改变操作数与数据的内容。再运行时，将 X10 置于 OFF 一次。指令只有 16 位运算占 17 个程序步。SORT 操作数[S.]可取 D；[D.]可取 D；n、m1、m2 可取 K、H，$1 \leqslant m1 \leqslant 32$；$1 \leqslant m2 \leqslant 6$；$n=1 \sim m2$。数据排序指令应用如图 8-63 所示。

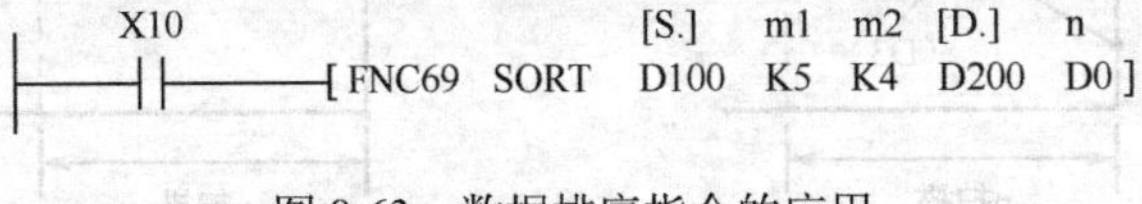

图 8-63　数据排序指令的应用

*8.8　外部设备 I/O 指令（FNC70～FNC79）

外部 I/O 设备指令是 FX 系列与外设传递信息的指令，共有 10 条。分别是 10 键输入指令 FNC70 TKY、16 键输入指令 FNC71 HKY、数字开关输入指令 FNC72 DSW、7 段译码器指令 FNC73 SEGD、带锁存的 7 段显示指令 FNC74 SEGL、方向开关指令 FNC75 ARWS、ASCII 码转换指令 FNC76 ASC、ASCII 打印指令 FNC77 PR、特殊功能模块读指令 FNC78 FROM 和特殊功能模块写指令 FNC79 TO。

1. 10 键输入指令

10 键输入指令格式为 FNC70（16/32）（D）TKY（P）[S.][D1.][D2.]。

如图 8-64 所示，X0 为源操作数[S.]的首元件，目的操作数[D1.]指定存储元件，[D2.]指定读出元件。10 个键 X0～X11 分别对应数字 0～9。X30 接通时执行 TKY 指令，以（a）、（b）、（c）、（d）的顺序按 10 键，D0 的内容为 2130，9999 以上的数值从上一位依次溢出（D0 的内容为二进制数）；使用（D）TKY 指令时，D1、D0 被组合使用，99、999、999 以上的位溢出。从按下 X2 到按下其他的键 M12 工作，其他键也相同；因此，输入 X0～X11 动作，对应于

M10～M19 动作。任何一个键被按下，只在按下时键检测输出 M20 工作状况，当两个或更多的键被按下时，只有首先按下的键有效；驱动输入 X30 即使为 OFF 时，D0 的内容也不变化，但 M10～M20 都为 OFF。指令 16 位运算占 7 个程序步，32 位运算占 13 个程序步。TKY 操作数[S.]可取 X、Y、M、S，11 个连续元件；[D1.]可取 KnY、KnM、KnS、T、C、D、V、Z；[D2.]可取 Y、M、S。10 键输入指令应用如图 8-64 所示。

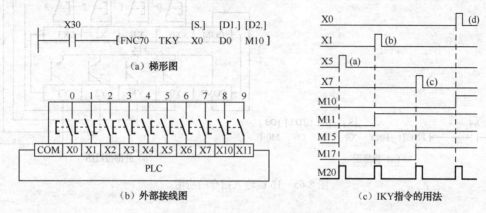

图 8-64　10 键输入指令的应用

2. 16 键输入指令

16 键输入指令格式为 FNC71（16/32）（D）HKY（P）[S.][D1.][D2.][D3.]。

HKY 是用 16 键键盘上的数字键和功能键输入的数值实现输入的。在图 8-65 中，[S.]指定 4 个输入元件，[D1.]指定 4 个扫描输出元件，[D2.] 指定键盘输入存储元件，[D3.]指定读出元件。0～9 为 16 键中数字键，A～F 为功能键，HKY 指令输入的数字范围为 0～9999，以二进制的方式存放在 D0 中，如果大于 9999 则自动溢出。功能键 A～F 与 M0～M5 对应，当按下 A 键，M0 置 1 并保持。按下 D 键 M0 置 0，M3 置 1 保持。以此类推。如果同时按下多个键则先按下的有效。扫描全部 16 键需 8 个扫描周期。HKY 指令在程序中只能使用一次。指令 16 位运算占 9 个程序步，32 位运算占 17 个程序步。HKY 操作数[S.]可取 X，4 个连续元件；[D1.]可取 Y；[D2.]可取 T、C、D、V、Z；[D3.]可取 Y、M、S。16 键输入指令应用如图 8-65 所示。

3. 数字开关输入指令

数字开关指令格式为 FNC72（16）DSW [S.] [D1.][D2.] n。

DSW 的功能是读入 1 组或 2 组 4 位数字开关的设置值。在图 8-66 中，[S.]指定输入点，目的操作数[D1.]指定选通点，[D2.]指定数据存储单元，n 指定数字开关组数。图中，n=1 指有 1 组 BCD 数字开关。输入开关为 X10～X13，按照 Y10～Y13 的顺序选通读入。数据以二进制的形式存放在 D0 中。若 n=2，则有 2 组开关，第 2 组开关接到 X14～X17 上，仍由 Y10～Y13 顺序选通读入，数据以二进制的形式存放在 D1 中，第 2 组数据只有在 n=2 时才有效。当 X1 保持 ON 时，Y10～Y13 依次为 ON。一个周期完成后标志位 M8029 置 1。该指令只有 16 位运算，占 9 个程序步，可使用两次。DSW 操作数[S.]可取 X，4 个连续元件；[D1.]可取 Y，[D2.]可取 T、C、D、V、Z；n 可取 K、H，n=1～2。数字开关指令应用如图 8-66 所示。

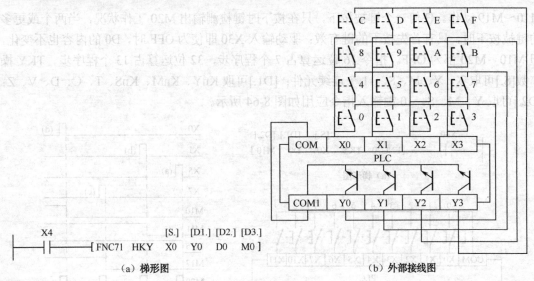

（a）梯形图 （b）外部接线图

图 8-65 16 键输入指令的应用

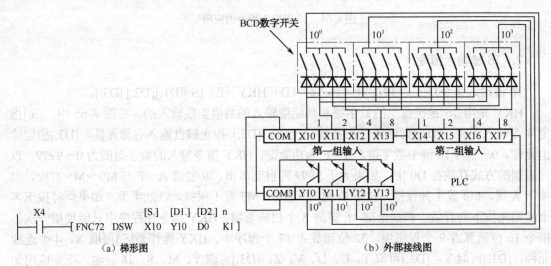

（a）梯形图 （b）外部接线图

图 8-66 数字开关指令的使用

4. 7 段译码器指令

7 段译码器指令格式为 FNC73（16）SEGD [S.] [D.]。

其中，[S.]指定元件的低 4 位，所确定的十六进制数译成驱动 7 段码显示的数据，存入[D.]指定的元件中，以驱动 7 段显示器，[D.]的高 8 位不变。如果要显示 0，则应在 D0 中放入数据 3FH。指令只有 16 位运算占 5 个程序步。操作数[S.]可取 K、H、KnX、KnY、KnM、KnS、T、C、D、V、Z；[D.]可取 KnY、KnM、KnS、T、C、D、V、Z。7 段译码器 SEGD 指令的用法如图 8-67 所示。

5. 带锁存的 7 段显示指令

带锁存的 7 段显示指令格式为 FNC74（16）SEGL[S.] [D.] n。

（a）梯形图　　　　　　　　　（b）7段译码器物图

图 8-67　7 段译码器 SEGD 指令的用法

SEGL 的作用是用 12 个扫描周期的时间来控制一组或两组带锁存的 7 段译码显示。该指令为控制 4 位 1 组或 2 组带锁存 7 段码的指令。

当显示 4 位（1 组）BCD 码时，n=0～3，[S.]由 D0 组成，[D.]由 Y0～Y7 组成，其中 Y0～Y3 为 BCD 码数据输出端，Y4～Y7 为 7 段锁存器的选通信号输出端；当显示 8 位（2 组）BCD 码时，n=4～7，[S.]由 2 个数据寄存器组成，[D.]由 Y0～Y13 组成，其中 Y0～Y3 为 D0 的 BCD 码数据输出端，Y10～Y13 为 D1 的 BCD 码数据输出端，Y4～Y7 为 2 组 7 段码锁存器共同选通信号输出端。该指令只能使用一次并且为晶体管输出方式。指令只有 16 位运算占 7 个程序步。SEGL 操作数[S.]可取 K、H、KnX、KnY、KnM、KnS、T、C、D、V、Z；[D.]可取 Y；n 可取 K、H，n =0～7。带锁存 7 段译码指令的使用如图 8-68 所示。

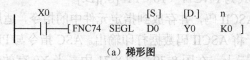

（a）梯形图

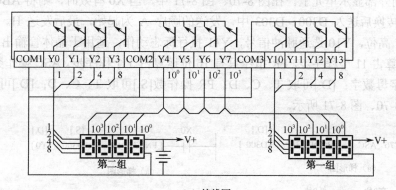

（b）接线圈

图 8-68　带锁存 7 段显示指令的使用

6. 方向开关指令

方向开关指令格式为 FNC75（16）ARWS [S.][D1.][D2.] n。

ARWS 是通过位移动与各位数值增减用的外部开关输入数据的指令。该指令有 4 个参数，其中，位左移键和位右移键用来指定输入的位，增加键和减少键用来设定指定位的数值。执行指令时，当 X0 接通时指定的是最高位，每按一次右移键或左移键可移动一位。指定位的数据可由增加键和减少键来修改，其值可显示在 7 段显示器上。[D1.]为输入的数据，[D2.]用 Y 做操作数，n=0～3，其确定的方法与 SEGL 指令相同。ARWS 指令只有 16 位运算占 9 个程序步，只能使用一次，PLC 用晶体管输出。ARWS 操作数[S.]可取 X、Y、M、S；[D1.]可取 T、C、D、V、Z ；[D2.]可取 Y；n 可取 K、H，n=0～3。指令的使用如图 8-69 所示。

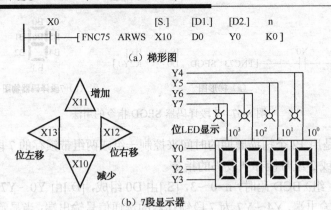

(a) 梯形图

(b) 7段显示器

图 8-69 方向开关指令的使用

7. ASCII 码指令

ASCII 码字符转换指令格式为 FNC76（16）ASC [S.][D.]。

ASCII 码输出指令格式为 FNC77（16）PR [S.][D.]。

ASC 是将字符变成 ASCII 码，并存放到指定元件中的指令，适用于在外部显示器上显示出错等信息。PR 指令用于将 ASCII 码数据打印输出。ASC 指令与 PR 指令配合使用可以将出错信息显示到外部显示单元上。在图 8-70、图 8-71 中，当 X0 有效时，则将 ABCDEFGH 变成 ASCII 码转换后送入 D300～D303 中，发送的顺序 A 为起始，最后发送 H。发送输出为 Y0 低位～Y7 高位，Y10 选通脉冲信号，Y11 执行标志动作，适用于晶体管输出。ASC 指令只有 16 位运算占 11 个程序步，PR 指令只有 16 位运算占 5 个程序步。ASC 操作数[S.]为计算机输入 8 个字母数字；[D.]可取 T、C、D。PR 操作数[S.]可取 T、C、D；[D.]可取 Y。指令的使用如图 8-70、图 8-71 所示。

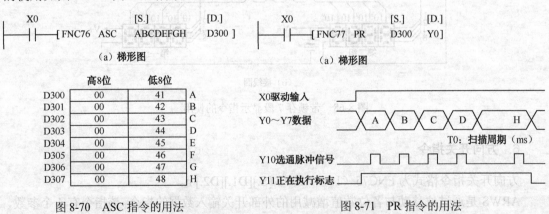

图 8-70 ASC 指令的用法

图 8-71 PR 指令的用法

8. 特殊功能模块指令

特殊功能模块读出指令格式为 FNC78（16/32）（D）FROM（P）m1 m2 [D.] n。

特殊功能模块写入指令格式为 FNC79（16/32）（D）TO（P）m1 m2 [S.] n。

读出指令 FROM 用于从增设的特殊单元缓冲存储器中读出数据。指令执行时，从编号为 m1（单元号）的特殊功能模块内，将编号从 m2 开始的缓冲寄存器的数据读入 PLC，并存入

[D.]（传送地点）指定元件开始的连续数据，n 为传送点数。

写入指令 TO 用于将数据写入到特殊功能模块。指令执行时，将 PLC 从[S.]指定单元开始的连续数据，写到特殊功能模块 m1、m2 开始的缓冲寄存器中。与 FROM 指令相同，X0=ON 时指令被执行；X0=OFF 时，指令不执行，传送地点的数据也不发生变化。

FROM、TO 指令 16 位运算占 9 个程序步，32 位运算占 17 个程序步。读出 FROM 操作数 m1、m2、n 可取 K、H，m1=0～7，m2=0～32767，n=1～32767；[D.]可取 KnY、KnM、KnS、T、C、D、V、Z。写入 TO 操作数 m1、m2、n 可取 K、H，m1=0～7，m2=0～32767，n=1～32767；[S.]可取 K、H、KnX、KnY、KnM、KnS、T、C、D、V、Z。指令的使用如图 8-72 所示。

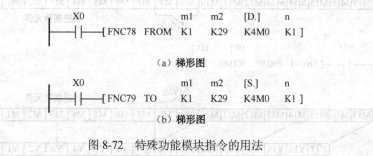

图 8-72 特殊功能模块指令的用法

*8.9 外部设备 SER 指令（FNC80～FNC89）

1. 串行数据传送指令

串行数据传送指令格式为 FNC80（16）RS [S.] m [D.] n。

RS 用于串行数据通信，是使用 RS-232C 及 RS-485 功能扩展板及特殊适配器，进行发送/接收串行数据的指令。其中，[S.]为传送数据缓冲区首地址，有 m 个；[D.]为接收数据缓冲区首地址，共有 n 个；m 为发送数据点数，m=0～256；n 为接收数据点数，n=0～256。数据传送是通过特殊数据寄存器 D8120 来设定的。RS 指令执行时，即使改变 D8120 的值，实际上也不接收。在不进行发送的系统中，将发送数据的点数设定为"K0"；或者在不进行接收的系统中，将接收数据点数设定为"K0"。RS 指令的用法如图 8-73 所示。当 X0=ON 时，从 D200～D204 这 5（m=K5）个数据寄存器发送数据，接收到 D500～D504 这 5（n=K5）个数据寄存器中。RS 指令只有 16 位运算占 9 个程序步。RS 操作数[S.]可取 D；[D.]可取 D；n、m 可取 K、H、D，m、n=0～4096，m+n≤8000。

```
     X0                    [S.]    m    [D.]   n
   ──┤ ├──────[FNC80  RS   D200   K5   D500   K5 ]
```

图 8-73 RS 指令的用法

2. 八进制传送指令

八进制传送指令格式为 FNC81（16/32）（D）PRUN（P）[S.][D.]。

PRUN 用于控制 PLC 的并行运行八进制数传送的适配器。如图 8-74 所示，当 X10=ON

时，将 X0～X17 内容送至 M0～M7 和 M10～M17；当 X11=ON 时，则将 M0～M7 送至 Y0～Y7，M10～M17 送至 Y10～Y17。源操作数[S.]可取 KnX、KnM，目标操作数[D.]可取 KnY、KnM，n=1～8。PRUN 指令 16 位运算占 5 个程序步，32 位运算占 9 个程序步。指令的用法如图 8-74 所示。

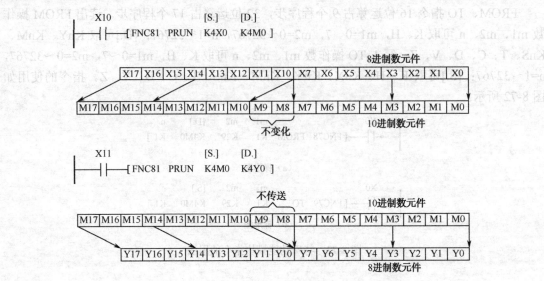

图 8-74　RS 指令的用法

3. ASCII 码转换指令

（1）HEX 转换为 ASCII 码指令格式为 FNC82（16）ASCI（P）[S.] [D.] n。

ASCI 是将[S.]中的内容（16 进制数）转换成 ASCII 码放入[D.]中。n 表示要转换的字符数。当 M8161 控制采用 16 位模式时，每 4 个 HEX 占用 1 个数据寄存器，转换后每两个 ASCII 码占用一个数据寄存器；M8161 控制采用 8 位模式时，转换结果传送到[D.]低 8 位，其高 8 位为 0。当 PLC 运行时 M8000=ON，M8161=OFF，此时为 16 位模式。当 X10=ON 则执行 ASCI。指令只有 16 位运算占 7 个程序步。ASCI 操作数[S.]可取 K、H、KnX、KnY、KnM、KnS、T、C、D、V、Z；[D.]可取 KnY、KnM、KnS、T、C、D；n 可取 K、H，n=1～256。指令的用法如图 8-75 所示。

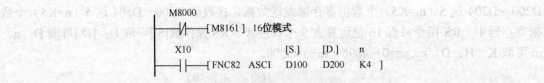

图 8-75　ASCI 转换指令的用法

（2）ASCII 码转换为 HEX 指令格式为 FNC83（16）HEX（P）[S.] [D.] n。

HEX 的功能与 ASCI 指令正好相反，是将 ASCII 码表示的信息转换成 16 进制的信息。将图 8-76 中源操作数 D200～D203 中放的 ASCII 码转换成 16 进制数放入目标操作数 D100 和 D101 中。指令只有 16 位运算占 7 个程序步。HEX 操作数[S.]可取 K、H、KnX、KnY、KnM、KnS、T、C、D；[D.]可取 KnY、KnM、KnS、T、C、D、V、Z；n 可取 K、H，n=1～256。指令的用法如图 8-76 所示。

4. 校验码指令

校验码指令格式为 FNC84（16）CCD（P）[S.] [D.] n。

CCD 是对一组数据进行总校验和奇偶校验的指令。如图 8-77 所示，是将[S.]指定的 D100～D102 字节的 8 位二进制数求和并"异或"，再将结果分别放在 D0 和 D1 中。

通信过程中可将数据和及"异或"结果随同发送，对方接收到信息后，先将传送的数据求和并"异或"，然后再与收到的和及"异或"结果进行比较，以此判断传送信号是否正确。指令只有 16 位运算占 7 个程序步。CCD 操作数[S.]可取 KnX、KnY、KnM、KnS、T、C、D；[D.]可取 KnY、KnM、KnS、T、C、D；n 可取 K、H，n=1～256。指令的用法如图 8-77 所示。

上述 PRUN、ASCI、HEX、CCD 指令配合 RS 指令，常应用于串行通信中。

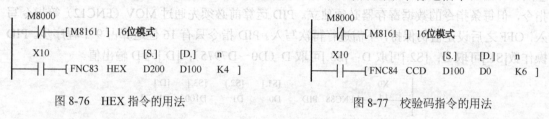

图 8-76　HEX 指令的用法　　　　　　　　　　　　图 8-77　校验码指令的用法

5. 电位器指令

（1）电位器值读出指令格式为 FNC85（16）VRRD [S.] [D.]。

（2）电位器刻度值读出指令格式为 FNC86（16）VRSC [S.] [D.]。

VRRD 是模拟量输入指令，用于对 FX₂ₙ-8AV-BD 模拟量功能扩展板中的电位器数值进行读操作。在图 8-78 中，当 X0=ON 时，读出 FX₂ₙ-8AV-BD 中 0 号模拟量的值由 K0 决定，并送入 D0 作为 T0 的设定值。K、H 用来指定模拟量口的编号，取值范围为 0～7。

VRSC 是模拟量开关设定指令，当指令执行时，将 FX₂ₙ-8AV-BD 中电位器读出的数四舍五入化整，以 0～10 的整数值存放到[D.]中。VRRD、VRSC 指令只有 16 位运算占 5 个程序步。VRRD、VRSC 操作数[S.]可取 K、H，电位器序号 0～7；[D.]可取 KnY、KnM、KnS、T、C、D、V、Z。指令的用法如图 8-78、图 8-79 所示。

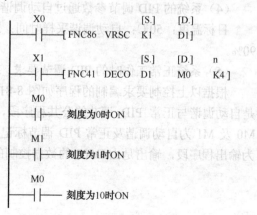

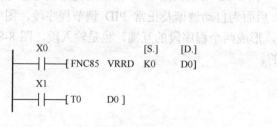

图 8-78　电位器值读出指令的使用　　　　　　　　图 8-79　电位器刻度值读出指令的用法

6. PID 运算指令

PID 运算指令格式为 FNC88（16）PID [S1.][S2.][S3.][D.]。

PID 为控制指令，用于模拟量的闭环控制。达到采样时间的 PID 指令在其扫描时进行 PID 运算。PID 指令的用法如图 8-80 所示，[S1.]指定目标值，[S2.]指定测量当前值，[S3.]指定元件开始的连续 7 个软元件分别用于指定控制参数，[D.]指定的元件尽可能选择非断电保持型，当选用断电保持型元件时，在 PLC 运行前要清零。

当 X0=ON 时，执行 PID 指令，把 PID 控制回路的设定值存放在 D100～D124 这 25 个数据寄存器中，对[S2.]的当前值和[S1.]的设定值进行比较，通过 PID 回路处理两数值之间的偏差后计算出一个调节值，此调节值存入目标操作数 D150 中。一个程序中可以使用多条 PID 指令，但每条指令的数据寄存器必须独立。PID 运算前必须先通过 MOV（FNC12）等指令写入，OFF 之后设定值仍保持，不需进行再次写入。PID 指令只有 16 位运算占 9 个程序步。PID 操作数[S1.]可取 D；[S2.]可取 D；[S3.]可取 D（D0～D7975）；[D.]为 D 输出值。

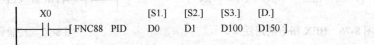

图 8-80　PID 指令的用法

PID 指令应用示例。某加热系统温度 PID 控制要求如下：

（1）温度测量反馈信号来自 FX$_{2N}$-4AD-TC 特殊功能模块的通道 2，传感器类型为 K 型热电偶，反馈输入滤波器常数为 70%。

（2）系统目标温度为 50℃，加热器输出周期为 2s 的 PWM 型信号，输出"ON"为加热，PID 输出限制功能有效。

（3）PLC 输入/输出端及存储器地址分配如下。

X010：自动调谐启动输入；X011：PID 调节启动输入；Y000：PID 调节出错报警；Y001：加热器控制；D500：目标温度给定输入（单位 0.1℃）；D501：温度反馈输入（单位 0.1℃）；D502：PID 调节器输出（周期的加热时间）；D510～D538：PID 控制参数设定区。

（4）系统的 PID 调节参数通过自动调谐设定，自动调谐要求如下。

目标温度：50℃；自动调谐采样时间：3s；阶跃调谐时的 PID 输出突变量：最大输出的 90%。

（5）系统正常工作时的 PID 调节要求。温度：50℃；采样时间：3s。

根据以上控制要求编制的程序如图 8-81、图 8-82 所示。图 8-81 前面是初始设定程序，是自动调谐与正常 PID 调节的公共程序段，后面为自动调谐及正常 PID 调节程序段，图中 M0 及 M1 为自动调谐及正常 PID 调节标记，形成两个程序段的互锁，也是输入段。图 8-82 为输出程序段，输出是由 D502 的数据控制的。

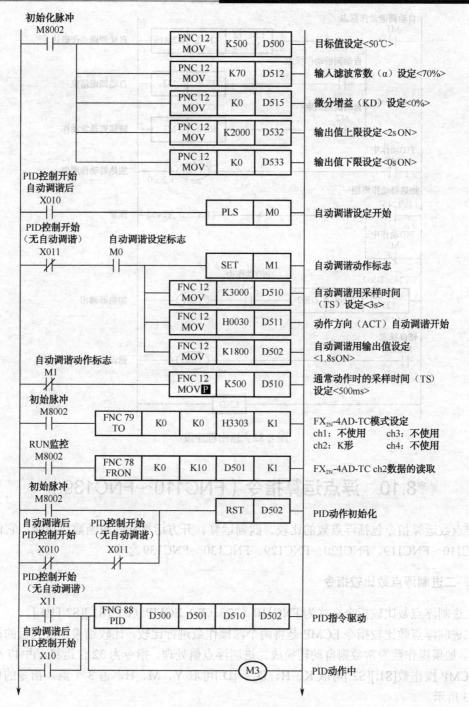

图 8-81 输入程序段

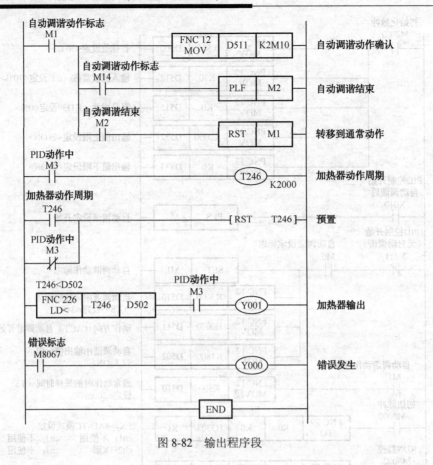

图 8-82 输出程序段

*8.10 浮点运算指令（FNC110～FNC139）

浮点数运算指令包括浮点数的比较、四则运算、开方运算和三角函数等功能。它们分布在 FNC110～FNC119、FNC120～FNC129、FNC130～FNC139 之中。

1. 二进制浮点数比较指令

二进制浮点数比较指令格式为 FNC110（32）（D）ECMP（P）[S1.][S2.][D.]。

二进制浮点数比较指令 ECMP 是将两个源操作数进行比较，比较结果存放到目的操作数 [D.]中。如果操作数为常数则自动转换成二进制浮点值处理。指令为 32 位运算，占 17 个程序步。ECMP 操作数[S1.][S2.]可取 K、H、D；[D.]可取 Y、M、H，占 3 个点。指令的使用如图 8-83 所示。

2. 二进制浮点区间比较指令

二进制浮点区间比较指令格式为 FNC111（32）（D）EZCP（P）[S1.][S2.][S.][D.]。

EZCP 是将源操作数中的内容与指定的二进制浮点数指定的上下两点的范围进行比较，[S1.]应小于[S2.]，比较结果存放到目的操作数[D.]中。与 ECMP 指令一样，若操作数为常数，则自动转换为二进制浮点数进行运算。该指令为 32 位运算指令，占 17 个程序步。EZCP 操作数[S1.][S2.][S.]可取 K、H、D；[D.]可取 Y、M、H，占 3 个点。指令的使用如图 8-84 所示。

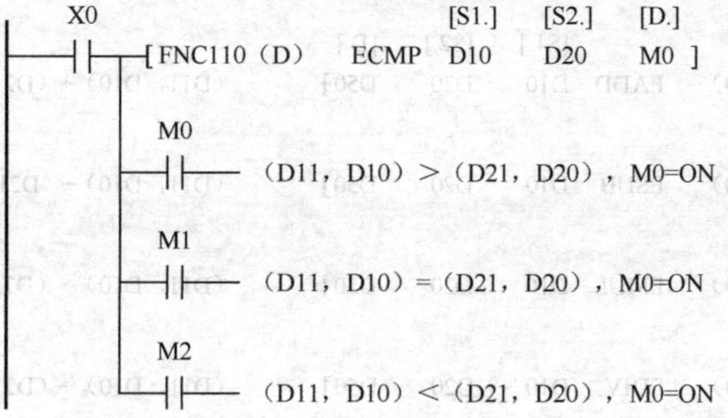

图 8-83　二进制浮点数比较指令的使用

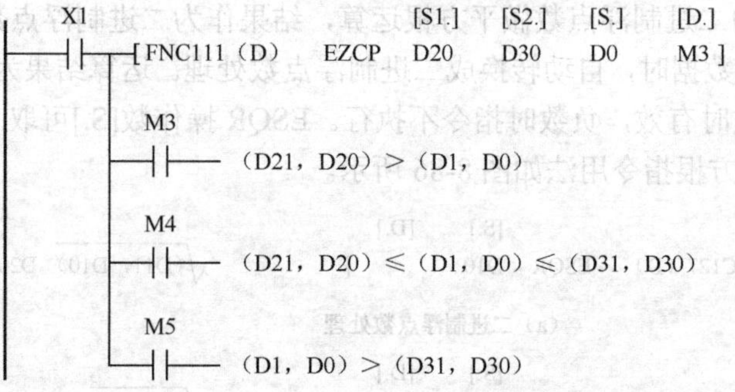

图 8-84　二进制浮点数区间比较指令的使用

3. 二–十进制浮点数转换指令

二进制浮点数转换十进制浮点数指令格式为 FNC118（32）（D）EBCD（P）。

十进制浮点数转换二进制浮点数指令格式为 FNC119（32）（D）EBIN（P）。

EBCD 操作数[S.]可取 D，[D.]可取 D；EBIN 操作数[S.]可取 D，[D.]可取 D。

4. 二进制浮点数的四则运算指令

二进制浮点加法指令格式为 FNC120（32）（D）EADD（P）[S1.][S2.][D.]。

二进制浮点减法指令格式为 FNC121（32）（D）ESUB（P）[S1.][S2.][D.]。

二进制浮点乘法指令格式为 FNC122（32）（D）EMUL（P）[S1.][S2.][D.]。

二进制浮点除法指令格式为 FNC123（32）（D）EDIV（P）[S1.][S2.][D.]。

二进制浮点数的四则运算指令分别为二进制浮点数的加、减、乘、除运算指令。指令执行时，将源操作数[S1.]和[S2.]中的内容分别相加、减、乘、除，并将结果存入目的操作数[D.]中。若操作数为常数，则自动转换为二进制浮点数进行运算。当除数为 0 时出现运算错误，不执行指令。此类指令只有 32 位运算，占 13 个程序步。EADD 操作数[S.]可取 K、H、D，[D.]可取 D；ESUB 操作数[S.]可取 K、H、D，[D.]可取 D；EMUL 操作数[S.]可取 K、H、D，[D.]可取 D；EDIV 操作数[S.]可取 K、H、D，[D.]可取 D。四则运算指令的使用说明如图 8-85 所示。

5. 二进制浮点数平方根指令

二进制浮点数平方根指令格式为 FNC127（32）（D）ESQR（P）[S.][D.]。

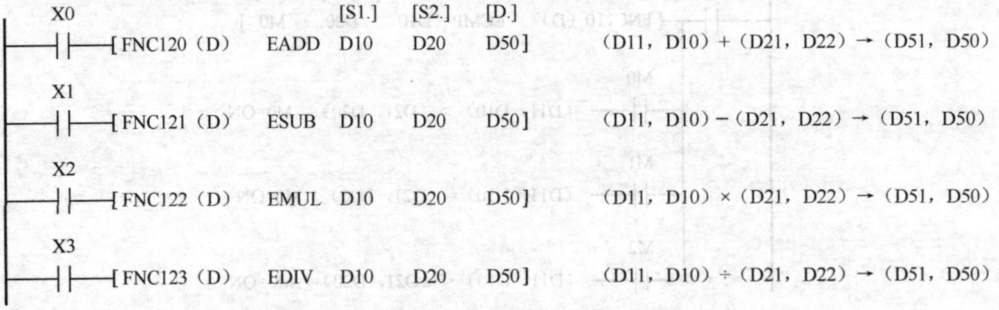

X0
[S1.] [S2.] [D.]
[FNC120（D） EADD D10 D20 D50] (D11, D10) + (D21, D22) → (D51, D50)

X1
[FNC121（D） ESUB D10 D20 D50] (D11, D10) − (D21, D22) → (D51, D50)

X2
[FNC122（D） EMUL D10 D20 D50] (D11, D10) × (D21, D22) → (D51, D50)

X3
[FNC123（D） EDIV D10 D20 D50] (D11, D10) ÷ (D21, D22) → (D51, D50)

图 8-85　二进制浮点数四则运算指令的使用

在指定的元件内二进制浮点数做平方根运算，结果作为二进制浮点数存入目的地址中。当 K、H 被指定为源数据时，自动转换成二进制浮点数处理。运算结果为零时，零标志动作，源数据内容只有正数时有效，负数时指令不执行。ESQR 操作数[S.]可取 K、H、D；[D.]可取 D。二进制浮点数平方根指令用法如图 8-86 所示。

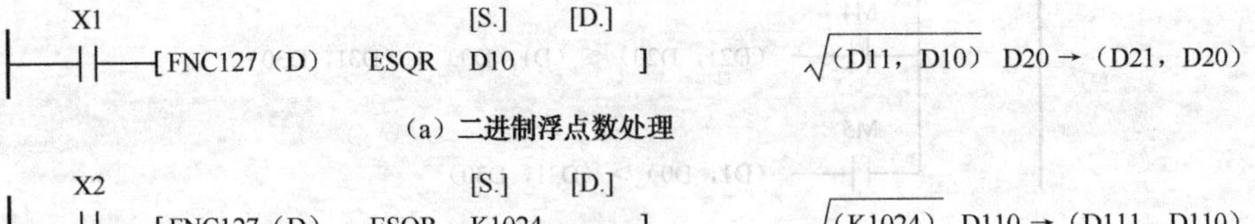

X1
[S.] [D.]
[FNC127（D） ESQR D10] $\sqrt{(D11, D10)}$ D20 → (D21, D20)

(a) 二进制浮点数处理

X2
[S.] [D.]
[FNC127（D） ESQR K1024] $\sqrt{(K1024)}$ D110 → (D111, D110)

(b) 自动二进制浮点化

图 8-86　二进制浮点数平方根指令用法

6. 二进制浮点数转换 BIN 整数指令

二进制浮点数转换 BIN 整数指令格式为 FNC129（16/32）（D） INT（P）[S.][D.]。

数据内被指定为元件内的二进制浮点数转换为 BIN 整数，存入目的地址中，舍去小数点以后的值。FNC129 INT 是 FNC49 FLT 指令的逆变换。运算结果为 0 时，零标志=ON；转换时不满 1 舍去时，借位标志=ON；运算结果超出范围而发生溢出时，进位标志=ON。INT 操作数[S.]可取 D；[D.]可取 D。指令用法如图 8-87 所示。

16 位运算范围：−32768～32767。

32 位运算范围：−2147483648～+2147483647。

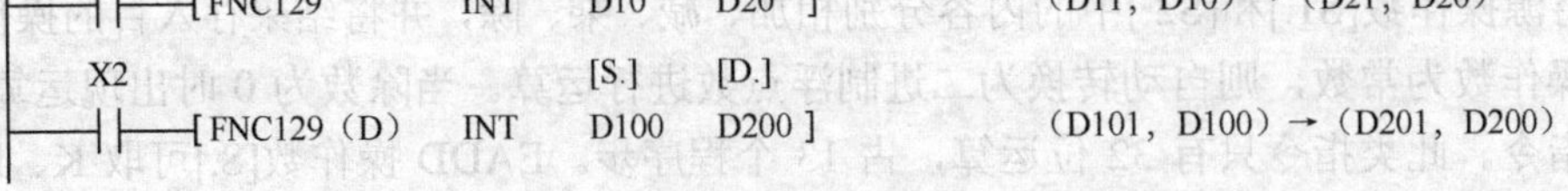

X1
[S.] [D.]
[FNC129 INT D10 D20] (D11, D10) → (D21, D20)

X2
[S.] [D.]
[FNC129（D） INT D100 D200] (D101, D100) → (D201, D200)

图 8-87　指令用法

7. 二进制浮点数正弦指令

二进制浮点数正弦指令格式为 FNC130（32）（D） SIN（P）[S.][D.]。

SIN 为将源数据指定的角度（RAD）的 SIN 值传送到目的地址中的指令。SIN 操作数[S.]

可取 D：0≤角度≤2π；[D.]可取 D。二进制浮点正弦指令用法如图 8-88 所示。

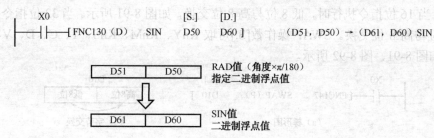

图 8-88 二进制浮点数正弦指令用法

8. 二进制浮点数余弦指令

二进制浮点数余弦指令格式为 FNC131（32）（D）COS（P）[S.][D.]。

COS 指令为将源数据指定的角度（RAD）的 COS 值传送到目的地址中的指令。

COS 操作数[S.]可取 D，0≤角度≤2π；[D.]可取 D。二进制浮点数余弦指令用法如图 8-89 所示。

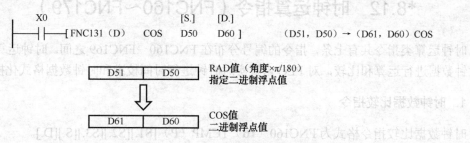

图 8-89 二进制浮点数余弦指令用法

9. 二进制浮点数正切指令

二进制浮点数正切指令格式为 FNC132（32）（D）TAN（P）[S.][D.]。

TAN 指令为将源数据指定的角度（RAD）的 TAN 值传送到目的地址中的指令。TAN 操作数[S.]可取 D，0≤角度≤2π；[D.]可取 D。二进制浮点数正切指令用法如图 8-90 所示。

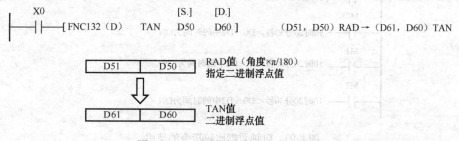

图 8-90 二进制浮点数正切指令用法

*8.11 数据处理指令（FNC140～FNC147）

上下字节交换指令格式为 FNC147（16/32）（D）SWAP（P）[S.]。

SWAP 指令连续执行时，各运算周期都变换；该指令的作用与 FNC17 XCH 指令的扩展功能相同。当 16 位指令执行时，低 8 位与高 8 位交换，如图 8-91 所示。当 32 位指令执行时，各个低 8 位与高 8 位交换。SWAP 操作数[S.]可取 KnY、KnM、KnS、T、C、D、V、Z。指令的用法如图 8-91、图 8-92 所示。

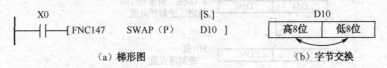

图 8-91　上下字节交换指令用法

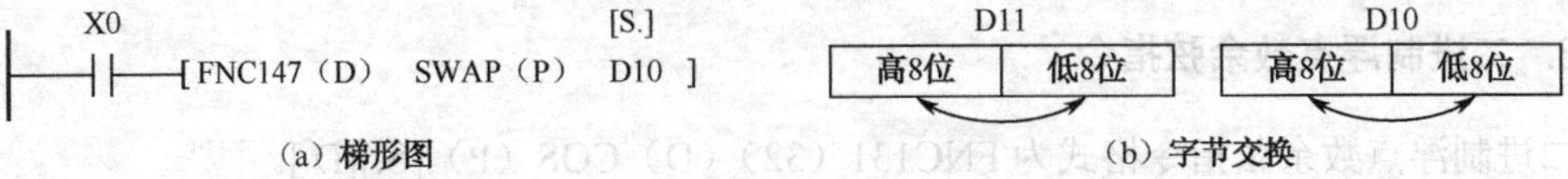

图 8-92　32 位字节交换指令用法

*8.12　时钟运算指令（FNC160～FNC179）

时钟运算类指令共有七条，指令的编号分布在 FNC160～FNC169 之间。时钟运算类指令对时钟数据进行运算和比较，对 PLC 内置实时时钟进行时间校准和时钟数据格式化操作。

1. 时钟数据比较指令

时钟数据比较指令格式为 FNC160（16）TCMP（P）[S1.][S2.][S3.][S.][D.]。

TCMP 指令用来比较指定时刻与时钟数据的大小。将源操作数[S1.][S2.][S3.]中的时间与[S.]起始的 3 点时间数据比较，根据它们的比较结果决定目标操作数[D.]中起始的 3 点单元取 ON 或 OFF 的状态。该指令只有 16 位运算，占 11 个程序步。TCMP 操作数[S1.] [S2.] [S3.] 可取 K、H、KnX、KnY、KnM、KnS、T、C、D、V、Z；[S.]可取 T、C、D；[D.]可取 Y、M、S，占用 3 个点。指令用法如图 8-93 所示。

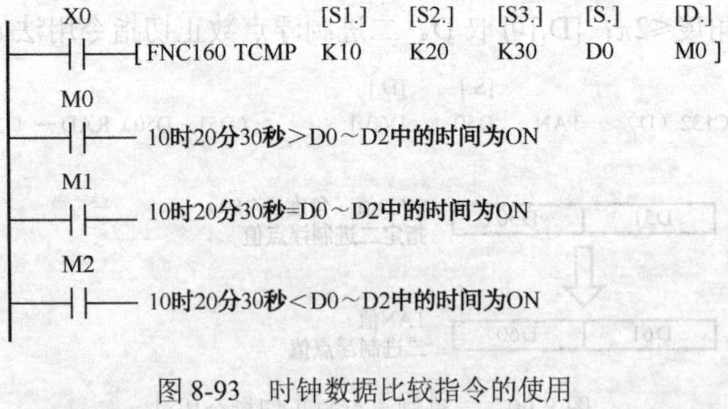

图 8-93　时钟数据比较指令的使用

2. 时钟数据区间比较指令

时钟数据区间比较指令格式为 FNC161（16）TZCP（P）[S1.][S2.][S3.][S.][D.]。

将图 8-94 两点指定时间与时间数据进行大小比较。将[S.]起始的 3 点时钟数据同上下两点的时钟范围相比较,根据大小输出,[D.]起始的 3 点取 ON/FF 状态。TZCP 操作数[S.][S1.][S2.] 可取 T、C、D，3 个连续元件，[S1.]≤[S2.]；[D.]可取 Y、M、S，3 个连续元件。指令用法如 图 8-94 所示。

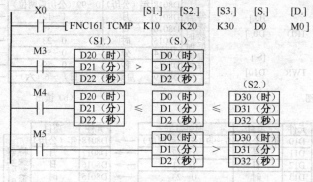

图 8-94　时钟数据区间比较指令的使用

[S1.]、[S1.]+1、[S1.]+2：以时（0～23）、分（0～59）、秒（0～59）方式指定比较基准时 间下限；[S2.]、[S2.]+1、[S2.]+2：以时（0～23）、分（0～59）、秒（0～59）方式指定比较基 准时间上限；[S.]、[S.]+1、[S.]+2：以时（0～23）、分（0～59）、秒（0～59）方式指定时钟 数据；[D.]、[D.]+1、[D.]+2：根据比较结果的区域软元件 3 点 ON/OFF 输出。

3. 时钟数据加法运算指令

时钟数据加法运算指令格式为 FNC162（16）TADD（P）[S1.][S2.] [D.]。

TADD 是将两个源操作数的内容相加，结果送入目标操作数。将图 8-95 中[S1.]指定的 D10～D12 和 D20～D22 中所放的时、分、秒相加，所得结果送入[D.]指定的 D30～D32 中。 若运算结果超过 24 小时，进位标志变为 ON，把加法运算的结果减去 24 小时后作为结果进 行保存。TADD 为 16 位运算，占 7 个程序步。TADD 操作数[S1.] [S2.]可取 T、C、D，3 个连 续元件；[D.]可取 T、C、D，3 个连续元件。指令用法如图 8-95 所示。

```
X0                [S1.]  [S2.]  [D.]
─┤├──[FNC162 TADD  D10   D20    D30 ]   (D10, D11, D12) + (D20, D21, D22) → (D30, D31, D32)
```

图 8-95　时钟数据加法运算指令的使用

4. 时钟数据指令

时钟数据读入指令格式为 FNC166（16）TRD（P）[D.]。

时钟数据写入指令格式为 FNC167（16）TWR（P）[S.]。

TRD 是读出内置的实时时钟的数据，并放入由[D.]开始的 7 个字内。如图 8-96 所示，当 X0=ON 时，将实时时钟（以年、月、日、时、分、秒、星期的顺序存放在辅助寄存器 D8013～ 8019 之中）传送到 D0～D6 之中。指令为 16 位运算，占 7 个程序步。时钟数据写入指令用 来将时间设定值写入内置的实时时钟，写入的数据预先放在[S.]开始的 7 个单元内，在执行该 指令时，内置的实时时钟将变更为新的时间。图 8-96 中的 D10～D15 分别存放年、月、日、 时、分和秒，D16 存放星期。X1=ON 时，D10～D15 中的预置值分别写入 D8018～D8013， D16 中的数值写入 D8019。指令为 16 位运算，占 3 个程序步。TRD 操作数[D.]可取 T、C、D，

7 个连续元件；TWR 操作数[S.]可取 T、C、D，7 个连续元件。TRD、TWR 指令的用法如图 8-96 所示。

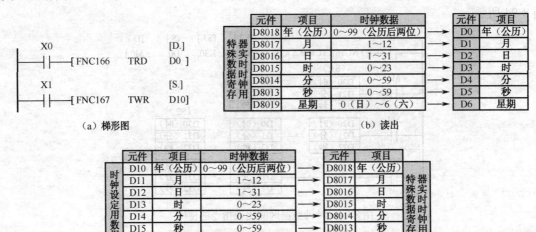

（a）梯形图　　　　　　　　　　　　　　　　　　　　（b）读出

（c）写入

图 8-96　时钟数据读出、写入指令的使用

*8.13　外部（葛雷码）变换指令（FNC170～FNC179）

1. 葛莱码转换指令

葛莱码（格雷码）转换 BIN 指令格式为 FNC170（16/32）（D）GRY（P）[S.][D.]。

使用 GRY 指令，可进行 32 位的葛莱码转换。[S.]值有效范围：16 位运算时 0～32767；32 位运算时 0～2147483647。GRY 操作数[S.]可取 K、H、KnX、KnY、KnM、KnS、T、C、D、V、Z；[D.]可取 KnY、KnM、KnS、T、C、D、V、Z。葛莱码转换指令用法如图 8-97 所示。

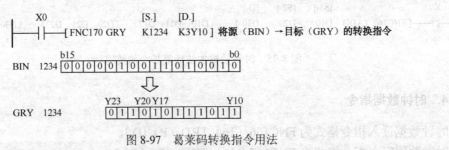

图 8-97　葛莱码转换指令用法

2. 葛莱码逆转换指令

葛莱码（格雷码）逆转换 BIN 指令格式为 FNC171（16/32）（D）GBIN（P）。

使用 GBIN 指令，可进行 32 位的葛莱码逆转换。GBIN 操作数[S.]可取 K、H、KnX、KnY、KnM、KnS、T、C、D、V、Z；[D.]可取 KnY、KnM、KnS、T、C、D、V、Z。葛莱码逆转换指令用法如图 8-98 所示。

[S.]值有效范围：16 位运算时 0～32767；32 位运算时 0～2147483647。

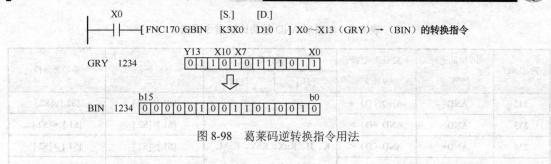

图 8-98　葛莱码逆转换指令用法

*8.14　触头比较指令（FNC224～FNC246）

触头比较类指令的助记符、代码、功能、源操作数和目标操作数如表 8-2 所示。

（1）LD 触头比较指令

表 8-2　串联形 LD 触头比较指令要素

FNC NO	16 位助记符（5 步）	32 位助记符（9 步）	操作数		导通条件	非导通条件
			[S1.]	[S2.]		
224	LD=	LD（D）=	K、H、KnX、KnY、KnM、KnS、T、C、D、V、Z		[S1.]=[S2.]	[S1.]≠[S2.]
225	LD>	LD（D）>			[S1.]>[S2.]	[S1.]≤[S2.]
226	LD<	LD（D）<			[S1.]<[S2.]	[S1.]≥[S2.]
228	LD<>	LD（D）<>			[S1.]≠[S2.]	[S1.]=[S2.]
229	LD≤	LD（D）≤			[S1.]≤[S2.]	[S1.]>[S2.]
230	LD≥	LD（D）≥			[S1.]≥[S2.]	[S1.]<[S2.]

触头比较指令共有 18 条，下面介绍 FNC224、FNC225 的使用。如图 8-99 所示为 LD=、LD>指令的使用，当计数器 C10 的当前值为 200 时驱动 Y10，当 D200 的内容为-29 以上且 X1=ON 时，置位 Y11。当计数器 C200 的内容小于 678493 或者 M3=ON 时，驱动 M50。其他 LD 触头比较指令不在此一一说明。

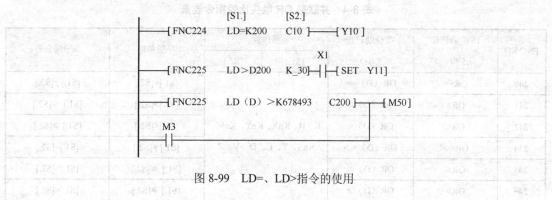

图 8-99　LD=、LD>指令的使用

（2）AND 触头比较指令

该类指令的助记符、代码、功能、源操作数和目标操作数如表 8-3 所示。

表 8-3　串联形 AND 触头比较指令要素

FNC NO	16 位助记符（5 步）	32 位助记符（9 步）	操作数		导通条件	非导通条件
			[S1.]	[S2.]		
232	AND=	AND（D）=	K、H、KnX、KnY、KnM、KnS、T、C、D、V、Z		[S1.]=[S2.]	[S1.]≠[S2.]
233	AND>	AND（D）>			[S1.]>[S2.]	[S1.]≤[S2.]
234	AND<	AND（D）<			[S1.]<[S2.]	[S1.]≥[S2.]
236	AND<>	AND（D）<>			[S1.]≠[S2.]	[S1.]=[S2.]
237	AND≤	AND（D）≤			[S1.]≤[S2.]	[S1.]>[S2.]
238	AND≥	AND（D）≥			[S1.]≥[S2.]	[S1.]<[S2.]

AND=、AND<>、AND（D）>指令的使用：当 X0=ON 且计数器 C10 的当前值为 200 时，驱动 Y10。当 X1=ON 且计数器 D0 的当前内容不等于-10 时，置位 Y11。当 X2=ON，数据寄存器 D11、D10 的内容小于 678493，或者 M3=ON 时，驱动 M50。指令的用法如图 8-100 所示。

```
        X0          [S1.]              [S2.]
        ─┤├─[FNC234  AND=K200          C10]─┤├─[Y10]

        X1
        ─┤/├─[FNC236  AND<>K-10        D0]─┤├─[SET  Y11]

        X2
        ─┤├─[FNC233  AND（D）>K678493  D10]─┐
                                           │─[M50]
        M3                                 │
        ─┤├───────────────────────────────┘
```

图 8-100　AND=、AND<>、AND（D）>指令的使用

（3）OR 触头比较指令

该类指令的助记符、代码、功能、源操作数和目标操作数如表 8-4 所示。

表 8-4　并联形 OR 触头比较指令要素

FNC NO	16 位助记符（5 步）	32 位助记符（9 步）	操作数		导通条件	非导通条件
			[S1.]	[S2.]		
240	OR==	OR（D）==	K、H、KnX、KnY、KnM、KnS、T、C、D、V、Z		[S1.]=[S2.]	[S1.]≠[S2.]
241	OR>	OR（D）>			[S1.]>[S2.]	[S1.]≤[S2.]
242	OR<	OR（D）<			[S1.]<[S2.]	[S1.]≥[S2.]
244	OR<>	OR（D）<>			[S1.]≠[S2.]	[S1.]=[S2.]
245	OR≤	OR（D）≤			[S1.]≤[S2.]	[S1.]>[S2.]
246	OR≥	OR（D）≥			[S1.]≥[S2.]	[S1.]<[S2.]

应用 OR=、OR（D）>指令，当 X1=ON 或计数器的当前值为 200 时，驱动 Y0。当 X2 或 M3=ON，或数据寄存器 D101、D100 的内容为 100000 以上时，驱动 M60。

触头比较指令源操作数可取任意数据格式。16 位运算占 5 个程序步，32 位运算占 9 个程序步。指令的用法如图 8-101 所示。

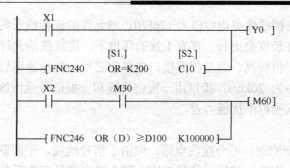

图 8-101　OR=、OR（D）≥指令的使用

8.15　PLC 通信

PLC 的通信是指 PLC 之间、PLC 与计算机、PLC 与现场设备之间的信息交换。在信息化、自动化、智能化的今天，PLC 通信是实现工厂自动化的重要途径。为了适应多层次工厂自动化系统的客观要求，现在的 PLC 生产厂家都不同程度地为自己的产品增加了通信功能，开发自己的通信接口和通信模块，使 PLC 的控制向高速化、多层次、大信息、高可靠性和开放性的方向发展。要想更好地应用 PLC，就必须了解 PLC 的通信实现方法。可编程序控制通信的任务就是把地理位置不同的 PLC、计算机、各种现场设备用通信介质连接起来，按照规定的通信协议，以某种特定的通信方式高效率地完成数据的传送、交换和处理。FX 系列 PLC 支持串行接口、N:N 网络通信、并行通信、计算机链接、可选编程端口，CC-Link 6 种类型的通信。

8.15.1　串行接口

（1）RS-232C

RS-232C 是 1969 年美国 EIC（电子工业联合会）公布的通信接口标准。其中 "RS" 是英文 "推荐标准" 的缩写，"232" 是标识号，"C" 是标准的修改次数。RS-232C 既是一种协议标准，又是一种电气标准，它规定了终端和通信设备之间信息交换的方式和功能。RS-232C 一般使用 9 针和 25 针 DB 型连接器。当通信距离较近时，通信双方可以直接连接。RS-232C 采用负逻辑，用 −15～−5V 表示逻辑状态 "1"，用 +5～+15V 表示逻辑状态 "0"，最大通信距离为 15m，最高传输速率为 20kb/s，只能进行一对一的通信。PLC 与计算机间的通信就是通过 RS-232C 标准接口来实现的。RS-232C 使用单端驱动、单端接收电路，是一种共地的传输方式，容易受到公共地线上干扰信号的影响。PC 及其兼容机通常配有 RS-232C 接口。传递速率即波特率规定为 19200、9600、4800、2400、1200、600、300 等。在通信距离较短、波特率要求不高的场合可以直接采用，既简单又方便。但是，由于 RS-232C 接口采用单端发送、单端接收，因此，在使用中有数据通信速率低、通信距离短、抗共模干扰能力差等缺点。

RS-232 是 PC 与通信工程中应用最广泛的一种串行接口。RS-232 被定义为一种在低速率串行通信中的单端标准，以非平衡数据传输的界面方式工作，这种方式以一根信号线相对于接地信号线的电压来表示一个逻辑状态 Mark 或 Space。RS-232 是全双工传输模式，可以独立发送数据（TXD）和接收数据（RXD）。

RS-232 连接线的长度不可超过 50ft（1ft=0.3048m）或电容值不可超过 2500pF。如果以电容值为标准，一般连接线典型电容值为 17pF/ft，则允许的连接线长约 44m。如果是有屏蔽的连接线，则它的允许长度会更长。在有干扰的环境下，连接线的允许长度会减少。RS-232 接口：接口的信号电平值较高，容易损坏接口电路的芯片；传输速率较低，传输距离有限。在异步传输时，波特率为 20kb/s；接口由一根信号线和一根信号返回线构成，这种共地传输容易产生共模干扰，抗噪声干扰能力差。

（2）RS-422A

RS-422A 采用平衡驱动、差分接收电路，取消了信号地线。平衡驱动器相当于两个单端驱动器，形成差分输入电路，其输入信号相同，两个输出信号互为反相信号，共模信号可以互相抵消。而外部输入的干扰信号是以共模方式出现的，两根传输线上的共模干扰信号相同，能从干扰信号中识别出驱动器输出的有用信号，从而克服外部干扰的影响。RS-422A 在最大传输速率（10Mb/s）时，允许的最大通信距离为 12m。传输速率为 100kb/s 时，允许的最大通信距离为 1200m。一台驱动器可以连接 10 台接收器。

（3）RS-485

RS-485 是从 RS-422 基础上发展而来的，所以，RS-485 的许多电气规定与 RS-422 相似，如都采用平衡传输方式，都需要在传输线上接终端电阻。RS-422A 为全双工通信方式，两对平衡差分信号线分别用于发送和接收。RS-485 为半双工通信方式，只有一对平衡差分信号线，不能同时发送和接收。

RS-485 的电气特性："1" 表示逻辑两线间的电压差为 2～6V，"0" 表示逻辑两线间的电压差为 -2～-6V；RS-485 的最高数据传输速率为 10Mb/s；RS-485 接口采用平衡驱动器和差分接收器的组合，抗共模干扰能力强，抗噪声干扰性好；它的最大传输距离可达 2000 多米。另外，RS-232 接口在总线上只允许连接 1 个收发器，只具有单站能力，而 RS-485 接口在总线上允许连接多达 128 个收发器，系统中最多可以有 32 个站。用户可以利用单一的 RS-485 接口建立起设备网络。RS-485 接口因具有良好的抗噪声干扰性、长传输距离和多站能力等优点而成为首选的串行接口。因为 RS-485 接口组成的半双工网络一般只需两根连线，所以，RS-485 接口均采用屏蔽双绞线传输。

（4）RS-422A 和 RS-485 的区别

RS-485 实际上是 RS-422A 的变形；它与 RS-422A 的不同点在于 RS-422A 为全双工通信方式，RS-485 为半双工通信方式；RS-422A 采用两对平衡差分信号线，而 RS-485 只需其中一对平衡差分信号线。RS-485 对于多站互联的应用是十分方便的，这是它的明显优点。在点对点远程通信时，这个电路可以构成 RS-422A 串行接口，也可以构成 RS-485 接口。由于 RS-485 互联网络采用半双工通信方式，某一时刻两个站中只有一个站可以发送数据，而另一个站只能接收数据，因此，发送电路必须有使能信号加以控制。

8.15.2　N∶N 网络通信

1. 通信解决方案

用 FX_{2N}、FX_{2NC}、FX_{1N}、FX_{0N} 可编程序控制器进行的数据传输可建立在 N∶N 的基础上。使用此网络通信，它们能链接一个小规模系统中的数据。FX 系列最多可以同时允许 8 台联网，被连接的站点中位元件（0～64 点）和字元件（4～8 点）可以被自动连接，每一个站可以监控其他站的共享数据的数字状态。

2. 通信实例

　　N：N 网络中的程序编制就很容易实现了。图 8-102 所示系统有 3 个站点，其中一个主站，两个从站，每个站点的 PLC 都连接一个 FX_{2N}-485-BD 通信板，通信板之间用单根双绞线连接。刷新范围选择模式 1，重试次数选择 3，通信超时选 50ms。系统要求：主站点的输入点 X0～X3 输出到从站点 1 和 2 的输出点 Y10～Y13。从站点 1 的输入点 X0～X3 输出到主站和从站点 2 的输出点 Y14～Y17。从站点 2 的输入点 X0～X3 输出到主站和从站点 1 的输出点 Y20～Y23。

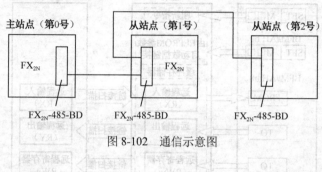

图 8-102　通信示意图

8.15.3　CC–Link 网络

　　CC-Link 是 Control&Communication Link（控制与通信链路系统）的简称。它通过通信电缆将分散的 I/O 模块、特殊功能模块等连接起来，是三菱电机推出的开放式现场总线，其数据容量大，通信速度多级可选，是一个复合的、开放的、适应性强的网络系统。

　　CC-Link 是一个以设备层为主的网络，系统采用一台 FX_{2N} 系列 PLC 作为主站，链接 8 台 FX_{2N} 系列 PLC 作为从站（每一个从站均占一个站点），来构成 CC-Link 网络。CC-Link 网络链接系统框图如图 8-103 所示。

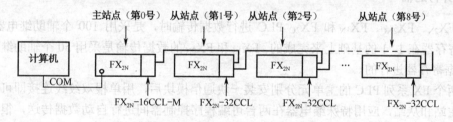

图 8-103　CC-Link 网络系统框图

　　（1）主站模块（FX_{2N}-16CCL-M）

　　CC-Link 主站模块 FX_{2N}-16CCL-M 是特殊扩展模块，通常情况下，CC-Link 整个一层网络可由 1 个主站和 15 个从站组成（7 个远程 I/O 站和 8 个远程设备站），具有较高的数据传输速度，最高可达 10Mb/s。底层通信协议遵循 RS-485，一般情况下，CC-Link 主要采用轮询的方式进行通信。

　　主站是控制数据链接系统的站，I/O 站是仅仅处理位信息的远程站，远程设备站是处理包括位信息和字信息的远程站。

　　（2）从站接口模块（FX_{2N}-32CCL）

　　CC-Link 接口模块 FX_{2N}-32CCL 是将 FX_{0N}、FX_{2N}、FX_{2NC} 系列 PLC 链接到 CC-Link 的接

口模块。对它的读/写操作是通过 FROM 和 TO 指令来实现的。

（3）CC-Link 网络的通信

CC-Link 的通信形式可分为循环通信和瞬时传送 2 种。循环通信意味着不停地进行数据交换。各种类型的数据交换即远程输入 RX、远程输出 RY 和远程寄存器 RWr、RWw。1 个从站可传递的数据容量依赖于所占据的虚拟站数。除了循环通信，CC-Link 还提供在主站、本地站及智能装置站之间传递信息的瞬时传送功能。瞬时传送需要由专用指令 FROM/TO 来完成，瞬时传送不会影响循环通信的时间。主站与远程设备站链接过程如图 8-104 所示。

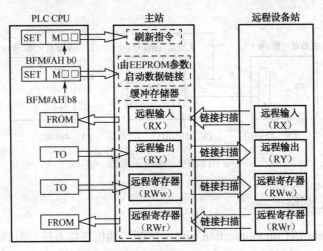

图 8-104　主站与远程设备站通信图

8.15.4　其他通信

1. 并行通信

用 FX_{2N}、FX_{2NC}、FX_{1N} 和 FX_{2C} PLC 进行数据传输时，是采用 100 个辅助继电器和 10 个数据寄存器在 1:1 的基础上来完成的。FX_{1S} 和 FX_{0N} 的数据传输是采用 50 个辅助继电器和 10 个数据寄存器进行的。

当两个 FX 系列 PLC 的主单元分别安装一块通信模块后，用单根双绞线连接即可，编程时设定主站和从站，应用特殊继电器在两台可编程序控制器间进行自动数据传送，很容易实现数据通信连接。主站和从站由 M8070 和 M8071 设定，另外并行通信有一般和高速两种模式。一般模式（特殊辅助继电器 M8162 为 OFF）时，主、从站的设定和通信用辅助继电器和数据寄存器来完成；高速模式（特殊辅助继电器 M8162 为 ON）仅有两个数据字读/写，主、从站的设定和通信用数据寄存器来完成。

2. 计算机链接（用专用协议进行数据传输）

小型控制系统中的 PLC 除了使用编程软件外，一般不需要与别的设备通信。PLC 的编程器接口一般都是 RS-422 或 RS-485，而计算机的串行通信接口是 RS-232C，编程软件与 PLC 交换信息时需要配接专用的带转接电路的编程电缆或通信适配器，如为了实现编程软件与 FX 系列 PLC 之间的程序传送，需要使用 SC-09 编程电缆。三菱公司的 PLC 可用于 1 台计算机与 1 台或最多 16 台 PLC 的通信（计算机链接），由计算机发出读/写 PLC 中的数据的命令帧，

PLC 收到后返回响应帧。用户不需要对 PLC 编程，响应帧是 PLC 自动生成的，但是上位机的程序仍需用户编写。如果上位计算机使用组态软件，后者可提供常见 PLC 的通信驱动程序，用户只需在组态软件中做一些简单的设置，PLC 侧和计算机侧都不需要用户设计。

3. 可选编程端口通信

现在的可编程终端产品（如三菱公司的 GOT-900 系列图形操作终端）一般都能用于多个厂家的 PLC。与组态软件一样，可编程终端与 PLC 的通信程序也不需要用户来编写，在为编程终端的画面组态时，只需要指定画面中的元素（如按钮、指示灯）对应的 PLC 编程元件的编号就可以了，二者之间的数据交换是自动完的。对于 FX$_{2N}$、FX$_{2NC}$、FX$_{1N}$、FX$_{1S}$ 系列的 PLC，当该端口连接在 FX$_{2N}$-232-BD、FX$_{0N}$-32ADP、FX$_{1N}$-232-BD、FX$_{2N}$-422-BD 上时，可支持一个编程协议。

 **本章小结**

本章介绍了 FX$_{2N}$ 系列 PLC 的各种功能指令，也称应用指令。功能指令实际上就是一个个功能不同的子程序，能完成一系列的操作，使可编程控制器的功能变得更强大。功能指令主要用于数据处理与程序的控制，能满足用户的更高要求，也使控制变得更加灵活、方便，极大程度拓宽了可编程控制器的应用范围。

FX$_{2N}$ 系列 PLC 功能指令可以归纳为程序流程控制指令、数据传送与比较指令、算术和逻辑运算指令、循环与移位指令、数据处理指令、高速处理指令、方便指令、外部设备 I/O 指令、外部设备 SER 指令、浮点运算指令、数据处理指令、时钟运算指令、外部（葛雷码）变换指令、触头比较指令 14 大类。本章对这 14 大类功能指令的指令格式、梯形图应用方法及助记符、代码、功能、源操作数和目标操作数都做了较详细介绍，可满足设计者使用要求。

使用功能指令时，要注意功能指令的使用条件和源、目标操作数的选用范围和选用方法，特别要注意的是，有些功能指令在整个程序中只能使用一次。其他功能指令内容较多，不再一一介绍。

 习题与思考题

8-1　在模拟量闭环控制系统中，PLC 承担哪些工作？

8-2　上升沿指令及下降沿指令在编程中有什么用处？

8-3　高速计数器与普通计数器在使用方面有哪些异同点？

8-4　简述 PID 回路表中变量的意义及编程时的配置方法。

8-5　功能指令有哪些使用要素？简述它们的使用意义。

8-6　数据寄存器有哪些类型？具有什么特点？简要说明。

8-7　什么是功能指令？与基本逻辑指令相比有什么不同？

8-8　FX$_{2N}$ 系列 PLC 中有几类功能指令？大致用于哪些场合？

8-9　如何将 PLC 中的 PID 工作单元设置为 PI 或 PD 调节器？

8-10　功能指令在梯形图中采用怎样的表达形式？有什么优点？

8-11　设计一台计时精确到秒的闹钟，每天早上 6 点提醒你按时起床。

8-12　PLC 模拟量工作单元如何适应多种传感器及多种输入量程的要求？

8-13　FX 系列 PLC 传送指令有哪些？简述这些指令的助记符、功能、操作数范围等。

8-14　试编写一个数字时钟的程序。要求有时、分、秒的输出显示，应有启动、清除功能。

8-15　FX$_{2N}$ 系列 PLC 数据传送比较指令有哪些？简述这些指令的编号、功能和操作数范围等。

8-16　有三台电动机，相隔 10s 启动，各运行 10s 停止，循环往复。使用传送比较指令完成控制要求。

8-17　FX$_{2N}$ 系列 PLC 数据处理指令有哪几类？各类有几条指令？简述这些指令的编号、功能与操作数范围等。

8-18　采用比较指令设计一个密码锁控制电路。密码锁为四键，按 H65 2s 后，开照明；按 H87 3s 后，开空调。

8-19　用传送与比较指令设计一个简易四层升降机的自动控制。要求：

① 只有在升降机停止时，才能呼叫升降机；

② 只能接受一层呼叫信号，先按者优先，后按者无效；

③ 上升、下降或停止自动判别。

8-20　并行通信和串行通信各有哪些优缺点？

8-21　异步串行数据通信有哪些常用的通信参数？

8-22　组成 N:N 网络的基本条件有哪些？在 FX$_{2N}$ 系列可编程控制器构成的 N:N 网络中允许有多少个主站和从站？

8-23　由 5 台 FX$_{2N}$ 系列可编程控制器构成的 N:N 网络中，试编写所有各站的输出信号 Y0～Y7 和数据寄存器 D10～D17 共享，各站都将这些信号保存在各自的辅助继电器 M 和数据寄存器 D 中的程序。

8-24　有两台 FX$_{2N}$ 系列可编程控制器采用并行通信，要求将从站的输入信号 X000～X027 传送到主站，当从站的这些信号全部为 ON 时，主站将数据寄存器 D10～D20 的值传送给从站并保存在从站的数据寄存器 D10～D20 中。通信方式采用标准模式。

第9章 PLC 的工程应用及案例

9.1 PLC 应用领域及类型

（1）PLC 应用领域

① 开关量的逻辑控制。它是 PLC 最基本的功能。所控制的逻辑可以是时序、组合、计数、不计数等，控制的 I/O 点数可以不受限制，少则十点、几十点，多则成千上万点，还可以通过联网来实现控制。

② 模拟量的闭环控制。PLC 具有 A/D、D/A 转换、算术运算和模糊控制的功能，可实现模拟量控制、闭环的位置控制、速度控制和过程控制。

③ 数字量的智能控制。PLC 能接收和输出高速脉冲，如果再配备相应的传感器或脉冲伺服装置，就能实现数字量的智能控制。

④ 数据采集与监控。PLC 在实现控制时，能把现场的数据实时显示出来或采集保存下来，可随时观察采集来的数据及统计分析结果。

⑤ 通信、联网及集散控制。PLC 的通信联网能力很强，PLC 与 PLC 之间、PLC 与计算机之间可进行通信和联网，由计算机来实现对其编程和管理。

如果充分利用 PLC 的通信功能，把 PLC 分布到各控制现场，并实现各站间及上、下层间的通信，就可实现分散控制、集中管理，即构成了集散型计算机控制系统（DCS）。

（2）PLC 应用类型

工业自动化中普遍采用的是开关量控制和模拟量控制，而开关量的顺序控制是工业自动化设计的首选。

PLC 可进行开关量逻辑控制、定时控制、计数控制，取代传统继电器—接触器控制，如机床电气、电机控制中心等，也可取代顺序控制，如高炉上料、电梯控制、货物存取、运输、检测等。总之，PLC 可用于单机、多机及生产线的自动化控制场合。

用 PLC 可实现闭环过程控制，如压力、流量等连续变化的模拟量闭环 PID 控制。这种类型主要用在系统中模拟量较多、开关量较少的场合。

9.2 PLC 控制系统的设计原则

PLC 的结构和工作方式，使它的设计内容和步骤与继电器控制系统及计算机控制系统都有很大的不同，如允许硬件电路和软件编程分开进行设计，这样就使得 PLC 系统设计变得简单和方便。

（1）系统设计的基本原则

在设计 PLC 控制系统时，一般应按下述几个原则进行。

① 首先要全面、详细地了解被控对象的机械结构和生产工艺过程，然后针对 PLC 和其

他微机系统的技术特点进行比较分析，看哪种控制系统能最大限度地满足被控设备或生产过程的控制要求。

② 设计前，要进行现场调查研究，搜集有关资料。了解工艺过程和机械运动与电气执行元件之间的关系和对控制系统的控制要求，如机械运动部件的传动与驱动，液压、气动的控制，仪表、传感器等的连接与驱动等；在满足控制要求和技术指标的前提下，要尽量使控制系统简单、经济、操作及维修方便。

③ 在制定 PLC 控制方案时，要根据生产工艺和机械运动的控制要求，确定控制系统的工作方式，设计时要给控制系统的容量和功能预留一定的余量，便于以后生产的发展和工艺的改进。

④ 保证控制系统工作安全可靠。

（2）设计方法及步骤

① 详细了解和分析被控对象的工艺条件和控制要求，分析被控对象的机构和运行过程，明确动作的逻辑关系等。

② 根据被控对象对 PLC 控制系统的技术指标要求，确定所需输入/输出信号的点数，选择合适的 PLC 类型。

③ 根据控制要求，确定输入设备按钮、选择开关、行程开关、传感器等；输出设备有继电器、接触器、指示灯、电磁阀等。设计 PLC 的 I/O 电气接口图。

④ 编制出输入/输出端子的接线图。

⑤ 设计应用系统梯形图程序。

⑥ 将程序输入 PLC。用编程器将梯形图转换成相应的指令并输入到 PLC 中；当使用计算机编程时，可将程序下载到 PLC 中。

⑦ 程序调试。PLC 连接到现场设备之前，先进行模拟调试，然后再进行系统调试，排除程序中的错误。

⑧ 程序模拟调试通过后，可接入现场实际控制系统与输入/输出设备，就可以进行整个系统的联机调试，如不满足要求，再修改程序或检查更改接线，直至调试成功。

⑨ 编写技术文件。技术文件包括功能说明书、电气接口图、电气原理图、电器布置图、电气元件明细表、PLC 梯形图、故障分析及排除方法等。

9.3 PLC 控制系统的硬件和软件设计

9.3.1 PLC 的硬件设计

（1）PLC 机型的选择

选择合适的机型是 PLC 控制系统设计中相当重要的环节。PLC 基本机型的选择原则是需要什么功能，就选择具有什么样功能的 PLC；在完成相同功能的情况下，适当地兼顾维修、备件的通用性，同时兼顾经济性及今后设备的改进和发展。在功能的选择方面，要对被控系统进行详细分析，被控系统中有多少开关量输入和输出信号，规格如何；有多少模拟量输入/输出信号，是否还有高速计数器模块、网络链接模块等。

另外，对于一个企业而言，应尽量使机型统一，以便于系统的设计、管理、使用和维护。

（2）PLC 容量

PLC 容量包括两个方面：一是 I/O 点数，二是用户存储器的容量。

① I/O 点数估算。根据 I/O 的点数或通道数进行选择，可统计出 PLC 系统的开关量 I/O 点数及模拟量 I/O 通道数，以及开关量和模拟量的信号类型。根据被控对象的输入信号与输出信号的总点数，一般应保留 1/8 的备用量作为 I/O 容量的选择依据。

在 I/O 容量满足要求后，还必须考虑是否能选配到合适的 I/O 模块。PLC 输入信号的电压有直流 8V、24V、48V、60V 等。如 8V 信号的传输最远不能超过 10m，距离较远的设备应选用电压较高的模块。

② 存储器容量估算。由于用户程序存储器容量与许多因素有关，如 I/O 点数、控制要求、运算处理量、程序结构等，因此不可能预先准确地计算出程序容量，只能粗略地估算。PLC 的程序存储器容量以字或步为单位，如 1K 字、4K 步等。这里 PLC 程序的单位步是由一个字构成的，即每个程序步占一个存储器单元，如三菱 FX_{2N}PLC 可以有 2K 步、8K 步。

③ 其他需要考虑的主要是编程语言多样化，需要配备哪些专用功能模块等，这些都是 PLC 选型中的重要环节。

（3）其他硬件配置

PLC 选型确定以后，还要考虑系统中的其他部分，主要包括：

① 电源。有的 PLC 备有独立的电源模块，选择电源模块时要考虑电源模块的额定输出电流要大于或等于主机、I/O 模块、专用模块等总的消耗电流之和。

② 大中型系统配置。对大中型的控制系统，必要时可考虑配置总监控台和监控模拟屏，以及专用 UPS 电源等。

9.3.2　PLC 的软件设计

（1）PLC 控制系统的软件设计内容

PLC 控制系统的软件设计工作比较复杂，它要求设计人员不仅要有 PLC、计算机程序设计的基础，而且还要有自动控制的技术基础和一定的现场实践经验。软件设计包括系统初始化程序、主程序、子程序、中断程序、故障应急措施和辅助程序的设计，对小型开关量控制通常只有主程序。

软件设计应根据总体要求和控制系统的具体情况，确定程序的基本结构，绘制流程图或功能流程图，对简单的系统可以用经验法设计，对复杂的系统一般采用顺序法设计。

PLC 控制系统的软件设计通常要涉及以下几个方面的内容：

① PLC 的功能分析与设计。

② I/O 信号及数据结构分析与设计。

③ 程序结构分析与设计。

④ 程序设计与编制。

⑤ 编程调试。

⑥ 编制程序使用说明书。

（2）PLC 控制系统的软件设计步骤

① 制定设备运行方案。根据生产工艺的要求，分析各输入、输出与各种动作之间的逻辑关系，各设备的动作内容和动作顺序，画出流程图。

② 画控制流程图。画出系统控制流程图，可清楚地标明动作的顺序和条件。对于简单的

控制系统，可省去这一步。

③ 制定抗干扰措施。根据现场工作环境的因素，制定系统的硬件和软件抗干扰措施，如硬件可采用电源隔离、信号滤波，软件可采用平均值滤波等。

④ 编写程序。根据 I/O 信号及所选定的 PLC 型号分配 PLC 的硬件资源，给梯形图的各种继电器或触头进行编号，然后再按技术要求，用梯形图进行编程。

⑤ 软件测试。软件程序编写好以后一般先做模拟调试，还要对程序进行离线测试。用编程软件将输出点强制 ON/OFF，观察对应的控制柜内 PLC 负载（指示灯、接触器等）的动作是否正常，或对应的接线端子上的输出信号的状态变化是否正确。只有当模拟运行正常后，才能正式投入运行。

⑥ 编制程序使用说明书。为了便于用户的使用，要对所编制的程序进行说明。说明书主要包括程序设计的依据、结构、功能、流程图，各项功能单元的分析，PLC 的 I/O 信号，软件程序操作步骤及注意事项等。

9.4 PLC 程序设计方法

PLC 常用的设计方法有两种，一是经验设计法，二是逻辑设计法。

（1）经验设计法

经验设计法是根据生产机械的工艺要求和生产过程，选择适当的基本环节或典型电路综合而成的电气控制电路。依靠经验进行选择、组合，直接设计电气控制系统来满足生产机械和工艺过程的控制要求。

一般不太复杂的电气控制电路都可以按照这种方法进行设计，比较简便、快捷。但是，由于这种方法主要依靠设计人员的经验进行设计，所以对设计人员的要求比较高，要求设计者有一定的实践经验，对工业控制系统和工业上常用的各种典型环节比较熟悉。

经验设计法在设计的过程中需要反复修改设计草图才能得到最佳设计方案，所以设计的结果往往不很规范。

用经验设计法设计 PLC 程序的基本步骤如下。

① 根据控制要求，合理地将控制设备的运动分成各自独立的简单运动，分别设计这些简单运动的基本控制程序。

② 按照各运动之间应有的制约关系来设置联锁电路，选定联锁触头，设计联锁程序。这是关系到控制系统能否可靠、正确运行的关键一步，必须引起重视。对于复杂的控制要求，要注意确定总的要求的关键点。

③ 按照维持运动的进行和转换的需要，选择合适的控制方法，设置主令元件、检测元件及继电器等。

④ 在绘制好关键点的梯形图的基础上，针对系统最终的输出进行梯形图的编绘，使用关键点综合出最终输出的控制要求。

⑤ 设置好必要的保护装置。

（2）逻辑设计法

所谓逻辑设计法是利用逻辑代数这一数学工具来设计 PLC 程序。这种设计方法既有严密可循的规律性和明确可行的设计步骤，又具有简便、直观和十分规范的特点。

逻辑设计方法的理论基础是逻辑代数，而继电器控制系统的本质是逻辑电路。从机械设备的生产工艺要求出发，电器将控制电路中的接触器、继电器等电器元件线圈的通电与断电，触头的闭合与断开，以及主令元件的接通与断开等均看成逻辑变量，因为 PLC 是一种新型的工业控制计算机，可以说 PLC 是"与"、"或"、"非"三种逻辑电路的组合体。PLC 的梯形图程序的基本形式是"与"、"或"、"非"的逻辑组合，它的工作方式及其规律完全符合逻辑运算的基本规律。用变量及其函数只有"0"、"1"两种取值的逻辑代数作为研究 PLC 程序的工具就是顺理成章的事了。采用逻辑设计法所编写的程序便于优化，是一种实用可靠的程序设计方法。

用逻辑设计法设计 PLC 程序的基本步骤如下。

① 根据控制要求列出逻辑代数表达式。

② 对逻辑代数式进行化简。

③ 根据化简后的逻辑代数表达式画梯形图。

9.5　PLC 在电气控制电路中的应用及案例

本节中所有应用实例均采用 FX_{2N} 系列 PLC 进行控制和编程。

9.5.1　两台电动机顺序启动联锁控制电路

图 9-1 为两台电动机顺序启动联锁控制电路。PLC 控制的工作过程如下。

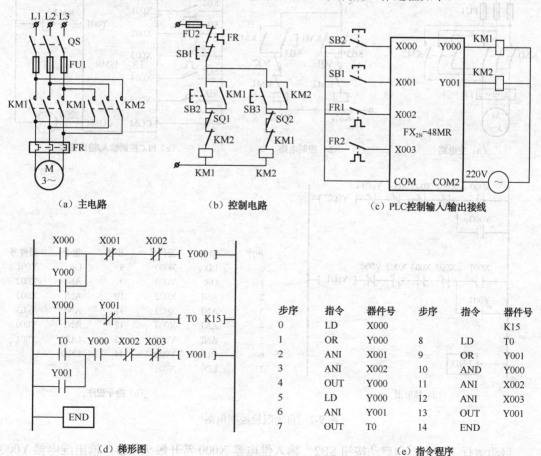

图 9-1　两台电动机顺序启动联锁控制电路

启动运行：合上电源开关 QS，按下启动按钮 SB2，输入继电器 X000 常开触头闭合，输出继电器 Y000 线圈接通并自锁，接触器 KM1 得电，电动机 M1 转动，Y000 常开触头闭合，定时器 T0 开始计时，K 按设定值延时时间后，T0 常开触头闭合，Y001 线圈接通并自锁，KM2 得电吸合，电动机 M2 转动。此电路只有 M1 先启动，M2 才能启动。

停止运行：按下停机按钮 SB1，X001 常闭触头断开。可使 Y000、Y001、T0 线圈电路断开，KM1 和 KM2 失电释放，两台电动机都停下来。

过载保护：当 M1 过载时，热继电器 FR1 常开触头闭合，X002 常闭触头断开，可使 Y000、Y001、T0 线圈电路断开，KM1 和 KM2 失电释放，两台电动机都停下来，达到过载保护的目的。另外，当 M2 过载时，FR2 和 X003 动作，Y001 和 KM2 线圈回路都断开，M2 停转，但 M1 仍然会继续运行。

9.5.2 自动限位控制电路

图 9-2 为自动限位控制电路。图中 SQ1 和 SQ2 为限位开关，安装在预定位置上做限位用。采用 PLC 控制的工作过程如下。

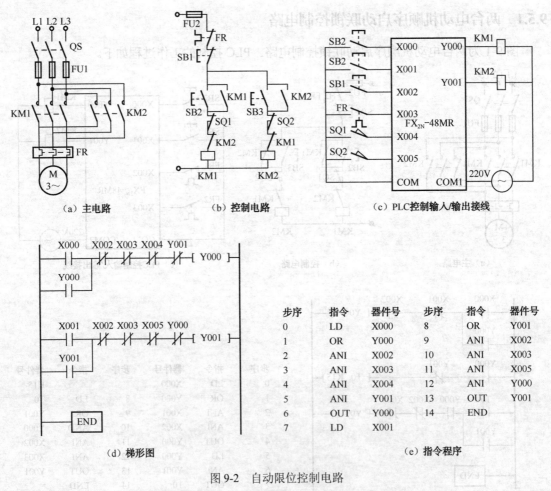

图 9-2 自动限位控制电路

启动运行：按下正向启动按钮 SB2，输入继电器 X000 常开触头闭合，输出继电器 Y000 线圈接通并自锁，Y000 的常闭触头断开输出继电器 Y001 的线圈，实现互锁，这时接触器

KM1 得电，电动机正向运转，使部件向前运行，当运行到预定位置时，装在运动部件上的挡铁碰撞位置开关 SQ1，SQ1 的常开触头闭合，使输入继电器 X004 的常闭触头断开，Y000 线圈回路断开，KM1 失电，电动机断电停转，运动部件停运。当按下反向启动按钮 SB3 时，输入继电器 X001 常开触头闭合，输出继电器 Y001 线圈接通并自锁，接触器 KM2 得电吸合，电动机反向运行，运动部件向后运行至挡铁碰撞位置开关 SQ2 时，X005 的常闭触头断开 Y001 的线圈回路，KM2 失电，电动机停转，运动部件停止运行。

停止运行：停机时按下停机按钮 SB1，X002 的常闭触头断开 Y000 或 Y001 的线圈电路，KM1 或 KM2 失电，电动机停转。

过载保护：过载时热继电器 FR 常开触头闭合，X003 的常闭触头断开 Y000 或 Y001 的线圈回路，电动机停转，从而达到过载保护的目的。

9.5.3　电动机 Y/△减压启动控制电路

图 9-3 为电动机 Y/△减压启动控制电路。图中接触器 KM2 为三角形连接，KM3 为星形连接。采用 PLC 控制工作过程如下。

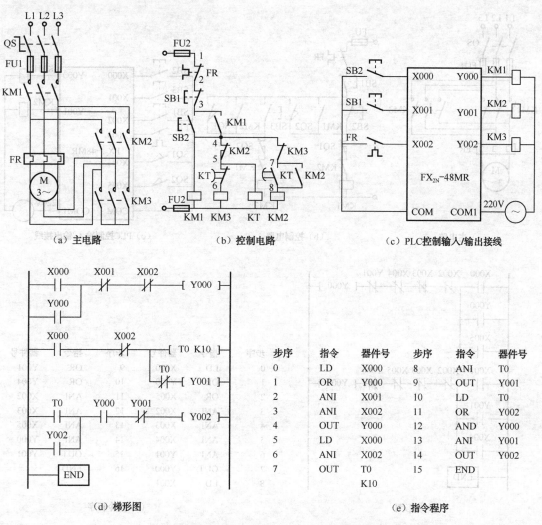

图 9-3　电动机 Y/△减压启动自动控制电路

启动运行：当按下启动按钮 SB2 时，X000 闭合，Y000 接通并自保，驱动 KM1 吸合，同时由于 Y000 常开触头的闭合，使 T0 开始计时，Y002 接通，驱动 KM3 吸合，电动机星形连接启动。待计时器计时到时后，T0 常闭触头断开，使 Y002 停止工作，KM3 随之失电，而 T0 的常开触头闭合，Y001 接通并自保，这时又驱动 KM2 吸合，使电动机三角形连接投入稳定运行。Y002 和 Y001 在各自线圈电路中，相互串接 Y001 和 Y002 的常闭触头，使接触器 KM3 和 KM2 不能同时吸合，实现电气互锁的目的。

停止运行：停机时按下停机按钮 SB1，KM1、KM2、KM3 失电，电动机停转。

过载保护：由于热继电器 FR 的常开触头连接于输入继电器 X002，X002 常闭触头串接于 Y000 线圈电路，当过载时，FR 触头闭合，X002 触头断开，Y000 停止工作，KM1 失电断开交流电源，从而达到过载保护的目的。

9.5.4 自动循环控制

图 9-4 为自动循环控制电路，要求工作台在一定距离内能自动往返循环运动，图中 SQ1、SQ2 为位置开关。采用 PLC 控制工作过程如下。

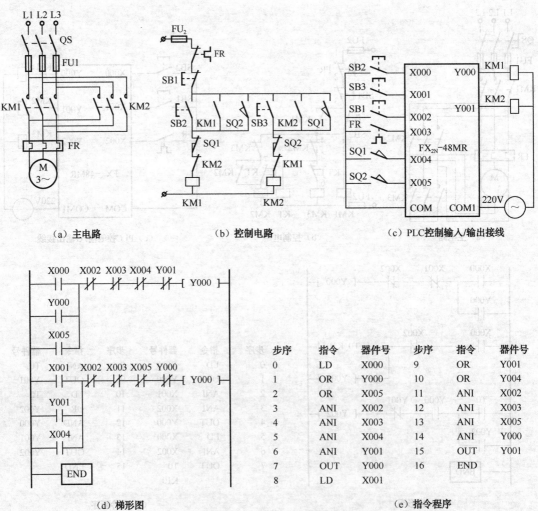

（a）主电路　　　　（b）控制电路　　　　（c）PLC控制输入/输出接线

步序	指令	器件号	步序	指令	器件号
0	LD	X000	9	OR	Y001
1	OR	Y000	10	OR	Y004
2	OR	X005	11	ANI	X002
3	ANI	X002	12	ANI	X003
4	ANI	X003	13	ANI	X005
5	ANI	X004	14	ANI	Y000
6	ANI	Y001	15	OUT	Y001
7	OUT	Y000	16	END	
8	LD	X001			

（d）梯形图　　　　　　　　　　　　　（e）指令程序

图 9-4　自动循环控制电路

启动运行：按下正向运行按钮 SB2，输入继电器 X000 常开触头闭合，接通输出继电器 Y000 并自保，接触器 KM1 得电吸合，电动机正向运行，经过机械传动装置拖动工作台向左运动。当工作台上的挡铁碰撞位置开关 SQ1 时，X004 的常闭触头断开 Y000 的线圈回路，KM1 线圈失电，电动机断电；与此同时 X004 的常开触头接通 Y001 的线圈并自锁，KM2 得电，使电动机反转，拖动工作台向右运动，运动到一定位置时 SQ1 复位，挡铁碰撞位置开关 SQ2，使 X005 常闭触头断开 Y001 的线圈回路，KM2 失电，电动机断电，同时 X005 常开触头闭合接通 Y000 线圈并自保，KM1 得电吸合，电动机又正转。就这样往返循环直到停机。

停止运行：停机时按下停机按钮 SB1，X002 常闭触头断开 Y000 或 Y001 的线圈回路，KM1 或 KM2 失电，电动机停转，工作台停止运动。

过载保护：当过载时，热继电器 FR 动作，X003 常闭触头断开 Y000 或 Y001 的线圈回路，使 KM1 或 KM2 失电，电动机停转，工作台停止运行，达到过载保护的目的。

9.5.5 能耗制动控制

图 9-5 为能耗制动自动控制电路。PLC 控制的工作过程如下。

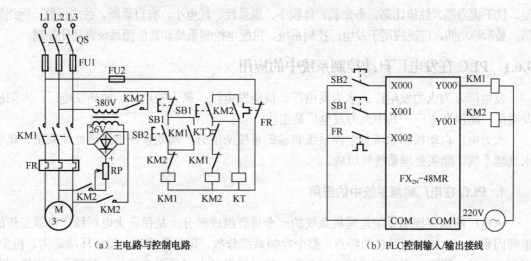

（a）主电路与控制电路 　　　（b）PLC控制输入/输出接线

步序	指令	器件号	步序	指令	器件号
0	LD	X000	8	ANI	T0
1	OR	Y000	9	ANI	Y000
2	ANI	X001	10	OUT	Y001
3	ANI	X002	11	LDT	Y001
4	ANI	Y001	12	OUT	T0
5	OUT	Y000	13	END	K10
6	LD	X001			
7	OR	Y001			

（c）梯形图 　　　（d）指令程序

图 9-5 带变压器的桥式整流能耗制动自动控制电路

启动运行：启动时，按下 SB2，X000 接通 Y000 线圈并自保，使接触器 KM1 吸合，电动机启动至稳定运行。同时 Y000 常闭触头切断 Y001 线圈通路，接触器 KM2 不能合上，起到电气互锁的作用。

制动运行：制动时，按下 SB1，由于 X001 的常闭触头和常开触头的作用，分别使 Y000 线圈回路断开，使 KM1 失电，Y001 线圈接通并自保，KM2 得电吸合，经过桥式整流的电流从电动机的一相绕组流入，经另一相绕组流出，实现对电动机的能耗制动。在 Y001 线圈常开触头闭合的同时，计时器 T0 开始计时，当计时时间到设定值 K 时，T0 常闭触头断开 Y001 线圈通路，KM2 失电，电动机转速很快降至零。图中电位器 RP 可调节制动电流的大小。

过载保护：当电动机过载时，热继电器 FR 常开触头闭合，X002 常闭触头切断 Y000 线圈通路，KM1 失电释放，切断电动机交流供电电源，电动机得到保护。

*9.6　PLC 在发电、供配电、新能源系统中的应用

PLC 是一种新型工业控制器，控制系统结构简单、编程灵活、功能齐全、控制简单、使用方便、抗干扰力强、性价比高、寿命长、体积小、重量轻、耗电小、有自诊断、故障报警、网络通信、显示等功能，广泛应用于发电厂控制系统、供配电控制系统和新能源系统自动化控制。

9.6.1　PLC 在发电厂自动控制系统中的应用

发电厂分为火力发电厂、水力发电厂、核能发电厂、风力发电厂、地热发电厂、太阳能发电厂、潮汐发电厂。其中火力发电厂是主体。

火力电厂自动控制系统分主控系统和辅助系统两部分，辅助系统由输煤处理系统、化学水处理系统、除灰处理系统等组成。

1. PLC 在电厂输煤系统中的应用

火电厂的输煤控制系统是辅机系统的一个重要组成部分，是保证火电厂稳定可靠工作的重要因素之一。该控制系统的特点：整个控制系统分散、覆盖距离远、现场环境恶劣、粉尘、潮湿、振动、噪声、电磁干扰都比较严重，其受控设备大多是强电设备。对整个输煤控制系统的设计、设备选型、软硬件配置及控制方案要求都非常高。

利用 PLC 实现电厂输煤设备的控制功能，用上级工业控制计算机（即输煤程控中心）来实现皮带的跑偏监测和设备的状态监测等功能。整个输煤程控系统可以按照三层结构进行控制，即输煤程控中心、现场控制（即 PLC 控制站）和就地控制结构。PLC 控制系统对输煤现场的数据进行采集，把现场的输煤设备数据信号连接到相应的远程控制分站，再通过工业通信以太网，把采集到的现场数据传送给输煤控制中心，即通过总线连接到输煤系统的中心控制主站。最后，利用这里的监控计算机对数据进行集中的处理，实现了输煤系统中心主站对所有输煤系统内部的设备和数据的监控和管理。在输煤程控系统中，工业控制计算机即输煤程控中心，是以上位机和下位机的关系与输煤现场控制 PLC 进行数据通信的。输煤现场控制 PLC 的动作则取决于来自控制开关的输入信号，进而执行相应的程序块任务，然后发送给上一级的工业控制计算机实时的设备工作信息，反过来可以接收到上一级工业控制计算机发送来的控制信号，操纵设备实现一些功能，如事故停车和报警启动等。

整个电厂输煤系统的监控功能是 PLC 和程控中心计算机之间的良好配合实现的。运行维

护人员在控制室内通过上位机、键盘、鼠标可以实现对全部输煤设备的监视和控制。

2. PLC 在电厂化学水处理程控系统中的应用

完成化学水处理部分的启动、停止、暂停、再启动及相关电磁阀箱、风机、泵的控制。化学水部分的运行（送水）和再生指令全部自动进行。对于电厂的化学水处理，除盐系统为系统中重要的一个环节，供往锅炉的水中含有微量的悬浮物、胶体物质和有机物质，它们的存在会直接影响锅炉的使用寿命和传输管道的安全，所以必须做处理。在化学水处理时加入特定的化学物质，从而与水中的有害成分发生化学反应，通过沉淀、过滤等方式将这些特质从水中分离出来，整个控制过程是由 PLC 完成的。

化学水处理系统由软化水处理系统、反渗透系统和除盐水系统三部分组成。系统主工艺流程：工业水→曝气塔→曝气水箱→升压水泵→叠加式过滤器→阳离子交换器→除二氧化碳器→软化水箱→碱计量泵加碱→软化水泵升压→加热器→反渗透装置→反渗透水箱→反渗透水泵升压→一级混合离子交换器→二级混合离子交换器→除盐水箱→除盐水泵升压→主厂房。

利用 PLC 对各个水系统中的设备分别进行数据采集和控制，形成全厂水系统集中控制，上位机和 PLC 之间采用工业以太网进行通信，通过数据通信接口，完成整个系统的工艺流程、设备运行状态的显示和监控、全厂水系统的显示、历史数据的保存、操作查询、报警、集中操作、集中监视和集中管理等功能。整个网络有操作员站、工程师站、服务器、网络交换机、数据通信系统及其接口、PLC 控制系统组成。PLC 系统主要自动控制并完成整个除盐过程的中的阀门的启、停及相关管路中的开、闭等。

3. PLC 在电厂除灰控制系统中的应用

火电厂除灰系统主要有分机械除灰、气力除灰和水力除灰三种。主要控制对象有输送风机、气化风机、气锁阀、加热器、各类阀门、卸灰装置、布袋收尘器、收尘风机及管道压力、底渣斗、蓄水池及灰库等设备。整个控制系统有操作员站、工程师站、服务器、网络交换机、数据通信系统及其接口、PLC 控制系统组成。在电厂采用 PLC 除灰可以大大减轻人员工作负担，增强系统抗干扰能力，提高系统操作的准确性，可提高粉煤灰综合利用率，同时产生良好的社会效益和经济效益。PLC 可根据料位计传输过来的灰粉位置信号（高、正常、低）和仓泵上方的电接点压力表指示压力值信号，采取相应的处理。

PLC 的除灰控制系统主要有硬件、软件、通信联网和上位监控部分组成。硬件部分的设计如图 9-6 和表 9-1 所示。图 9-6 是某电厂采用 PLC 控制除灰系统的输入/输出逻辑对应图，表 9-1 是输入/输出逻辑对应表，

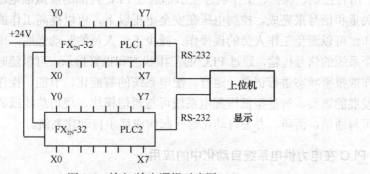

图 9-6　输入/输出逻辑对应图

表 9-1　输入/输出逻辑对应表

输　入		输　出	
X0	料位计信号（正常、低料位、高料位）	Y0	电动门信号（干除灰、水除灰）
X1	电动门信号（干除灰、水除灰）	Y1	进料阀位置信号（开、关）
X2	进料阀位置信号（开、关）	Y2	出料阀位置信号（开、关）
X3	出料阀位置信号（开、关）	Y3	助吹阀位置信号（开、关）
X4	助吹阀位置信号（开、关）	Y4	电磁阀位置信号（开、关）
X5	电接点压力表信号（红、绿、白）	Y5	空压机信号（启动、停止）
X6	电磁阀位置信号（开、关）	Y6	进气阀位置信号（开、关）
X7	空压机信号（启动、停止）	其他	
X10	进气阀位置信号（开、关）		

9.6.2　PLC 在供配电自动控制系统中的应用

1. PLC 在智能型低压配电系统中的应用

现代的 PLC 产品集数据处理、程序控制、参数调节和数据通信为一体，结合计算机及网络技术，配合组态监控软件，使得系统能够实现对现场工作过程的实时监控，实现低压配电系统的智能化、可视化管理，为低压配电控制系统的遥控、遥测、遥信提供可靠的平台。

在智能型低压配电系统中，使用普通空气开关作为执行器，PLC 作为运行状态和参数自动检测、自动控制的控制器件。各 PLC 作为从站，分别安装在各开关柜中。主站要选用具有网络通信能力的 PLC。从站与从站和主站之间，是通过 RS-485 通信网络接口进行数据交换的。从站可以把各开关柜中有关断路器的状态和电量参数送到主站，从站的计算机是配电站的操作控制台，可以显示并记录三相电源的电流、电压、有功功率、无功功率、功率因数等参数和各断路器的运行状态，

PLC 在配电系统中的应用主要为集中控制、集中监测计量、在 10kV 配电一次系统中的应用。如在一个 10kV 配电一次系统中，有两台 1000kVA 变压器并联运行。在配电一次系统中继电器系统主要集中在总受柜和变压器配出柜内，应用 PLC 系统来代替继电器系统。对系统的总受柜、配出柜实现集中控制，应用数字仪表对系统进行集中监测计量。工作人员对高压室运行状态控制，既方便又安全，可以减少柜与柜之间的硬连线，省去很多继电器，简化工艺，降低系统制作成本，提高配电系统的可靠性、安全性和节能性。PLC 是整个系统的神经中枢，所有控制、保护、工作状态指示都通过 PLC 内部的虚拟继电器通过软连线配合外部给定开关量和信号来完成。控制电压在安全电压以下，可以提高工作的安全性，远离高压室进行操作，可以避免工作人员的误操作，减少工作人员的劳动强度。用两条现场总线就可以实现整个系统的信号传输，通过 PLC 的工作状态和报警指示，可以随时对监测仪表和计量仪表及工作或报警状态进行记录、巡查。配电系统的智能化、节能、操作简便、方便维护是经济高速发展的需要。智能型低压配电系统可与通信模块、现场总线或其他计算机通信网络连接，还可与通信、消防、办公自动化等一起构成楼宇自动化系统。

2. PLC 在电力供电系统自动化中的应用

电力系统自动化离不开 PLC，也离不开中低压配电网自动化的远程终端设备 RTU。中低

压配电网的自动化系统由主站、远方终端单元（RTU）、线路传感器、远方控制真空开关、通信电缆五个部分组成。其中 RTU 装置位于配电网（变电）主站现场，可以自动采集各种开关信息，如状态量（遥信）、模拟量（遥测），并通过专用通道传递到监控中心的主站系统。有的 RTU 还可按监控人员的意图和指令执行特定的遥控操作，并将操作结果返送监控中心主站系统。从变电站 RTU 的功能来看，变电站自动化的内容包括遥信、遥测、遥控三个方面。其中遥信是将被测开关的辅助触点两端引线接到 PLC 的输入点和地，当配电开关动作时，辅助触点相应断开和闭合，PLC 的相应输入点与地之间接通或断开，使 PLC 内部获得一个高电平或低电平。

3．PLC 在中低压配电网自动化中的应用

用 PLC 技术来实现中低压配电网（35kV 以上）自动化的 RTU 功能，能够满足 RTU 特有的要求。目前许多厂家的 PLC 产品基本都包含离散点输入和输出、模拟采样输入、时钟、通信等功能，利用 PLC 这些现成的功能，可实现 RTU 在中低压配电网的自动化。包括用 PLC 实现离散输入点的遥信、离散输出点遥控、模拟采样输入的遥测、用 PLC 的通信功能实现和主机的通信。这样就无须额外硬件，只需根据开关柜的实际情况，对 PLC 进行简单编程即可。还有利用 PLC 的模拟输出功能，可以实现配电网的遥调，如调节调压变压器的变比，调节静止无功补偿设备的电压、电流和相角等。

PLC 控制系统的供电设计技术和低压配电网自动化，在提高供电质量、用电可靠性中占有重要地位。用 PLC 和 RTU 来实现中低压配电网自动化具有简单、可靠、易用等特点，完全可以满足中低压配网自动化的特殊要求。

4．PLC 在地铁变电站自动化系统中的应用

地铁全面采用变电站自动化系统，由于变电站数量多、设备多，在加上其完善的综合功能，信息交换量大，而且要求信息传输速度快和准确无误。在变电站综合自动化系统中，监控系统至关重要，是确保整个系统可靠运行的关键。用 PLC 来实现地铁变电站自动化的 RTU 功能，能够很好地满足"三遥"的要求，实现变电站自动化。对于变电站的电压等级和点数的多少，可以选用合适的 PLC 产品。通过与保护装置的通信来实现遥控和遥信功能。在特殊要求的情况下，可使用 PLC 的 DI 模块来实现遥信、用 PLC 的 DO 模块来实现遥控、用 PLC 的 AI 模块来实现遥测、用 PLC 的通信功来完成与微机保护单元的通信。每个 DP 从站对本地的配电变压器进行实时测量，从而保证地铁变电站信息传输速度快和准确无误。

9.6.3　PLC 在新能源自动控制中的应用

1．PLC 在太阳能控制系统中的应用

太阳能是人类未来的主要能源之一，由于它取之不尽用之不竭而且环保，是替代现有不可再生能源的一种趋势。现世面上有形形色色的利用太阳能的产品，如太阳能热水器、太阳能汽车、太阳能光伏发电、太阳能灯、太阳能路灯、太阳能集热器、太阳能水泵、太阳能空调、太阳能电池、太阳能电池板、太阳电池材料、单晶硅太阳能电池、太阳能无线监控系统、太阳能电动车充电器、太阳能与游泳池水体加热系统、太阳能与建筑、太阳能与制氢复合能源等。很多产品都是由 PLC 来控制的，如太阳能热水器就是一种光热转换装置，它的主要转

换器件是真空玻璃管，这些玻璃管将太阳光能转化成水的内能。真空玻璃管上采用镀膜技术增加透射光，使尽可能多的太阳光能转化为热能。这种镀膜技术的物理学依据是光的衍射。太阳能热水控制系统是由 PLC、太阳能集热板、水箱、电磁阀、水泵、温度传感器、液位传感器、电伴热带、电加热器、电磁流量计等部分组成，如图 9-7 所示。

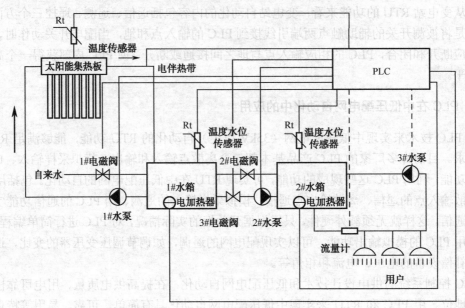

图 9-7　太阳能热水器系统图

2. PLC 在光伏发电控制系统中的应用

光伏发电是根据光生伏特效应原理，利用太阳电池将太阳光能直接转化为电能的一种新型发电系统。它的主要部件是太阳能电池板、太阳能电源系统、控制器、逆变器、太阳跟踪控制系统。

太阳能电池板自动跟踪控制系统由 PLC、传感器、信号处理器、光伏模块、电磁机构控制模块和电源模块组成。太阳跟踪控制系统要根据安放点的经纬度等信息计算出一年中的每一天的不同时刻太阳所在的角度，将一年中每个时刻的太阳位置存储到 PLC 中，是靠计算太阳位置来实现跟踪和传感器跟踪，传感器跟踪是利用光线传感器检测太阳光线是否偏离电池板基线。若太阳光线偏离电池板基线时，传感器输出一个偏差信号，该信号经放大并转成标准信号传给 PLC，PLC 运算后通过开关量输出控制执行机构，使跟踪装置对准太阳。太阳能光伏发电系统组成如图 9-8 所示。

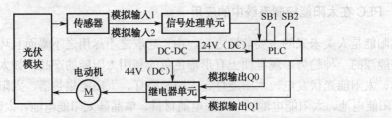

图 9-8　太阳能自动跟踪控制系统组成图

3. PLC 在风能发电控制系统中的应用

风力发电是一种开发成本低、清洁、安全、可再生的能源。PLC 作为主控制器的控制系统，可以用简单的程序来实现复杂的逻辑控制，同时具有稳定性高的特点，使 PLC 在风力发电系统中发挥着重要作用。

一般大型风力发电机组主要包括变桨控制柜、机舱控制柜、塔筒柜和变流机柜四个柜。控制柜内部控制系统的硬件组成主要包括 PLC 及扩展模块、控制接触器、中间继电器、电源保护部分等。

控制柜中的 PLC 将对机舱控制柜所采集的信号进行统一处理。这些信号包括各个传感器、限位开关的信号；叶轮转速、发动机转速、风俗、温度、振动等信号。控制柜能够实现无人值守、独立运行、监测及控制的要求，运行数据与统计数值可通过中央监控机记录和查询，控制柜是风力发电机组电气控制的核心，而 PLC 是控制柜中控制系统的核心。

在风力发电控制系统中，PLC 的主要功能是使风车灵活适应风向，并且具有恒定的输出功率，当风机转动值超出设定角度值时，系统便会自动调整，可对风力大小进行监测。

这里要特别注意：平时用的 PLC 环境工作温度都在零度以上，PLC 选通用型就可以了，但在我国东北或西北地区，冬天在零下 20 多摄氏度，PLC 不能选通用型，要选择宽温型模板的 PLC（如 FX$_{3U}$、S7-200 型），可以在-25℃～70℃的环境工作。

如图 9-9 所示风力发电由风能发电控制系流、PLC、拖动变频器、控制变频器、组态软件、数据监控、设备启停、数据采集组成。

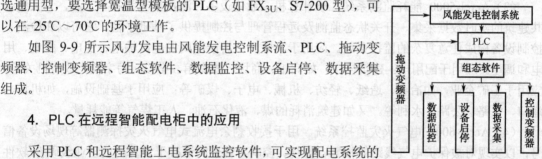

图 9-9　风力发电系统组成图

4. PLC 在远程智能配电柜中的应用

采用 PLC 和远程智能上电系统监控软件，可实现配电系统的智能化管理。利用 PLC 的通信功能，可以同接收卡网线同路连接，当通信距离在 1.2 千米以内时，可以采用 RS-485 通信；如果通信距离达几千米甚至几十千米，此时应采用光纤通信，PLC 和计算机两端的通信模块也应换成光纤 RS-232 转换器。PLC 控制界面上的状态框里有各路电源的上电状态指示灯，界面显示相应的电压、电流参数。PLC 远程智能配电柜可用于 LED 显示屏、景观照明、户外广告、供配电保护等应用场所。PLC 远程智能型配电柜由远程通信、电源监视、温湿度度监控、消防监控等组成。

5. PLC 远程短信控制器

PLC 可实现远程智能短信控制器。PLC 短信控制器无须修改程序，无须 AT 指令集和通信口编程即可实现手机短信功能；可短信查询 PLC 寄存器，短信修改寄存器；直接支持的 PLC 包括三菱、西门子、欧姆龙、台达和标准 MODBUS 主从协议。可作为 MODBUS 从机和触摸屏，组态软件直接连接，实现工业短信报警控制、智能费用管理的短信报警控制、定时报告 SIM 卡余额和已发短信条数。

如 GRM200 是一款智能短信报警控制器，具有 PLC 和 RTU 功能 GSM 远程测控终端。它使用 GSM（GRM200 需插入手机 SIM 卡）作为通信手段，同时具备工业级抗干扰性能，可直接安装在含大功率设备的电柜中，适合恶劣电磁环境下使用。可实现基于短信的 PLC 远程监控。可对 PLC 的任意变量执行报警，报警条件可任意设置，可由短信读写 PLC 的任意变量。短信报警和短信查询的内容可任意配置，可带多个 PLC 变量，每个变量可选多种数据格式。

9.6.4 几种常用电气软件简介及应用案例

1. 几种常用电气软件简介

（1）Acrel-2000 用户端智能配电系统。可以建立供电网络仿真模型，模拟配电网络运行，监测故障，实现无人值班模式。系统在配电发生故障时，能在最快的时间内切除故障，保护一次设备，缩小停电范围，能在极短的时间内有选择性地自动使用备用电源或者设备，提高系统供电可靠性，适用于 0.4kV～35kV 电压等级的用户端供配电系统。

（2）Acrel-3000 系列电能管理系统。紧密把握电力系统用户的需求，具有专业性强、自动化程度高、易使用、高性能、高可靠等特点，适用于低压配电系统的电能管理系统。通过遥测和遥控可以合理调配负荷，实现优化运行，有效节约电能，并有高峰与低谷用电记录，从而为用电的合理管理提供了数据依据。

（3）Acrel-5000 能耗监测系统。以计算机、通信设备、测控单元为基本工具，为大型公共建筑的实时数据采集、开关状态监测及远程管理与控制提供了基础平台，它可以和检测、控制设备构成任意复杂的监控系统。应用于发电厂：智能电网发电、输电、变电、配电、用电和调度。应用于配用电：建筑楼宇，如宾馆、商场、体育馆、学校、写字楼、政府机关等；应用于工矿企业，如冶金、造纸、轻纺、机械、电子、煤矿等；应用于基础设施，如机场、港口、铁路、公路、水利等。又如建筑消耗的煤、液化石油、人工煤气等能耗量。

（4）Acrel-6000 电气火灾监控系统。用于接收剩余电流式电气火灾探测器等现场设备信号，以实现对被保护电气线路的报警、监视、控制、管理的运行于计算机的工业级硬件/软件系统。应用于智能楼宇、高层公寓、宾馆、饭店、商厦、工矿企业、国家重点消防单位及石油化工、文教卫生、金融、电信等领域，对分散在建筑内的探测器进行遥测、遥调、遥控、遥信，方便实现监控与管理。

2. 应用案例

以 Acrel-3000 系列电能管理系统为例。Acrel-3000 系列电能管理系统适用于低压配电系统的电能管理系统。通过遥测和遥控可以合理调配负载，实现优化运行，有效节能，并有高峰与低谷用电记录，从而为用电的合理管理提供了数据依据。该系统由站控管理层、网络通信层、现场设备层三部分组成。低压智能计量箱内部安装预付费电能表以及卡轨式电能表。通过低压智能计量箱配合电能管理监控系统，用计算机后台监控管理软件和网络通信技术，将采集到的用电设备的能耗数据上传到统一的监测管理平台，实现对用电系统的监控管理，对高能耗用电设备的合理控制，最终使整套用电系统达到节能效果。

如某大学校区有 10 栋学生公寓楼，每栋楼有 6 层，每层有 50 个学生宿舍。每个宿舍进线回路配置电能表，空调回路需要进行预付费电能管理，单独配置电能表。

该项目采用预付费电能表、Acrel-3000 电能管理组态软件与校园一卡通平台进行数据交互无缝连接，实现电能收费模式的转变，解决了"抄表难、收费难"的问题。该系统采用分层分布式结构进行设计，即站控管理层、网络通信层和现场设备层。

在每栋学生宿舍楼内均设置一个电能预付费管理系统查询操作站，学生可以通过操作站自助查询各自宿舍的可用剩余电量及历史充值记录和历史用电量。电能预付费管理系统具有提醒学生可用剩余电量不足、急需充值的功能，当宿舍空调回路的可用余电不足时，电能预付费系统可通过短信通知相应宿舍的学生。数据传输网络可以根据需要选择单独铺设稳定可靠的光纤专网或者使用原有的校园局域网。现场设备层的电能表采用 RS-485 总线的联网方案，每条 RS-485 总线可连接 25 块仪表，每栋宿舍楼设置一个通信采集箱，预付费电表串接的 RS-485 总线接入通信采集箱内的智能通信前置机。

电能管理系统主要实现的功能如下。

（1）预付费功能。每个宿舍的空调回路单独安装了预付费电能表，学生必须先缴费购电然后才能用电，学生充值购电可以通过校园一卡通购电平台自助充值。

（2）提醒学生及时充值购电功能。宿舍楼内每个宿舍空调回路采用"先充值后用电"的管理模式，当宿舍预付费电表内剩余电量小于设定值时，预付费电表可通过报警灯报警，另外电能管理系统可通过短信方式通知宿舍人员及时购电。

（3）物业管理人员可通过互联网对学生宿舍的用电情况进行查询。在每栋宿舍楼管理处设置一台用电查询终端，学生可通过查询终端查询自己宿舍的剩余电量，以及充值购电历史记录。

 **本章小结**

本章介绍了 PLC 应用领域、应用类型，控制系统设计的基本内容、基本原则，设计内容，设计方法及步骤；系统设计；程序的经验设计法、程序的逻辑设计法。PLC 系统设计的基本原则和设计的一般流程，对控制对象的特点和要求要仔细了解，在满足控制要求、环境要求和性价比等条件下，合理选择 I/O 模块和 PLC 的机型及硬件配置。

在硬件设计过程中，首先设计控制系统的电气原理图，如主电路、控制电路、控制台（柜）及其他非标准零件和接线图、安装图，并按一定的顺序进行系统的硬软件设计。

软件设计要根据控制要求画出程序框架，列出 I/O 分配表，编写程序、调试程序。程序设计主要有经验设计法和逻辑设计法。一般对于简单的控制系统，都是采用经验设计法；但对于复杂的控制系统，尤其是要求很强时序性的系统，要采用逻辑设计法。

 习题与思考题

9-1 PLC 的设计方法及步骤是什么？

9-2 PLC 的软件设计的内容？

9-3 PLC 的 COM 点的选择方法？

9-4 如何正确选择 PLC 的机型？

9-5 如何进行 PLC 内存容量的估算？

9-6 控制系统的设计有哪四步？

9-7 经验法设计 PLC 应用程序的步骤是什么？

9-8 有三台电动机，要求启动时每隔 2min 依次启动一台，每台运行 10min 自动停机，运行中还可以用手按停止钮将三台电动机同时停机。试设计 PLC 的控制程序。

9-9 综合练习题：某工厂供配电降压变电所电气设计，参数如表 9-2 所示，计算出该厂负荷填入表中。设该厂有 A 车间、B 车间、C 车间、D 车间、E 车间、F 车间。按下表要求完成供配电降压变电所电气设计。

表 9-2 降压变电所电气设计表

车间设备	容量/kW	K_d	$\tan\phi$	$\cos\phi$	计算负荷		
					P/kW	Q/kvar	S/kVA
A/a	150	0.80	0.78				
A/b	40	0.75	0.75				
A/c	80	0.75	1.02				
A/d	15	0.6	0.8				
A/e	220	0.70	0.75				
A/f	5	0.75	0.78				
A/j	800	0.8	0.70				
A/h	38	0.80	0.70				
A 小计							
B	1040	0.75	0.70				
C	260	0.65	0.70				
D	320	0.75	0.75				
E	160	0.70	0.60				
F	240	0.70	0.75				
全厂总负荷计算							

第 10 章　PLC 编程训练

*10.1　PLC 编程软件

PLC 编程的设备通常采用手持编程器和计算机。采用手持编程器编程，优点是携带方便，主要适合于控制现场；用计算机编程，具有简单容易，便于修改、监控等优点，适合于固定场所，但需要安装 PLC 专用编程软件。本章介绍三菱 SWOPC-FXGP/WIN、GX Developer 常用编程软件的安装与使用方法。

SWOPC-FXGP/WIN 编程软件是 FX 系列 PLC 的专用编程软件，但 FX$_{3U}$ 系列中有些新指令不能使用。

10.1.1　FX 系列 PLC 编程软件

1. 安装

（1）双击 PLC 的安装程序，弹出安装准备进程窗口，如图 10-1 所示。

（2）双击解压文件 FXGPWINV330（中文版）.rar，解压后进入目录窗口，如图 10-2 所示。

图 10-1　PLC 安装程序　　　　　　　　　　　图 10-2　目录窗口

（3）双击目录对话框的文件 DISK1，系统弹出 SETUP32 安装文件夹窗口，如图 10-3 所示。

（4）双击文件 SETUP32.EXE，系统弹出安装准备进程窗口，如图 10-4 所示。这时计算机准备完毕后自动弹出"欢迎"对话框，如图 10-5 所示。

图 10-3　SETUP32 安装文件夹窗口　　　　　　图 10-4　安装准备进程窗口

（5）单击图 10-5 中的"下一个"按钮，系统弹出"用户信息"对话框，填入相关内容，如输入"张三"，如图 10-6 所示。

图 10-5 "欢迎"对话框 　　　　　　　　图 10-6 "用户信息"对话框

（6）单击"用户信息"对话框中的"下一个"按钮，系统弹出"选择目标位置"对话框，如图 10-7 所示。

（7）单击"选择目标位置"对话框中的"浏览"按钮，系统弹出"选择目录"对话框，如图 10-8 所示。选择安装路径后单击"确定"按钮，回到"选择目标位置"对话框。

图 10-7 "选择目标位置"对话框 　　　　　图 10-8 "选择目录"对话框

（8）单击"选择目标位置"对话框中的"下一个"按钮，系统弹出"选择程序文件夹"对话框，如图 10-9 所示。

（9）选择程序图标安装位置后，单击"选择程序文件夹"对话框中的"下一个"按钮，系统弹出"开始复制文件"对话框，如图 10-10 所示。

图 10-9 "选择程序文件夹"对话框 　　　　图 10-10 "开始复制文件"对话框

（10）单击"开始复制文件"对话框中的"下一个"按钮，计算机开始安装软件，安装文件进行过程如图 10-11、图 10-12 所示。

（11）软件安装完成后，系统弹出"信息"对话框，如图 10-13 所示。单击"确定"按钮，编程软件安装结束。

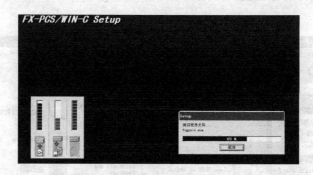

图 10-11　安装文件进程对话框（一）

图 10-12　安装文件进程对话框（二）

图 10-13　"信息"对话框

（12）复制程序文件。

PLC 安装结束后，就可以编写程序了。但 PLC 自带的文件程序还没有复制进去，复制方法如下。

① 在图 10-1 中，双击文件夹 fx1n，如图 10-14 所示。

图 10-14　fx1n 文件夹

系统弹出自带的程序对话框。复制步进电机，如图 10-15 所示。根据需要复制，可以选择一个或部分或全部复制。

图 10-15　复制步进电机程序

② 按图 10-7 选择目标位置，即电脑→C 盘→Program Files→FXGPWIN，如图 10-16 所示。

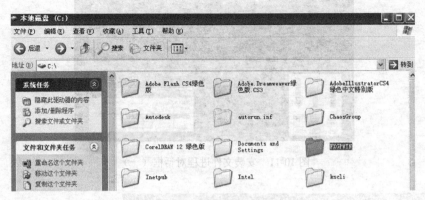

图 10-16　选择 FXGPWIN 文件夹

③ 打开 FXGPWIN 文件夹，右击，系统弹出"粘贴"对话框，将步进电机粘贴在 FXGPWIN 目录下，如图 10-17 所示。

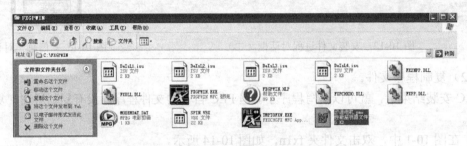

图 10-17　粘贴步进电机在 FXGPWIN 目录下

④ 双击桌面上的图标，系统弹出编程软件 SWOPC-FXGP/WIN 窗口，如图 10-18 所示。打开文件可以看到已复制的步进电机的对话框，如图 10-19 所示。

图 10-18　SWOPC-FXGP/WIN 窗口

至此，软件安装全部完成。以后只要双击桌面上的图标，即可使用 SWOPC-FXGP/WIN 编程软件。

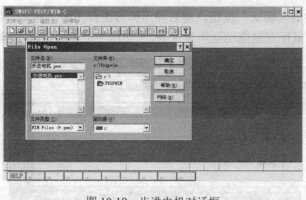

图 10-19　步进电机对话框

2. FX 系列 PLC 编程软件的使用

安装了 SWOPC-FXGP/WIN 编程软件之后，即可用它进行梯形图和指令表等程序的输入、编辑、传送、监控等操作了。以下将通过一个典型实例——电动机正、反转控制电路梯形图来介绍 SWOPC-FXGP/WIN 软件的使用方法。

（1）启动 SWOPC-FXGP/WIN 编程软件。

双击桌面上的图标，弹出编程软件 SWOPC-FXGP/WIN 窗口，如图 10-18 所示。

（2）创建新文件。

单击图 10-18 左上角的"文件"菜单，系统弹出新文件窗口对话框，如图 10-20 所示。

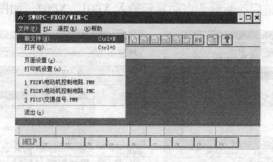

图 10-20　创建新文件窗口对话框

单击"新文件"命令，系统弹出如图 10-21 所示的"PLC 类型设置"对话框。选择 PLC 类型，图 10-21（a）选择的是 FX$_{2N}$/FX$_{2NC}$ 型，图（b）选择的是 FX$_{1S}$ 型。

（a）

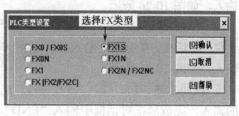

（b）

图 10-21　"PLC 类型设置"对话框

单击图 10-21 中的"确认"按钮，随后弹出梯形图程序编辑界面，如图 10-22 所示。图中"按钮窗口"可按鼠标左键拖动至所需位置，"光标"可单击鼠标左键在编辑区移动。

图 10-22　梯形图程序编辑界面

（3）输入梯形图程序。

① 输入动合触头 X0。单击"按钮窗口"中的"动合触头"按钮，系统弹出如图 10-23 所示的"输入元件"对话框。将光标定在空白条左端，用键盘输入 X0（大小写均可），按回车键或单击"确认"按钮后动合触头自动显示输入 X000，如图 10-23 所示。

② 串联动断触头 X1 和 X2 的输入。与动合触头输入方法一样，单击"按钮窗口"中的"动断触头"按钮，同样弹出"输入元件"对话框。将光标定在空白条左端，用键盘输入 X1，按回车键或单击"确认"按钮后完成动断触头 X1、X2 的输入和动合触头 Y0 的输入。按回车键或单击"确认"按钮后动断触头自动显示输入 X001、X002，如图 10-24 所示。

图 10-23　输入元件 X0 的对话框

图 10-24　输入元件的对话框

③ 输出线圈 Y000 的输入。单击"按钮窗口"中的"线圈"按钮，弹出"输入元件"对话框，如图 10-25 所示。在键盘上输入 Y0，按回车键或单击"确认"按钮后完成线圈 Y000 的输入，如图 10-26 所示。

④ 并联动合触头 Y000 的输入。单击"按钮窗口"中的"并联动合触头"按钮，弹出"输入元件"对话框。在键盘上输入 Y0，按回车键或单击"确认"按钮后完成并联动合触头 Y000 的输入，如图 10-26 所示。

⑤ 按照上述（1）、（2）、（3）、（4）方法，练习电动机正、反转控制电路的动合、动断触头的输入，完成后在对话框中输入"END"，单击"确定"按钮，界面如图 10-27 所示，梯形图输入结束。

⑥ 练习电动机正、反转控制电路梯形图的编辑，电动机正、反转控制电路梯形图如图 10-28 所示。

图 10-25　输出线圈 Y000 的输入　　　　　图 10-26　并联 Y000 触头的输入

图 10-27　输入 END 结束程序对话框　　　　图 10-28　转换前的梯形图（灰色）

（4）转换。

没有经过转换的梯形图 PLC 是不能使用的。可以转换的梯形图必须是没有语法错误的，否则不能转换，程序转换成功的标志就是工作界面由灰色变成白色。

转换的方法：选择"工具"→"转换"命令。如果没有语法错误，则界面将由灰色变成白色。转换的另一种方法就是直接单击工具栏上的"转换"按钮。如图 10-28 是转换前的梯形图，图 10-29 是转换后的梯形图。

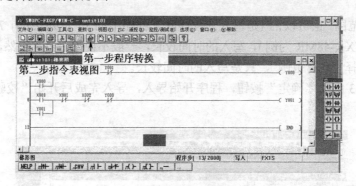

图 10-29　转换后的梯形图（白色）

在图 10-29 中，单击指令表视图，工作区将由梯形图转换成指令表，如图 10-30 所示。

（5）程序保存。

中断或完成程序的编写，必须对程序进行保存。单击"文件"→"保存"命令，如图 10-31 所示，出现"保存"对话框，在文件名框中输入合适的名称，此处文件名称定为 MyPLC.PWM。注意：只能更改文件名，不要更改后缀名。然后单击对话框中的"确定"按钮，文件就保存在默认的目录中，当然也可以更改保存目录。

图 10-30　转换后的指令表

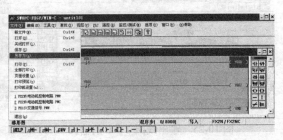

图 10-31　保存程序

（6）程序导入。

转换后的程序只有导入到 PLC 中，才能按照设定程序运行。导入的方法：

选择"PLC"→"传送"→"写出"命令，如图 10-32 所示。当出现"PLC 程序写入"对话框，选择"范围设置"，并在"终止步"文本框中输入 12（因为图 10-30 的终止步 END 是 12 步），当然可以选择大点，如图 10-33 所示选的是 100 步。

图 10-32　程序传送　　　　　　　　　　　　图 10-33　程序导入对话框

选择"所有范围"也可以，但是写入的程序除了程序中的 12 步外，还有 7988 步"NOP"，共 8000 步（以 FX$_{2N}$-48MR 为例），写入的时间较长，一般不使用后者。当然，如果运行过程中总出错，就选择"所有范围"，只是写入的时间较长。

单击图 10-33 中的"确定"按钮，程序开始导入，导入完成后开始"校验"，如图 10-34 所示。

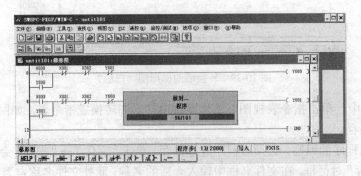

图 10-34　程序导入及核对的过程

（7）PLC 运行。

校验完成后，PLC 还不能立即投入运行，应先把 PLC 上的内部微动开关从"STOP"拨到"RUN"。FX₂ₙ 也可以在软件中设置，选择"PLC"→"遥控运行/停止"命令，出现"遥控运行/中止"对话框，选择"运行"单选按钮，再单击"确定"按钮，就可使 PLC 处于运行状态，如图 10-35 所示。

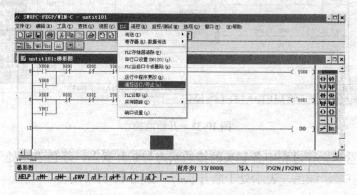

图 10-35 FX₂ₙ "遥控运行/停止"命令

在 FX₁ₛ 中"PLC"→"遥控运行/停止"为灰色，表示无"遥控运行/停止"命令功能，如图 10-36 所示。

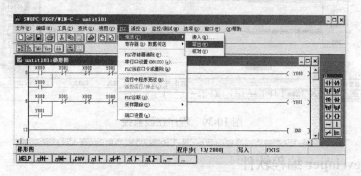

图 10-36 FX₁ₛ 无"遥控运行/停止"命令

在做实验之前，最好先中止，然后再执行步骤（6）下载程序，再按步骤（7）执行 PLC 运行。PLC 运行过程中，如果一直不正常，应检查 PLC 机型、接口、RUN、连线等有无错误。

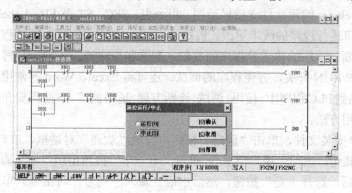

图 10-37 "遥控运行/中止"对话框

（8）在线监控。

选择"监控测试"→"开始监控"命令，如图 10-38 所示。

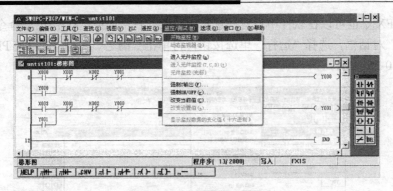

图 10-38　开始监控

可在屏幕中看到运行过程中各触头的接通状态与断开状态，绿色表示处于接通状态，而 Y000 和 Y001 没有显示绿色，表示处于断开状态，如图 10-39 所示。

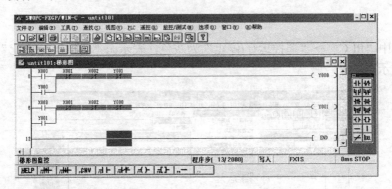

图 10-39　程序在线监控

10.1.2　GX Developer 编程软件

1. GX Developer PLC 编程软件的安装

GX Developer 是三菱 PLC 的新版通用软件，适合于三菱 FX 系列、A 系列及 Q 系列的所有 PLC，GX Developer 编程软件支持梯形图、指令表、SFC、ST 及 FB、Label 语言程序设计、网络参数设定，可进行程序的线上更改、监控及调试，具有异地读写 PLC 程序功能。能够方便地实现故障诊断、程序的传送及程序的复制、删除和打印等。还能运行写入功能，可以避免频繁操作 STOP/RUN 开关，方便程序的调试。还可将 Excel、Word 等常用软件编辑的文字与表格复制、粘贴到 PLC 程序中，使用、调试、诊断方便，适用面广。下面简要介绍 GX Developer 软件的安装和使用方法。

双击 SETUP 安装文件，单击"确定"按钮，出现"欢迎"对话框，欢迎进入设置程序。单击"下一个"按钮，出现"用户信息"，单击"下一个"按钮出现"注册确认"对话框，输入各种注册信息后，选择"是"按钮，然后出现"输入序列号"对话框。单击"下一个"按钮，勾选"语言程序功能"，单击"下一个"按钮，注意安装时不要选择监控模式，"监视专用"这里不能选择（安装选项中，每一个步骤要仔细看，有的选项选择反而不利）。一直单击"下一个"按钮，直到安装完成。

2. GX DeveloperPLC 编程软件的使用

（1）进入编程环境

在计算机上安装好 GX Developer 编程软件后，执行"开始→程序→MELSOFT 应用程序→GX Developer"命令，即可进入编程环境，如图 10-40 所示。

图 10-40　GX Developer 编程环境界面

（2）创建一个新工程

进入编程环境后，可以看到窗口编辑区域工具栏中除了新建和打开按钮外，其余按钮都显灰色不可用。执行"工程→创建新工程"命令或单击图标按钮，可以创建一个新的工程，如图 10-41 所示。

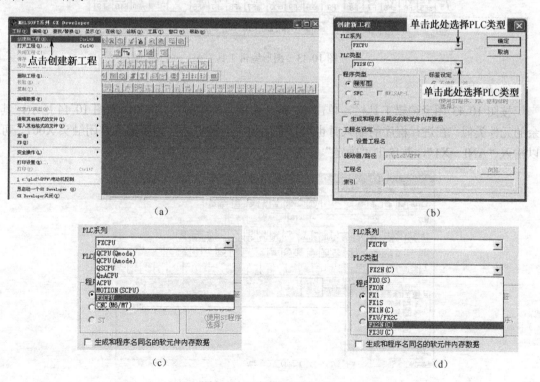

图 10-41　建立新工程界面

按图 10-41 所示图标选 PLC 所属系列（选择"FXCPU"）和类型（选择"FX2N（C）"），另外还包括程序类型和工程名设定。工程名设定即设置工程的保存路径、工程名和标题。注意这两项都必须设置，否则就无法写入 PLC。

设置好相关参数后，单击"确定"按钮，出现如图 10-42 所示窗口，就可进入程序的编制。

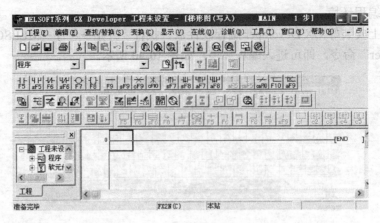

图 10-42　程序的编辑窗口

（3）程序的编制

图 10-42 是程序的编辑窗口，在进行程序输入时可以通过单击相应的按钮完成程序的输入，如图 10-43 所示。

图 10-43　图形编辑工具栏

① 程序的输入。

按图 10-43 图形编辑工具栏，单击 F5 常开按钮，输入触头 X000，如图 10-44 所示，其余的元件类似。在进行程序的输入时也可以采用另外一种办法，如要输入常闭触头 X001，可以输入"ANI～X1"，并单击"确定"按钮。

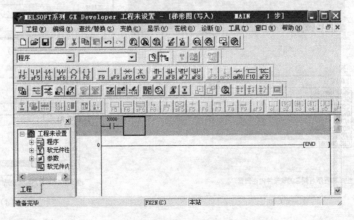

图 10-44　程序编辑一

在图 10-45 处，单击箭头方向，完成程序的全部编制，如图 10-45 所示。

② 程序的转换。

图 10-46 是程序转换前的画面，梯形图呈灰色。

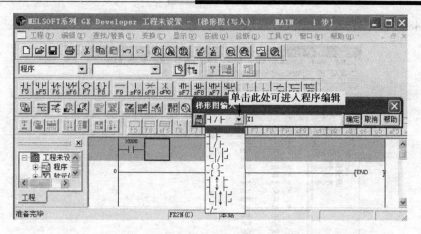

图 10-45 程序编辑二

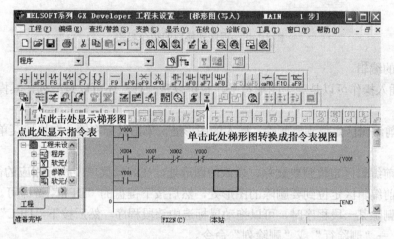

图 10-46 程序转换前的画面

单击图 10-46 中的 "转换" 按钮, 可以进行程序的编译和转换。也可以通过单击 "变换" 下拉菜单, 在子菜单中选择进行程序的转换和编译, 经过转换后的程序编辑界面会呈白色, 如图 10-47 所示。

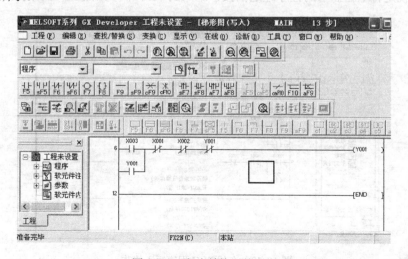

图 10-47 程序转换后的画面

图 10-48 是程序转换后的画面，显示指令表视图。

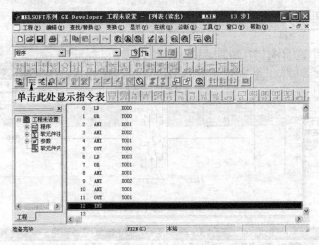

图 10-48　程序转换后的指令表图

③ 程序的编辑。

删除、插入操作可以是一个图形符号，也可以是一行，还可以是一列，其操作有以下几种方法：

a. 将当前编辑区定位到要删除、插入的图形处，单击鼠标右键，在快捷菜单中选择需要的操作。

b. 将当前编辑区定位到要删除、插入的图形处，在编辑菜单中执行相应的命令。

c. 将当前编辑区定位到要删除的图形处，然后按下键盘的"DEL"键即可。

d. 若要删除某一段程序时，可以拖动鼠标选中该段程序，然后按下"DEL"键即可，或执行"编辑"→"删除行"或"删除列"命令。

（4）程序的运行

在程序编制完成后，开始程序的运行。

① 单击图 11-48 "在线"→"PLC 写入"命令，程序进入在线写入操作，在线 PLC 程序写入操作，就是将电脑显示的程序经通信接口送入到 PLC 中，如图 10-49 所示。

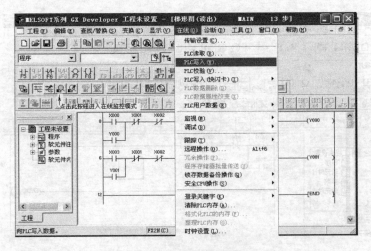

图 10-49　在线 PLC 程序写入操作

② 在程序写入功能菜单中单击"MAIN"表示写入主程序，然后单击"开始执行"按钮即可将程序写入 PLC。若要将 PLC 中的程序读到计算机中，其操作过程与写入过程类似，单击"在线"→"PLC 读取"命令。

③ 程序写入完毕即可进行调试运行，在调试过程中可以使用在线监控，单击"监控"按钮即可进入监控模式。

（5）模拟调试

单击"菜单启动"→"继电器内存监视"命令，即可以进入模拟调试状态。如新建一个输入继电器列表，模拟信号输入，再新建一个输出继电器列表，模拟信号输出，进行调试。还可以使用时序图进行模拟调试，单击"时序图"→"启动"命令，时序图开始进行模拟调试。

10.2　手持编程器编程

FX 型 PLC 的简易编程器有几种，功能也有差异，这里以有代表性的 FX-20P 简易编程器为例，介绍其结构、组成及编程操作。FX-20P 手持式编程器外形如图 10-50 所示。

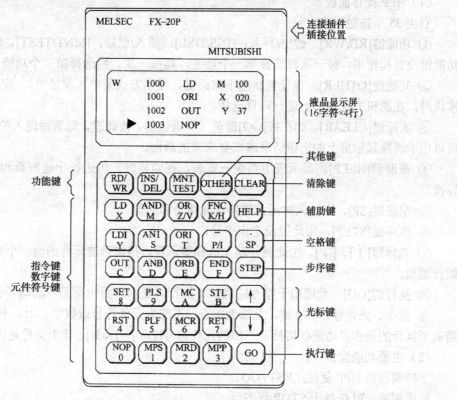

图 10-50　FX-20P 手持式编程器外形图

FX-20P 手持式编程器的液晶显示屏只能同时显示 4 行，每行 16 个字符，在编程操作时，显示屏上显示的内容如图 10-51 所示。

FX-20P 手持式编程器适用于三菱公司 FX 系列可编程控制器，插在 PLC 上使用时，既可将程序写入 PLC 的 RAM 中，又可在操作过程中监视 PLC 的运行，还可在 PLC 的 RAM 存储器和 EEPROM 存储器之间传送程序。它有联机（Online）和脱机（0ffline）两种操作方式。

选用脱机方式时，需用 FX-20P-ADP 电源适配器对编程器供电。若通电 1h，RAM 内的信息可以保留 3 天。液晶显示屏便于阅读，面板小巧轻便、易于携带。

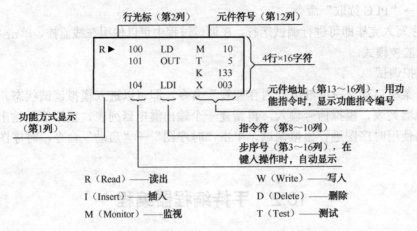

图 10-51　FX-20P 手持式编程器显示屏

（1）HPP 操作面板

它由 35 个按键组成。

① 功能键[RD/WR]，读出/写入；[INS/DEL]，插入/删除；[MNT/TEST]，监视/测试；各功能键交替起作用，按一次时选择第一个功能，再按一次，则选择第二个功能。

② 其他键[OTHER]，在任何状态下按此键，显示方式菜单（项目单）。安装 ROM 写入模块时，在脱机方式菜单上进行项目选择。

③ 清除键[CLEAR]，如在按[GO]键前（即确认前）按此键，则清除键入的数据。此键也可以用于清除显示屏上的出错信息或恢复原来的画面。

④ 帮助键[HELP]，显示应用指令一览表。在监视时，可进行十进制数和十六进制数的转换。

⑤ 空格键[SP]，在输入时用此键指定元件号和常数。

⑥ 步序键[STEP]，用此键设定步序号。

⑦ 光标键[↑]、[↓]，用此键移动光标和提示符，指定当前元件的前一个或后一个元件，做行滚动。

⑧ 执行键[GO]，此键用于指令的确认、执行，显示后面的画面（滚动）和再搜索。

⑨ 指令、元件号、数字键，上部为指令，下部为元件符号或数字。上、下部的功能根据当前所执行的操作自动进行切换。下部的元件符号[Z/V]、[K/H]、[P/I]交替起作用。

（2）主要功能操作

手持编程器 HPP 复位：RST+GO。

程序删除：PLC 处于 STOP 状态。

逐条删除：读出程序，逐条删除用光标指定的指令或指针，基本操作为[读出程序]→[INS]→[DEL]→[↑]、[↓]→[GO]。

指定范围的删除：[INS]→[DEL]→[STEP]→[步序号]→[SP]→[STEP]→[步序号]→[GO]。

元件监控：[MNT]→[SP]→[元件符号]→[元件号]→[GO]→[↑]、[↓]。

元件的强制 ON/OFF，先进行元件监控，而后进行测试功能。基本操作为[MNT]→[SP]→[元件符号]→[元件号]→[GO]→[TEST]→[SET]/[RST]。

其中，[SET]为强制 ON，[RST]为强制 OFF。

注意：在 PLC 为 RUN 运行时，可能会使强制失效，为验证强制输出，最好使 PLC 为 STOP。

程序的写入：[RD/WR]→[指令]→[元件号]→[GO]。

计时器写入：[RD/WR]→[OUT]→[T××]→[SP]→[K]→[延时时间值]→[GO]。

程序的插入：PLC 处于 STOP 状态。读出程序→[INS]→指令的插入→[GO]。

联机方式菜单有 7 个项目：

方式切换、程序检查、存储盒传送、参数设置、元件变换、蜂鸣器音量调整、锁存清除。

① 方式切换：由联机方式切换到脱机方式。按[GO]键，进行联机→脱机方式切换。按[CLEAR]键返回方式菜单。

② 程序检查：程序检查时，分"有错"和"无错"两种情况。有错时，显示有错的步序号、出错信息和出错代码。有错或无错时，只要按[CLEAR]或[OTHER]键，则显示方式菜单。

③ 存储盒的传送：PLC 为停止状态；用[↑]、[↓]键，使光标对准所选项目，然后按[GO]。

说明：

FX ROM→EEPROM 时，应将 EEPROM 盒内的保护开关置于 OFF。4K 或 8K 的程序，不能从存储盒传送到内部 RAM（显示"PC PARA.ERROR"）。正确传送后，显示"COMPLETED"。

④ 参数设定：包括缺省值（DEFAULT values）、存储器容量、锁存范围、文件寄存器的设定和关键字登记。

⑤ 元件变换：PLC 为停止状态。此操作可以在同一类元件内进行元件号变换。执行此操作时，程序中的该元件号全部被置换（包括在 END 指令后的该元件号）。

⑥ 蜂鸣器音量调整：PLC 为停止状态。

利用[↑]、[↓]键调整显示条的长度，条越长，音量越大，音量分 10 级，用[OTHER]或[CLEAR]键，返回方式菜单。

⑦ 锁存清除：PLC 为停止状态。

注意：程序存储器为 EPROM 时，此操作不能用来进行文件寄存器的清除。程序为 EEPROM 时，存储器保护开关处于 OFF 位置，才能进行文件寄存器的清除。文件寄存器以外的元件，无论存储器的形式为 RAM、EPROM、EEPROM 中哪一种，其锁存清除均有效。

（3）程序写入

写入程序之前，要将 PLC 内部存储器的程序全部清除（简称"清零"）。

清零：（RD/WR）→（RD 读/WR 写）→NOP→A→GO→GO，NOP 的成批写入。

基本指令有三种情况：一是仅有指令助记符，不带元件；二是有指令助记符和一个元件；三是指令助记符带两个元件。在选择写入功能的前提下，写入上述三种基本指令的键操作如下：

① 指令→GO（只需输入指令）；

② 指令→元件符号→GO（需要指令和元件的输入）；

③ 指令→元件符号→元件号→SP→元件符号→元件号→GO（需要指令、第 1 元件和第 2 元件的输入）。

如要将图 10-52 所示的梯形图程序写入到 PLC 中，可按如下进行操作。

W	0	LD	X000
	1	ANI	X001
	2	OUT	Y000
	3	NOP	

图 10-52　基本指令用梯形图及显示

W：LD→X→0→GO→ANI→X→1→GO→OUT→Y→0→GO。

在指令输入过程中，若要修改，可按图 10-52 所示的操作进行。

10.3　编程训练案例

下面的 PLC 编程训练案例，适合在 PLC 实验装置或 PLC 学习机上进行。若 PLC 单独使用，注意 PLC 电源，交流 220V 和直流 24V 的连接。

10.3.1　三相异步电动机正、反转的 PLC 控制

1. 人工连线

（1）原理图按图 3-7（c）连线，PLC 按图 10-53 连线。

① PLC 接线图如图 10-53 所示。

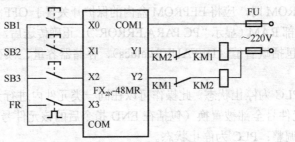

图 10-53　PLC I/O 连线图

② I/O 分配接线见表 10-1。

表 10-1　I/O 分配接线表

输　　入		输　　出	
正转按钮 SB1	X0	接触器 KM1	Y0
反转按钮 SB2	X1	接触器 KM2	Y1
停止按钮 SB3	X2		

③ 正、反转 PLC 控制线路的梯形图如图 10-54 所示。

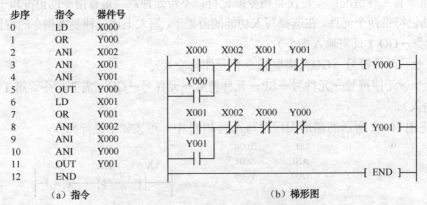

步序	指令	器件号
0	LD	X000
1	OR	Y000
2	ANI	X002
3	ANI	X001
4	ANI	Y001
5	OUT	Y000
6	LD	X001
7	OR	Y001
8	ANI	X002
9	ANI	X000
10	ANI	Y000
11	OUT	Y001
12	END	

（a）指令　　　　　　　　　　（b）梯形图

图 10-54　正、反转 PLC 控制线路的梯形图

（2）接通 PLC 电源，输入程序，并模拟运行，观察输出指示灯显示是否正确。

（3）合上 220V 电源开关，再运行程序，观察 KM1/KM2 吸合的情况。

（4）合上 380V 电源开关，再运行程序，按下 SB1 电机应正转。按 SB3，电机停转，再按下 SB2，电机反转。

2. 手持式编程器操作

将编程器信号线一端接 PLC，另一端接编程器。编程器点亮后，按指令表中程序输入指令，程序输入完经检查无误后，运行程序，观察 PLC 显示结果，若不正确及时修改。

3. 计算机编程器操作

将编程器信号线一端接 PLC，另一端接计算机。计算机编程，先绘制梯形图后再转换指令表，先程序在线监控无误后，运行程序，观察显示结果。

使用实验台或学习操作时，PLC 有专用插口，连线比人工连线简单，只需对号入座插入即可，人工连线仅做参考。

10.3.2 电机的 PLC 自动控制

实训内容及步骤：

启动时，要求电机先为 Y 形连接，过一段时间再变成△形连接运行。

电机的 PLC 自动控制接线如表 10-2 所示，演示接线图如图 10-55 所示，电机的 PLC 自动控制指令如表 10-3 所示，梯形图如图 10-56 所示。

表 10-2 PLC 自动控制接线列表

输　　入		输　　出	
停止	X0	正转接触器 KM1	Y0
正转启动	X1	反转接触器 KM2	Y1
反转启动	X2	Y 形连接接触器 KMY	Y2
		△形连接接触器 KM△	Y3

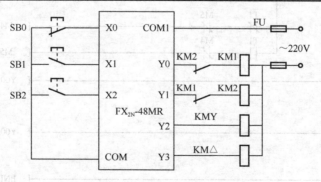

图 10-55　电机的 PLC 自动演示接线图

表 10-3　PLC 自动控制指令表

步序	指令	器件号	步序	指令	器件号	步序	指令	器件号	步序	指令	器件号
0	LD	X001	11	OUT	Y000	21	LDI	M0	31	ANI	M4
1	SET	M0	12	OUT	T0	22	AND	M1	32	OUT	M5
2	LD	X002			K50	23	OUT	Y001	33	LD	M2
3	SET	M1	13	MPS		24	OUT	T1	34	OR	M4
4	LD	M0	14	ANI	T0			K50	35	OUT	Y002
5	AND	M1	15	ANI	M3	25	MPS		36	LD	M3
6	OR	X000	16	OUT	M2	26	ANI	T1	37	OR	M5
7	RST	M0	17	MPP		27	ANI	M5	38	OUT	Y003
8	RST	M1	18	AND	T0	28	OUT	M4	39	END	
9	LD	M0	19	ANI	M2	29	MPP				
10	ANI	M1	20	OUT	M3	30	AND	T1			

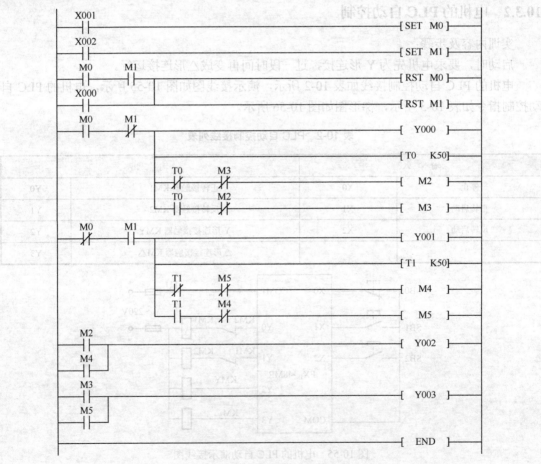

图 10-56　电机的 PLC 自动控制梯形图

1. 人工连线

（1）原理图按图 3-9 连线，PLC 按图 10-55 连线。

（2）接通 PLC 电源，输入程序，并模拟运行，观察输出指示灯显示是否正确。

（3）合上 220V 电源开关，再运行程序，观察 KM1/KM2 吸合的情况。

（4）合上 380V 电源开关，再运行程序，按下 SB1 电机应正转。按 SB3，电机停转，再按下 SB2，电机反转。

2. 手持式编程器操作

将编程器信号线一端接 PLC，另一端接编程器。编程器点亮后，按指令表中程序输入指令，程序输入完经检查无误后，运行程序，观察 PLC 显示结果，若不正确及时修改。

3. 计算机编程器操作

将编程器信号线一端接 PLC，另一端接计算机。计算机编程，先绘制梯形图后再转换指令表，先程序在线监控无误后，运行程序，观察显示结果。

10.3.3 数码显示控制

本实训项目程序较复杂，用实验台或学习机操作，最好用计算机编程。

实训内容及步骤：

（1）按 PLC 教学实验台设备要求连接好线路（各实验台或学习机有差异，下面仅供参考）。输入/输出连线设置如表 10-4 所示，接线图如图 10-57 所示，梯形图 10-58 所示。

表 10-4　输入/输出接线列表

输　入		输　　　出							
启动按钮（SB1）	X0	A	B	C	D	E	F	G	H
停止按钮（SB2）	X1	Y0	Y1	Y2	Y3	Y4	Y5	Y6	Y7

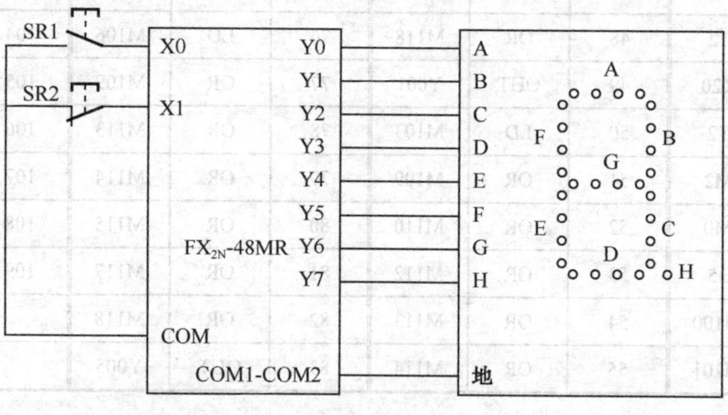

图 10-57　PLC 与显示电气演示接线图

（2）绘制梯形图。检查并确保梯形图输入正确，再转换成指令表，再将指令表程序送入 PLC 中。

（3）运行：主机上 RUN 开关向上拨动，按启动按钮，运行程序，首先亮 A、B、C、D、

E、F、G、H 段码，然后显示 0～9 数字。

（4）试运行程序，观察输出 Y0～Y6 的状态是否和表 10-5 所示一致，若不一致则需检查程序。

表 10-5 指令表

步序	指令	器件号	步序	指令	器件号	步序	指令	器件号	步序	指令	器件号
0	LD	X000	28	SP	K19	56	OR	M115	84	LD	M106
1	OR	M1	29	SP	K1	57	OR	M116	85	OR	M109
2	AND	X001	30	LD	M101	58	OR	M117	86	OR	M113
3	ANI	M119	31	OR	M109	59	OR	M118	87	OR	M114
4	OUT	M1	32	OR	M111	60	OUT	Y002	88	OR	M115
5	LD	M1	33	OR	M112	61	LD	M104	89	OR	M117
6	ANI	M0	34	OR	M114	62	OR	M109	90	OR	M118
7	OUT	T0	35	OR	M115	63	OR	M111	91	OUT	Y005
8	SP	K20	36	OR	M116	64	OR	M112	92	OR	M113
9	LD	T0	37	OR	M117	65	OR	M114	93	OR	M115
10	OUT	M0	38	OR	M118	66	OR	M115	94	OR	M117
11	LD	M1	39	OUT	Y000	67	OR	M117	95	OR	M118
12	OUT	T1	40	LD	M102	68	OR	M118	96	OUT	Y005
13	SP	K30	41	OR	M109	69	OUT	Y003	97	LD	M107
14	ANI	T1	42	OR	M110	70	LD	M105	98	OR	M111
15	OUT	M10	43	OR	M111	71	OR	M109	99	OR	M112
16	LD	M10	44	OR	M112	72	OR	M111	100	OR	M113
17	OR	M2	45	OR	M113	73	OR	M115	101	OR	M114
18	OUT	M100	46	OR	M116	74	OR	M117	102	OR	M115
19	LD	M118	47	OR	M117	75	OUT	Y004	103	OR	M117
20	OUT	T2	48	OR	M118	76	LD	M106	104	OR	M118
21	SP	K20	49	OUT	Y001	77	OR	M109	105	OUT	Y006
22	AND	T2	50	LD	M103	78	OR	M113	106	LD	M108
23	OUT	M2	51	OR	M109	79	OR	M114	107	OUT	Y007
24	LD	M0	52	OR	M110	80	OR	M115	108	LDI	X001
25	FNC	35	53	OR	M112	81	OR	M117	109	OR	M119
26	SP	M100	54	OR	M113	82	OR	M118			
27	SP	M101	55	OR	M114	83	OUT	Y005			

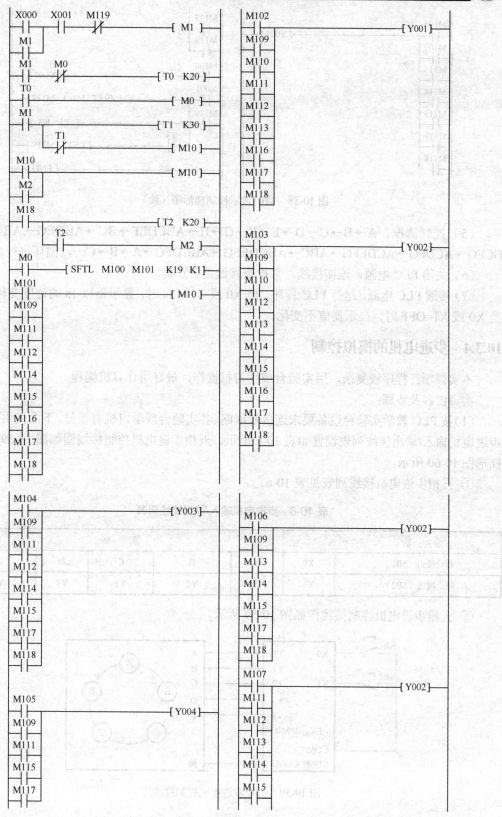

图 10-58　数码显示控制梯形图

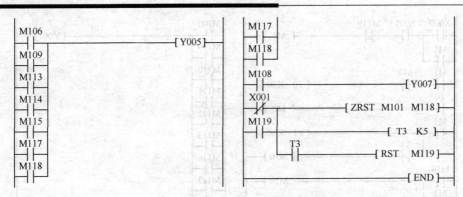

图 10-58 数码显示控制梯形图（续）

（5）控制情况：A→B→C→D→E→F→G→H→ABCDEF→BC→ABDEG→ABCDG→BCFG→ACDFG→ACDEFG→ABC→ABCDEFG→ABCDFG→A→B→C…，循环进行。

（6）关闭 PLC 电源，连接接线，并检查接线是否正确。

（7）接通 PLC 电源，运行 PLC 程序。当 X0 或 X1=ON 时，显示器以 1s 的速度变化数字，当 X0 或 X1=OFF 时，显示器值不变化。

10.3.4　步进电机的模拟控制

本实训项目程序较复杂，用实验台或学习机操作，最好用计算机编程。

实训内容及步骤：

（1）按 PLC 教学实验台设备要求连接好线路（各实验台或学习机有差异，下面仅供参考）。步进电机输入/输出接线列表设置如表 10-6 所示。五相步进电机控制接线图如图 10-59 所示，梯形图 10-60 所示。

① 五相步进电机接线列表见表 10-6。

表 10-6　步进电机输入/输出接线列表

输　入		输　出				
启动按钮（SB1）	X0	A	B	C	D	E
停止按钮（SB2）	X1	Y1	Y2	Y3	Y4	Y5

② 五相步进电机控制接线图如图 10-59 所示。

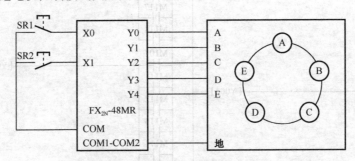

图 10-59　五相步进电机控制接线图

③ 五相步进电机控制指令表（见表 10-7）和梯形图（见图 10-60）。

表 10-7　五相步进电机控制指令表

步序	指令	器件号	步序	指令	器件号	步序	指令	器件号	步序	指令	器件号
0	LD	X000	15	LD	M10	30	OR	M106	45	OR	M111
1	OR	M1	16	OR	M2	31	OR	M107	46	OR	M112
2	AND	X001	17	OUT	M100	32	OR	M115	47	OR	M113
3	OUT	M1	18	LD	M115	33	OUT	Y001	48	OUT	Y004
4	LD	M1	19	OUT	T2	34	LD	M102	49	LD	M105
5	ANI	M0	20	SP	K20	35	OR	M107	50	OR	M113
6	OUT	T0	21	ANI	T2	36	OR	M108	51	OR	M114
7	SP	K20	22	OUT	M2	37	OR	M109	52	OR	M115
8	LD	T0	23	LD	M0	38	OUT	Y002	53	OUT	Y005
9	OUT	M0	24	FNC	35	39	LD	M103	54	LDI	X001
10	LD	M1	25	SP	M100	40	OR	M109	55	FNC	40
11	OUT	T1	26	SP	M101	41	OR	M110	56		M101
12	SP	K30	27	SP	K15	42	OR	M111	57		M115
13	ANI	T1	28	SP	K1	43	OUT	Y003	58	END	
14	OUT	M10	29	LD	M101	44	LD	M104			

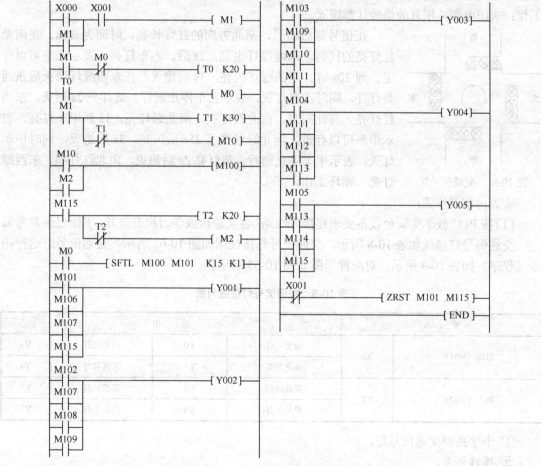

图 10-60　五相步进电机控制梯形图

（2）先绘制图 10-60 所示梯形图。检查并确保梯形图输入正确，转换成指令表，再将指令表程序送入 PLC 中。

（3）运行：主机上 RUN 开关向上拨动，按启动按钮，运行程序，观察 A、B、C、D、E、段码的显示情况。

（4）试运行程序，观察输出 Y1～Y5 的状态是否和表 10-7 所示一致，若不一致则需检查程序。

（5）控制情况：

按下启动按钮 SB1，A 相通电（A 亮）→B 相通电（B 亮）→C 相通电（C 亮）→D 相通电（D 亮）→E 相通电（E 亮）→A→AB→B→BC→C→CD→D→DE→E→EA→A→B…，循环进行。按下停止按钮 SB2，所有操作都停止需重新启动。

（6）关闭 PLC 电源，连接接线，并检查接线是否正确。

（7）接通 PLC 电源，运行 PLC 程序。当 X0 或 X1=ON 时，显示器以 1s 的速度变化数字，当 X0 或 X1=OFF 时，显示器值不变化。

10.3.5　交通信号灯的自动控制

在十字路口南北方向及东西方向均设有红、黄、绿三只信号灯，六只信号灯依一定的时序循环往复工作，如图 10-61 所示。信号灯受电源总开关控制，接通电源，信号灯系统开始工作；关闭电源，所有的信号灯都熄灭。

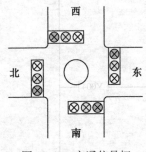

在信号灯启动后，南北方向的红灯长亮，时间为 25s。在南北红灯亮的同时，东西绿灯也亮，1s 后，乙车灯亮，表示乙车可以行走。到 20s 时，东西绿灯闪亮，3s 后熄灭，在东西绿灯熄灭后东西黄灯亮，同时乙车灯灭，表示乙车停止通行。黄灯亮 2s 后灭，东西红灯亮。与此同时，南北红灯灭，南北绿灯亮。1s 后甲车灯亮，表示甲车可以行走。南北绿灯亮了 25s 后闪亮，3s 后熄灭，同时甲车灯灭，表示甲车停止通行。黄灯亮 2s 后熄灭，南北红灯亮，东西绿灯亮，循环工作。

图 10-61　交通信号灯

实训内容及步骤：

（1）按 PLC 教学实验台设备要求连接好线路（各实验台或学习机有差异，下面仅供参考）。交通信号灯接线如表 10-8 所示，交通信号灯接线图如图 10-62 所示，交通信号灯运行指令（程序）如表 10-9 所示，对应梯形图如图 10-63 所示。

表 10-8　交通信号灯接线列表

输　　入		输　　出			
启动（SB1）	X0	南北红灯	Y0	东西红灯	Y3
		南北黄灯	Y1	东西黄灯	Y4
停止（SB2）	X1	南北绿灯	Y2	东西绿灯	Y5
		甲车车灯	Y6	乙车车灯	Y7

① 十字路口交通信号灯。

② 接线列表。

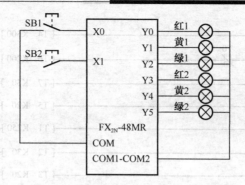

图 10-62　PLC 与交通信号灯接线图

表 10-9　交通信号灯指令

步序	指令	器件号	步序	指令	器件号	步序	指令	器件号	步序	指令	器件号
0	LD	X000	21	OUT	T1	42	ANI	T6	63	LD	T1
1	OR	M0	22	SP	K250	43	LD	T6	64	ANI	T2
2	OUT	M0	23	LD	T1	44	ANI	T7	65	ORB	
3	LD	M0	24	OUT	T2	45	ORB		66	OUT	T13
4	ANI	T4	25	SP	K30	46	OUT	T12	67	SP	K10
5	OUT	T0	26	LD	T2	47	SP	K10	68	LD	T13
6	SP	K250	27	OUT	T3	48	LD	T12	69	ANI	T2
7	LD	T0	28	SP	K20	49	ANI	T7	70	OUT	Y006
8	OUT	T4	29	LD	M0	50	OUT	Y007	71	LD	T2
9	SP	K300	30	ANI	T0	51	LD	T7	72	ANI	T3
10	LD	M0	33	OUT	Y000	52	ANI	T5	73	OUT	Y001
11	ANI	T0	34	LD	T0	53	OUT	Y004	74	LD	M0
12	OUT	T6	35	OUT	Y003	54	LD	Y003	75	ANI	T23
13	SP	K200	34	LD	Y000	55	ANI	T1	76	OUT	T22
14	LD	T6	35	ANI	T6	56	LD	T1	77	SP	K5
15	OUT	T7	36	LD	T6	57	ANI	T2	78	LD	T22
16	SP	K30	37	ANI	T7	58	AND	T22	79	OUT	T23
17	LD	T7	38	AND	T22	59	ORB		80	SP	K5
18	OUT	T5	39	ORB		60	OUT	Y002	81	END	
19	SP	K200	40	OUT	Y005	61	LD	Y003			
20	LD	T0	41	LD	Y000	62	ANI	T1			

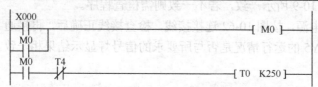

图 10-63　交通信号灯梯形图

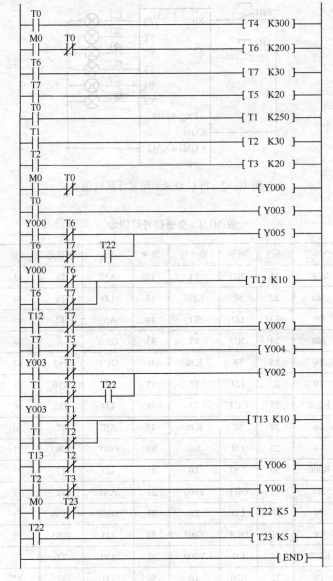

图 10-63　交通信号灯梯形图（续）

③ PLC 与交通信号灯接线图。

④ 指令（程序）表和梯形图。

（2）先绘制如图 10-63 所示交通信号灯梯形图。检查并确保梯形图输入正确，转换成指令表，再将指令表程序送入 PLC 中。

（3）试运行程序，主机上 RUN 开关向上拨动，按启动按钮，运行程序，观察输出 Y0～Y5 的状态是否和表 10-9 所示一致，若不一致则需检查程序。

（4）切断 PLC 电源，按图 10-62 连接接线，检查接线正确后，再接通 PLC 电源，运行程序，观察输出 Y0～Y5 的运行情况是否与所要求的信号灯显示结果相一致。

附录 A 三菱 FX₂N 系列 PLC 性能规格

表 A-1 FX₂NPLC 性能规格

项 目		FX₂N 系列
运算控制方式		存储程序反复运算方式（专用 LSI）中断命令
输入/输出控制方式		批次处理方法（当执行 END 指令时）
		批处理方式（执行 END 指令时），有 I/O 刷新指令
编程语言		逻辑梯形图和指令清单
程序内存	程序容量	8000 步内置，使用附加寄存器盒可扩展到 16000 步（可选 RAM、EPROM、EEPROM 存储卡盒）
指令种类	基本顺序指令	基本（顺控）指令 27 条，步进指令 2 条
	应用指令	132 种，最大可用 309 条应用指令
运算处理速度	基本指令	0.08us/指令
	应用指令	1.52us～100μs/指令
输入/输出点数	输入点数	X000～X267，184 点（八进制）
	输出点数	Y000～Y267，184 点（八进制）
	扩展合计点数	256
辅助继电器（M）	*①一般用	M0～M499　　　　　500 点
	*②保持用	M500～M1023　　　524 点
	*③保持用	M1024～M3071　　2048 点
	特殊用	M8000～M8255　　256 点
状态继电器（S）	初始状态	S0～S9　　　　　　10 点
	*①一般用	S0～S499　　　　　490 点
	*②保持用	S500～S899　　　　400 点
	*②信号报警器	S900～S999　　　　100 点
计时器（T）	100ms	T0～T199（0.1～3.276.7 秒）200 点
	10ms	T200～T245（0.01～327.67 秒）46 点
	*③lms 保持型	T246～T249（0.001～32.767 秒）4 点
	*③100ms 保持型	T250～T255（0.1～3.276.7 秒）6 点
计数器（C）	*① 16 位（一般）	C0～C99（0～32,767 计数器）100 点
	*②16 位（保持）	C100～C199（0～32,767 计数器）100 点
	*①32 位双向	C200～C219（-2,147,483,648～+2,147,483,647 计数）20 点
	*②32 位双向	C220～C234（-2,147,483,648～+2,147,483,647 计数）15 点
	*②32 位高速双向	C235～C255：1 相 60kHz，2 点；10kHz，4 点。2 相 30kHz，1 点；5kHz，1 点

续表

项　目		FX₂N 系列
数据寄存器（D）	*①16 位一般	D0～D199　200 点（32 位元件的 16 位数据存储寄存器）
	*②16 位保持用	D200～D511　312 点
	*③16 位保持用	D512～D7999　7488 点 （500 点为单位设定文件寄存器）
	16 位特殊	D8000～D8195　106 点
	16 位变址	V0～V7、Z0～Z7 16 点
指针	跳转、调用	P0～P127　128 点
	输入中断	I00 □-I50 □　6 点，
	定时中断	I6 □□～I8 □□　3 点
	计数中断	1010～1060　6 点
嵌套	主控	N0～N7　8 点
常数	10 进制数（K）	16 位：-32,768～+32,767
		32 位：-2,147,483,648～+2,147,483,647
	16 进制数（H）	16 位：0～FFFFH
		32 位：0～FFFFFFFFH

注意：

① 非后备锂电池保持区。通过参数设置，可改为后备锂电池保持区；

② 后备锂电池保持区，通过参数设置，可改为非后备锂电池保持区；

③ 后备锂电池固定保持区固定，该区域特性不可改变。

表 A-2　FX₂N 32 位增/减计数器计数方向对应的辅助继电器（M）的地址号

计数器地址号	方向切换	计数器地址号	方向切换	计数器地址号	方向切换	计数器地址号	方向切换
C200	M8200	C209	M8209	C218	M8218	C226	M8226
C201	M8201	C210	M8210	C219	M8219	C227	M8227
C202	M8202	C211	M8211	—	—	C228	M8228
C203	M8203	C212	M8212	C220	M8220	C229	M8229
C204	M8204	C213	M8213	C221	M8221	C230	M8230
C205	M8205	C214	M8214	C222	M8222	C231	M8231
C206	M8206	C215	M8215	C223	M8223	C232	M8232
C207	1918207	C216	M8216	C224	M8224	C233	M8233
C208	M8208	C217	M8217	C225	M8225	C234	M8234

表 A-3　FX₂N 的扩展模块

型　号	总 I/O 数目	输　入			输　出	
		数　目	电　压	类　型	数　目	类　型
FX₂N-32ER	32	16	24V 直流	漏型	16	继电器
FX₂N-32ET	32	16	24V 直流	漏型	16	晶体管

续表

型 号	总 I/O 数目	输 入			输 出	
		数 目	电 压	类 型	数 目	类 型
FX₂ₙ-48ER	48	24	24V 直流	漏型	24	继电器
FX₂ₙ-48ET	48	24	24V 直流	漏型	24	晶体管
FX₂ₙ-48ER-D	48	24	24V 直流	漏型	24	继电器（直流）
FX₂ₙ-48ET-D	48	24	24V 直流	漏型	24	继电器（直流）

表 A-4 FX₂ₙ的特殊功能单元的型号及功能

型 号	功 能 说 明
FX₂ₙ-4AD	4 通道 12 位模拟量输入模块
FX₂ₙ-4AD-PT	供 PT-100 温度传感器用的 4 通道 12 位模拟量输入
FX₂ₙ-4AD-TC	供热电偶温度传感器用的 4 通道 12 位模拟量输入
FX₂ₙ-4DA	4 通道 12 位模拟量输出模块
FX₂ₙ-3A	2 通道输入、1 通道输出的 8 位模拟量模块
FX₂ₙ-1HC	2 相 50Hz 的 1 通道高速计数器
FX₂ₙ-1PG	脉冲输出模块
FX₂ₙ-10GM	有 4 点通用输入、6 点通用输出的 1 轴定位单元
FX-20GM 和 E-20GM	2 轴定位单元，内置 EEPROM
FX₂ₙ-1RM-SET	可编程凸轮控制单元
FX₂ₙ-232-BD	RS-232C 通信用功能扩展板
FX₂ₙ-232IF	RS-232C 通信用功能模块
FX₂ₙ-422-BD	RS-422 通信用功能扩展板
FX-485PC-IF-SET	RS-232C/485 变换接口
FX₂ₙ-485-BD	RS-485C 通信用功能扩展板
FX₂ₙ-8AV-BD	模拟量设定功能扩展板

表 A-5 FX₂ₙ的一般技术指标

环境温度	使用时：0～55℃，储存时：−20～+70℃
环境湿度	35%～89%RH 时（不结露）使用
抗振	JIS C0911 标准，10～55Hz 0.5mm（最大 2G），3 轴方向各 2h（但用 DIN 导轨安装时 0.5G）
抗冲击	JIS C0912 标准，10G，3 轴方向各 3 次
抗噪声干扰	在用噪声仿真器产生电压为 1000Vp-p、噪声脉冲宽度为 1μs、周期为 30～100Hz 的噪声干扰时工作正常
接地	第三种接地，不能接地时亦可浮空
使用环境	无腐蚀性气体，无尘埃
耐压	AC 1500V，1min
绝缘电阻	5MΩ 以上（DC 500V 兆欧表）

表 A-6　FX_{2N} 输入技术指标

项　　目		继电器输出	晶闸管输出	晶体管输出
外部电源		AC 250V，DC 30V 以下	AC 85～240V	DC 5～30V
最大负载	电阻负载	2A/1 点，8A/4 点共享，8A/8 点共享	0.3A/1 点 0.8A/4 点	0.5A/1 点 0.8A/4 点
	感性负载	80V·A	15V·A/AC　100V 30V·A/AC　200V	12W/DC 24V
	灯泡负载	100W	30W	1.5W/DC 24V
开路漏电流		无	1 mA/AC 100V 2 mA/AC 200V	0.1mA 以下/DC 30V
响应时间	OFF 到 ON	约 10ms	1ms 以下	0.2ms 以下
	ON 到 OFF	约 10ms	最大 10ms	0.2ms 以下
电路隔离		机械隔离	光电晶闸管隔离	光电耦合器隔离
动作显示		继电器通电时 LED 灯亮	光电晶闸管驱动时 LED 灯亮	光电耦合器隔离驱动时 LED 灯亮

附录 B FX₂ₙ 系列 PLC 常用

基本逻辑指令表

表 B-1 FX₂ₙ 系列 PLC 常用（20个）基本逻辑指令表

序　号	助记符名称	操 作 功 能	梯形图与目标组件
1	LD（取）	常开接点运算开始	XYMSTC
2	LDI（取反）	常闭接点运算开始	XYMSTC
3	OUT（输出）	线圈驱动	XMSTC
4	AND（与）	常开接点串联连接	XYMSTC
5	ANI（与非）	常闭接点串联连接	XMSTC
6	OR（或）	常开接点并联连接	XMSTC
7	ORI（或非）	常闭接点并联连接	XMSTC
8	ONB（块或）	串联电路块的并联连接	无
9	ANB（块与）	并联电路块的串联连接	无
10	MPS（进栈）	进栈	MPS
11	MRD（读栈）	读栈	MRD
12	MPP（出栈）	出栈	MPP
13	SET（置位）	线圈得电保持	SET　YMS
14	RST（复位）	线圈失电保持	RST　YSMTCD
15	PLS（升）	微分输出上升沿有效	PLS　YM
16	PLF（降）	微分输出下降沿有效	PLF　YM

续表

序　号	助记符名称	操　作　功　能	梯形图与目标组件
17	MC（主控）	公共串联接点另起新母线	CM N YM
18	MCR（主控复位）	公共串联接点新母线解除	MCR N
19	NOP（空操作）	空操作	无
20	END（结束）	程序结束返回 0 步	无

表 B-2　FX2N 系列 PLC 不常用（7 个）基本逻辑指令表

序　号	助记符名称	操　作　功　能	梯形图与目标组件
1	LDP 取脉冲	上升沿检出运算开始	
2	LDF 取脉冲	下降沿检出运算开始	
3	ANDP 与脉冲	上升沿检出串联连接	
4	ANDF 与脉冲	下降沿检出串联连接	
5	ORP 或脉冲	上升沿检出并联连接	
6	ORF 或脉冲	下降沿检出并联连接	
7	INV 反转	运算结果的反转	

表 B-3　FX2N 系列 PLC 步进指令

助记符名称	操　作　功　能	梯形图与目标组件
STL（步进梯形图指令）	步进梯形图开始	S
RET（反回）	步进梯形图开始结束	RET

附录 C FX~0S~、FX~0N~、FX~1S~、FX~1N~、FX~2N~（FX~2NC~）、FX~3U~ 系列 PLC 功能指令表

表 C-1 FX~0S~、FX~0N~、FX~1S~、FX~1N~、FX~2N~（FX~2NC~）、FX~3U~ 系列 PLC 功能指令表

分类	编号	指令号	功　能	FX~0S~	FX~0N~	FX~1S~	FX~1N~	FX~2N~	FX~3U~
程序流	00	CJ	有条件跳转	√	√	√	√	√	√
	01	CALL	自程序调用	×	×	√	√	√	√
	02	SRET	子程序返回	×	×	√	√	√	√
	03	IRET	中断返回	√	√	√	√	√	√
	04	EI	允许中断	√	√	√	√	√	√
	05	DI	禁止中断	√	√	√	√	√	√
	06	FEND	主程序结束	√	√	√	√	√	√
	07	WDT	监视定时器刷新	√	√	√	√	√	√
	08	FOR	循环开始	√	√	√	√	√	√
	09	NEXT	循环结束	√	√	√	√	√	√
数据传送和比较	10	CMP	比较	√	√	√	√	√	√
	11	ZCP	区间比较	√	√	√	√	√	√
	12	MOV	传送	√	√	√	√	√	√
	13	SMOV	BCD 码移位传送	×	×	×	×	√	√
	14	CML	取反传送	×	×	×	×	√	√
	15	BMOV	数据块传送	×	√	√	√	√	√
	16	FMOV	多点传送	×	×	×	√	√	√
	17	XCH	数据交换	×	×	×	×	√	√
	18	BCD	BCD 变换	√	√	√	√	√	√
	19	BIN	BIN 变换	√	√	√	√	√	√
四则逻辑运算	20	ADD	BIN 加法	√	√	√	√	√	√
	21	SUB	BIN 减法	√	√	√	√	√	√
	22	MUL	BIN 乘法	√	√	√	√	√	√
	23	DIV	BIN 除法	√	√	√	√	√	√
	24	INC	RIN 加 1	√	√	√	√	√	√
	25	DEC	BIN 减 1	√	√	√	√	√	√
	26	WAND	字逻辑与	√	√	√	√	√	√

续表

分类	编号	指令号	功 能	FX₀S	FX₀N	FX₁S	FX₁N	FX₂N	FX₃U
四则逻辑运算	27	WOR	字逻辑或	√	√	√	√	√	√
	28	WXOR	字逻辑异或	√	√	√	√	√	√
	29	NEG	求补码	×	×	×	×	√	√
循环移位	30	ROR	右循环	×	×	×	×	√	√
	31	ROL	左循环	×	×	×	×	√	√
	32	RCR	带进位右循环	×	×	×	×	√	√
	33	RCL	带进位左循环	×	×	×	×	√	√
	34	SFTR	位右移	√	√	√	√	√	√
	35	SFTL	位左移	√	√	√	√	√	√
	36	WSFR	字右移	×	×	√	√	√	√
	37	WSFL	字左移	×	×	×	×	√	√
	38	SFWR	先进出先写入	×	×	√	√	√	√
	39	SFRD	先进出先读出	×	×	√	√	√	√
数据处理	40	ZRST	区间复位	√	√	√	√	√	√
	41	DECO	解码	√	√	√	√	√	√
	42	ENCO	编码	√	√	√	√	√	√
	43	SUM	求置 ON 位总数	×	×	×	×	√	√
	44	BON	ON 位判别	×	×	×	×	√	√
	45	MEAN	平均值计算	×	×	×	×	√	√
	46	ANS	信号报警器置位	×	×	×	×	√	√
	47	ANR	信号报警器复位	×	×	×	×	√	√
	48	SQR	BIN 开方运算	×	×	×	×	√	√
	49	FLT	浮点数与+进制数	×	×	×	×	√	√
高速处理	50	REF	输入输出刷新	√	√	√	√	√	√
	51	REFF	刷新和输入滤波调整	×	×	×	×	√	√
	52	MTR	矩阵输入	×	×	√	√	√	√
	53	HSCS	高速计数器比较置位	×	√	√	√	√	√
	54	HSCR	高速计数器比较复位	×	√	√	√	√	√
	55	HSZ	高速计数器区间比较	×	×	×	×	√	√
	56	SPD	速度检测	×	×	√	√	√	√
	57	PLSY	脉冲输出	√	√	√	√	√	√
	58	PWM	脉冲宽度调制	√	√	√	√	√	√
	59	PLSR	加减速的脉冲输出	×	×	√	√	√	√
方便指令	60	IST	状态初始化	√	√	√	√	√	√
	61	SER	数据搜索	×	×	×	×	√	√
	62	ABSD	绝对值式凸轮顺控	×	×	√	√	√	√

分类	编号	指令号	功能	FX₀S	FX₀N	FX₁S	FX₁N	FX₂N	FX₃U
方便指令	63	INCD	增量式凸轮顺控	×	×	√	√	√	√
	64	TIMR	示教定时器	×	×	×	×	√	√
	65	STMR	特殊定时器	×	×	×	×	√	√
	66	ALT	交替输出	√	√	√	√	√	√
	67	RAMP	斜坡信号输出	√	√	√	√	√	√
	68	ROTC	旋转工作台控制	×	×	×	×	√	√
	69	SORT	数据排序	×	×	×	×	√	√
外部 I/O 设备	70	TKY	10 键输入	×	×	×	×	√	√
	71	HKY	16 键输入	×	×	×	×	√	√
	72	DSW	数字开关输入	×	×	√	√	√	√
	73	SEGD	7 段译码	×	×	×	×	√	√
	74	SEGL	带锁存的 7 段显示	×	×	×	×	√	√
	75	ARWS	方向开关	×	×	×	×	√	√
	76	ASC	ASCII 码转换	×	×	×	×	√	√
	77	PR	打印输出	×	×	×	×	√	√
	78	FROM	从特殊功能模块读出	×	√	×	√	√	√
	79	TO	向特殊功能模块写入	×	√	×	√	√	√
FX 系列外部设备	80	RS	串行数据通信	×	√	√	√	√	√
	81	PRUN	并行运行	×	×	√	√	√	√
	82	ASCI	HEX 换转成 ASCII 码	×	√	√	√	√	√
	83	HEX	ASCII 码换转成 HEX	×	√	√	√	√	√
	84	CCD	校验	×	√	√	√	√	√
	85	VRRD	模拟量扩展板读出	×	×	√	√	√	×
	86	VRSC	模拟量扩展板开关设定	×	×	√	√	√	×
	87	RS2	串行数据传送 2	×	×	×	×	×	√
	88	PID	PTD 回路运算	×	×	√	√	√	√
F2 外部单元	90	MNET	NET/MINI 网络	×	×	×	×	×	√
	91	ANRD	模拟量读出	×	×	×	×	×	√
	92	ANWR	模拟量写入	×	×	×	×	×	√
	93	RMST	RM 单元起动	×	×	×	×	×	√
	94	RMWR	RM 单元写入	×	×	×	×	×	√
	95	RMRD	RM 单元读出	×	×	×	×	×	√
	96	RMMN	RM 单元监控	×	×	×	×	×	√
	97	BLK	GM 程序块指定	×	×	×	×	×	√
	98	MCDE	机器码读出	×	×	×	×	×	√
变址寄存	102	ZPUSH	变址寄存器内容保存	×	×	×	×	×	√
	103	ZPOP	变址寄存器内容恢复	×	×	×	×	×	√

分类	编号	指令号	功　能	FX0S	FX0N	FX1S	FX1N	FX2N	FX3U
	110	ECMP	二进制浮点数比较	×	×	×	×	√	√
	111	EZCP	二进制浮点数区间比较	×	×	×	×	√	√
	112	EMOV	二进制浮点数传送区域	×	×	×	×	×	√
	116	ESTR	浮点数变换的 ASCII 转换	×	×	×	×	×	√
	117	EVAL	浮点数的 ASCII 逆转换	×	×	×	×	×	√
	118	EBCD	二→十进制浮点数转换	×	×	×	×	√	√
	119	EBIN	十→二进制浮点数转换	×	×	×	×	√	√
	120	EADD	二进制浮点数加法	×	×	×	×	√	√
	121	ESUB	二进制浮点数减法	×	×	×	×	√	√
	122	EMUL	二进制浮点数乘法	×	×	×	×	√	√
	123	EDIV	二进制浮点数除法	×	×	×	×	√	√
	124	EXP	对浮点数 N 进行 e^N 运算	×	×	×	×	×	√
	125	LOGE	对浮点数 N 进行 lnN 运算	×	×	×	×	×	√
	126	LOG10	对浮点数 N 进行 lgN 运算	×	×	×	×	×	√
	127	ESQR	二进制浮点数开方	×	×	×	×	√	√
浮点数运算	128	ENEG	二进制浮点数符号变换	×	×	×	×	×	√
	129	INT	二进制浮点数→取整数	×	×	×	×	√	√
	130	SIN	二进制浮点数正弦函数	×	×	×	×	√	√
	131	COS	二进制浮点数余弦函数	×	×	×	×	√	√
	132	TAN	二进制浮点数正切函数	×	×	×	×	√	√
	133	ASIN	浮点数正弦运算	×	×	×	×	×	√
	134	ACOS	浮点数反余弦运算	×	×	×	×	×	√
	135	ATAN	浮点数反正切运算	×	×	×	×	×	√
	136	RAD	浮点数转换为弧度	×	×	×	×	×	√
	137	DEG	浮点数转换为角度	×	×	×	×	×	√
	140	WSUM	数据块的字或双字求和	×	×	×	×	×	√
	141	WTOB	数据块的字节分离	×	×	×	×	×	√
	142	BTOW	数据块的字节组合	×	×	×	×	×	√
	143	UNI	数据块的半字节组合	×	×	×	×	×	√
	144	DIS	数据块的半字节分离	×	×	×	×	×	√
	147	SWAP	高低字节交换	×	×	×	×	√	√
	149	SORT2	升序或降序重新排列数据	×	×	×	×	×	√
	150	DSZR	零脉冲回原点	×	×	×	×	×	√
	151	DVIT	中断控制的定长定位	×	×	×	×	×	√
位置控制	152	TBL	表格型多点定位	×	×	×	×	×	√
	155	ABS	当前值读取	×	×	√	√	×	√
	156	ZRN	返回原点	×	×	√	√	×	√

续表

分类	编号	指令号	功能	FX₀S	FX₀N	FX₁S	FX₁N	FX₂N	FX₃U
位置控制	157	PLSV	变速脉冲输出	×	×	√	√	×	√
	158	DRVI	增量式单速位置控制	×	×	√	√	×	√
	159	DRVA	绝对式单速位置控制	×	×	√	√	×	√
时钟运算	160	TCMP	时钟数据比较	×	×	√	√	√	√
	161	TZCP	时钟数据区间比较	×	×	√	√	√	√
	162	TADD	时钟数据加法	×	×	√	√	√	√
	163	TSUB	时钟数据减法	×	×	√	√	√	√
	164	HTOS	将时钟数据时、分换算到秒	×	×	×	×	×	√
	165	STOH	时钟数据秒分换算到时、分	×	×	×	×	×	√
	166	TRD	时钟数据读出	×	×	√	√	√	√
	167	TWR	改变 PLC 内部时钟数据写入	×	×	√	√	√	√
	169	HOUR	计时器	×	×	√	√	√	√
数据转换	170	GRY	二进制数→葛雷码	×	×	×	×	√	√
	171	GBIN	葛雷码→二进制数	×	×	×	×	√	√
	176	RD3A	FX₀N-3A 模拟量模块读出	×	√	×	√	√	√
	177	RW3A	FX₀N-3A 模拟量模块写入	×	√	×	√	√	√
数据传送	182	COMRD	将程序注释读入到指定区域	×	×	×	×	×	√
	184	RND	生成随机数据	×	×	×	×	×	√
	186	DUTY	PLC 循环时钟脉冲生成	×	×	×	×	×	√
	188	CRC	CRC 运算	×	×	×	×	×	√
	189	HCOMV	计数器当前值送到指定区域	×	×	×	×	×	√
	192	BK+	数据块加法	×	×	×	×	×	√
	193	BK-	数据块减法	×	×	×	×	×	√
	194	BKCMP=	数据块等于比较	×	×	×	×	×	√
	195	BKCMP>	数据块大于比较	×	×	×	×	×	√
	196	BKCMP<	数据块小于比较	×	×	×	×	×	√
	197	BKCMP<>	数据块不等于比较	×	×	×	×	×	√
	198	BKCMP≤	数据块小于等于比较	×	×	×	×	×	√
	199	BKCMP≥	数据块大于等于比较	×	×	×	×	×	√
	200	STR	带小数变换的 ASCII 码转换	×	×	×	×	×	√
	201	VAL	带小数变换的 ASCII 逆转换	×	×	×	×	×	√
	202	S+	ASCII 码合并	×	×	×	×	×	√
	203	LEN	ASCII 码长度检测	×	×	×	×	×	√
	204	RIGHT	右侧 ASCII 码部分传送	×	×	×	×	×	√
	205	LEFT	左侧 ASCII 码部分传送	×	×	×	×	×	√
	206	MIDR	中间 ASCII 码部分传送	×	×	×	×	×	√
	207	MIDW	ASCII 码替换	×	×	×	×	×	√

分类	编号	指令号	功　　能	FX$_{0S}$	FX$_{0N}$	FX$_{1S}$	FX$_{1N}$	FX$_{2N}$	FX$_{3U}$
数据传送	208	INSTR	ASCII 码检索	×	×	×	×	×	√
	209	SMOV	ASCII 码全部传送	×	×	×	×	×	√
	210	FDEL	删除数据表中指定位置数据	×	×	×	×	×	√
	211	FINS	数据插入到表中的指定位置	×	×	×	×	×	√
	212	POP	SFWR 写入次序，后进先出	×	×	×	×	×	√
	213	SFR	将指定位的状态左移 n 位	×	×	×	×	×	√
	214	SFL	将指定位的状态右移 n 位	×	×	×	×	×	√
比较触点	224	LD=	SI=S2 时起始触头接通	×	×	√	√	√	√
	225	LD>	SI>S2 时起始触头接	×	×	√	√	√	√
	226	LD<	SI<S2 时起始触头接通	×	×	√	√	√	√
	228	LD<>	SI 不等 S2 时起始触头接通	×	×	√	√	√	√
	229	LD≤	SI≤S2 时起始触头接通	×	×	√	√	√	√
	230	LD≥	SI≥S2 时起始触头接通	×	×	√	√	√	√
	232	AND=	SI=S2 时串联触头接通	×	×	√	√	√	√
	233	AND>	SI>S2 时串联触头接通	×	×	√	√	√	√
	234	AND<	SI#S2 时串联触头接通	×	×	√	√	√	√
	236	AND<>	SI 不等 S2 时串联触头接通	×	×	√	√	√	√
	237	AND≤	SI≤S2 时串联触头接通	×	×	√	√	√	√
	238	AND≥	SI≥S2 时串联触头接通	×	×	√	√	√	√
	240	OR=	S=S2 时并联触头接通	×	×	√	√	√	√
	241	OR>	SI>S2 时并联触头接通	×	×	√	√	√	√
	242	OR<	SI<S2 时并联触头接通	×	×	√	√	√	√
	244	OR<>	SI 不等 S2 时并联触头接通	×	×	√	√	√	√
	245	OR≤	SI≤S2 时并联触头接通	×	×	√	√	√	√
	246	OR≥	SI≥S2 时并联触头接通	×	×	√	√	√	√
数据转换 变频器	256	LIMIT	输出上下限控制	×	×	×	×	×	√
	257	BAND	输入死区控制	×	×	×	×	×	√
	258	ZONE	偏移调整	×	×	×	×	×	√
	259	SCL	坐标型数据转换	×	×	×	×	×	√
	260	DABIN	十进制 ASCII 码转换二进制数	×	×	×	×	×	√
	261	BINDA	二进制数转换十进制 ASCII 码	×	×	×	×	×	√
	262	SCL2	双轴坐标型数据转换	×	×	×	×	×	√
	270	IVCK	变频器监控	×	×	×	×	×	√
	271	IVDR	变频器控制	×	×	×	×	×	√
	272	IVRD	变频器参数读出	×	×	×	×	×	√
	273	IVWR	变频器参数写入	×	×	×	×	×	√
	278	RBFM	BFM 分割读出	×	×	×	×	×	√

分类	编号	指令号	功　能	FX₀ₛ	FX₀ₙ	FX₁ₛ	FX₁ₙ	FX₂ₙ	FX₃ᵤ
数据转换变频器	279	WBFM	BFM 分割写入	×	×	×	×	×	√
	280	HSCT	高数计数成批比较	×	×	×	×	×	√
	290	LOADR	扩展数据寄存器装载	×	×	×	×	×	√
	291	SAVER	扩展数据寄存器保存	×	×	×	×	×	√
	292	INITR	R 与 ER 区数据同时初始化	×	×	×	×	×	√
	293	LOGR	R 与 ER 区数据登录	×	×	×	×	×	√
	294	RWER	R 保存任意长度数据寄存器	×	×	×	×	×	√
	295	INITER	存储器盒 ER 区单独初始化	×	×	×	×	×	√

参 考 文 献

[1] 刘祖其. 电气控制与可编程控制器及用应技术[M]. 北京：机械工业出版社，2015.

[2] 三菱公司：FX0S、FX0N、FX1S、FX1N、FX2N、FX2NC、FX3U PLC 编程手册.

[3] 任振辉. 现代电气控制技术. 北京：机械工业出版社，2013.

[4] 董海棠、周志文. 电气控制与 PLC 应用技术. 北京：人民邮电出版社，2013.

[5] 张万忠、刘明芹. 电气控制与 PLC 应用技术. 北京：化学工业出版社，2012.

[6] 李凤阁、佟为明. 可编程控制器及其应用. 北京：机械工业出版社，2008.

[7] 陈立定、吴玉香. 电气控制与可编程控制器. 广州：华南理工大学出版社，2007.